Über Dreharbeit und Werkzeugstähle.

Über Dreharbeit und Werkzeugstähle.

Autorisierte deutsche Ausgabe der Schrift:
„On the art of cutting metals"
von Fred. W. Taylor,
Philadelphia.

Von

A. Wallichs,
Professor an der Technischen Hochschule zu Aachen.

Dritter, unveränderter Abdruck.

Mit 119 Figuren und Tabellen.

Springer-Verlag Berlin Heidelberg GmbH
1917

Additional material to this book can be downloaded from http://extras.springer.com

ISBN 978-3-642-98154-8   ISBN 978-3-642-98965-0 (eBook)
DOI 10.1007/978-3-642-98965-0

Softcover reprint of the hardcover 3rd edition 1987

Vorwort des Übersetzers.

Den Entschluß zur Übernahme der Übersetzung des vorliegenden Werkes verdanke ich einer Anregung aus deutschen Industriekreisen, in welchen die Bedeutung der im wahren Sinne aus dem Herzen des praktischen Lebens stammenden Arbeit frühzeitig erkannt wurde.

Wenn auch das von Taylor Erreichte nur an wenigen Plätzen des industriellen Lebens in unserem Lande voll zur Anwendung kommen wird, so glaube ich doch, daß selbst die kleinen Werke manche nützliche Anregung aus der Schrift schöpfen werden.

Das Studium der vorliegenden Arbeit ist, wie der Verfasser mehrfach betont, insbesondere auch den im praktischen Leben stehenden Werkstättenleitern, Meistern und Vorarbeitern zu empfehlen, und vielleicht sind aus diesem Grunde die Auseinandersetzungen durchweg sehr weit ausholend behandelt. Ich bin daher bemüht gewesen, im Interesse der Leser, denen meist nur beschränkte Zeit für das Bücherstudium zur Verfügung steht, Kürzungen dort vorzunehmen, wo unnötige Wiederholungen und Weitschweifigkeiten sie als geboten erscheinen ließen. In diesem Sinne hoffe ich keine Wortübertragung, sondern eine für unsere Verhältnisse passende Wiedergabe der Erfahrungen und Versuchsergebnisse Taylors geschaffen zu haben. Den Paragraphen dieser Übersetzung sind die entsprechenden Paragraphen der Originalschrift in Klammern beigefügt.

Eine andere Unvollkommenheit der Schrift ließ sich mit Rücksicht auf eine rasche Veröffentlichung nicht mehr beheben, das ist eine gewisse Verzettelung des Stoffes durch Behandlung gleicher Gegenstände an verschiedenen Stellen der Arbeit. Hierdurch wird vielfach eine rasche Übersicht erschwert. Sollte das Werk hierzulande Eingang finden, so bleibt eine bessere Sichtung des Stoffes einer eventuellen späteren Ausgabe vorbehalten.

Über den Ausdruck der Schnittgeschwindigkeit herrscht in Deutschland noch keine Einheitlichkeit, sie wird an manchen Stellen in Metern für die Minute, an anderen Stellen in Millimetern für die Sekunde aus-

gedrückt. Von mir ist die erstere gewählt, da Geschwindigkeiten in der
Technik durchweg in Metern ausgedrückt werden und die Angabe für
die Minute die Beziehung zu den stets für die Minute angegebenen Um-
drehungszahlen erleichtert.

Die rasche Fertigstellung der deutschen Ausgabe verdanke ich der
tatkräftigen Mitarbeit der Herren Professor Langer, Aachen, und
Dr. ing. Petersen in Düsseldorf, von denen ersterer hauptsächlich den
mathematischen Teil und letzterer einen metallurgischen Abschnitt der
Arbeit behandelte. Beiden Herren spreche ich an dieser Stelle meinen
verbindlichsten Dank aus.

Aachen, im Dezember 1907.

A. Wallichs.

Inhaltsverzeichnis.

Inhaltsverzeichnis. IX

Inhaltsverzeichnis.   XI

Erster Teil.

Einleitung.

§ **1.** (1—3.) Die in dieser Schrift mitgeteilten Untersuchungen sind zur Schaffung eines Teiles der Grundlagen für die Ausarbeitung unseres Systems zur Leitung von Maschinenbauwerkstätten unternommen, dessen Grundzüge die folgenden sind:

A. Jedem Arbeiter an jedem Tage im voraus ein ganz bestimmtes Pensum Arbeit mit genauen, schriftlich gegebenen Anweisungen und einen ganz bestimmten Zeitraum für jeden einzelnen Teil der Arbeit zu geben.

B. Jedem Arbeiter, welcher seinen Auftrag in der vorgeschriebenen Zeit erledigt, besonders hohen Lohn, dagegen denjenigen, welche mehr Zeit gebraucht haben, den gewöhnlichen Satz zu geben.

§ **2.** (4.) Drei Hauptfragen müssen täglich in jeder Werkstätte von jedem Arbeiter, welcher eine Drehbank, eine Planbank, eine Bohrbank, eine Fräsbank usw. bedient, beantwortet werden:

    a) Welchen Stahl soll ich benutzen?

    b) Welche Schnittgeschwindigkeit soll ich anwenden?

    c) Welchen Vorschub soll ich anwenden?

§ **3.** (5.) Unsere Untersuchungen sind vor 26 Jahren mit dem ganz bestimmten Zweck begonnen worden, eine genaue Antwort auf diese Fragen unter den verschiedensten Bedingungen einer Werkstätte zu geben und sind bis auf den heutigen Tag mit diesem Hauptziel im Auge, fortgeführt.

§ **4.** (6—8.) Der Verfasser wird sich fast ausschließlich auf die Lösung dieser Fragen, soweit sie das „Schruppen" betreffen, beschränken, d. h. auf die Bearbeitung der Schmiede- und Gußstücke bis auf den letzten Schlichtspan, welcher nur in den Fällen außerordentlich großer Genauigkeit oder bei Blank-Bearbeitung verlangt wird. Untersuchungen über Schlichtspäne sind nicht mitgeteilt.

Unser Hauptziel wird die Entwicklung der Grundsätze zur Leistung der Schrupparbeit in der kürzesten Zeit, gleichgültig, ob schwere oder leichte Späne genommen werden, ob das Arbeitsstück hart oder weich ist und ob die Bearbeitungsmaschinen leicht oder schwer gebaut sind.

Mit anderen Worten ist unser Problem: die Arbeit und die Maschine so zu nehmen, als wie wir sie in einer Werkstätte finden und durch geeignete Wahl der Geschwindigkeiten die Werkstätte mit Drehstählen von den besten Eigenschaften und von der besten Herstellung auszurüsten und dann für jede Maschine einen Maßstab nach der Art der Rechenschieber auszuarbeiten, mit welchem ein intelligenter Vorarbeiter jedem Arbeiter vorschreiben kann, wie er jedes Stück in der schnellsten Zeit fertigstellt.

Es muß wohl beachtet werden, daß dies keine Zukunftsmusik ist, sondern daß wir es mit einer fertigen Tatsache zu tun haben, welche in der täglichen Arbeit unserer Werkstätten durch viele Jahre hindurch ausgearbeitet ist. Die drei Hauptfragen hinsichtlich des Stahles, der Schnittgeschwindigkeit und des Vorschubes können für jeden Mann und für jede Arbeit und in jeder Abteilung täglich weit besser durch unseren eingearbeiteten Vorarbeiter mit Hilfe seines Rechenschiebers gelöst werden, als sie im alten Stile durch die vielen Arbeiter von jedem nach seiner Weise erledigt wurden.

§ 5. (9—10.) Es mag als eine übertriebene Behauptung erscheinen, daß der genannte Maßstab einen guten Vorarbeiter in den Stand setzt, die Leistung einer Drehbank zu verdoppeln, welche 10 Jahre lang von einem erstklassigen Arbeiter mit sehr genauer Kenntnis seiner Maschine bedient war. Nichtsdestoweniger zeigen unsere Beobachtungen, daß im Mittel dies tatsächlich erreicht wird.

Um den Grund für diesen Erfolg besser einsehen zu können, sei hervorgehoben, daß der Vorarbeiter mit der Hilfe seines Schiebers imstande ist, den Einfluß der zwölf unten genannten Punkte auf die Wahl der Schnittgeschwindigkeit und des Vorschubes zu bestimmen. Es leuchtet ein, daß es keinen Vorarbeiter, Spezialisten oder Mathematiker gibt, welcher ohne die Hilfe eines derartigen Schiebers oder einer ähnlichen Einrichtung den Einfluß von zwölf Varianten auf unser Problem aus dem Kopfe abwägen könnte.

§ 6. (11.) Die zwölf Punkte oder Varianten sind die folgenden:

    a) Die Eigenschaften des zu bearbeitenden Materials,

    b) der Drehdurchmesser,

    c) die Schnittiefe,

    d) die Spanstärke,

    e) die Elastizität des Arbeitsstückes und des Drehstahles,

    f) die Form oder Kontur der Schneidkante des Stahles im Zusammenhang mit den Schleifwinkeln,

    g) die chemische Zusammensetzung des Stahles, von dem der Drehstahl gemacht ist und die Warmbearbeitung des Drehstahles,

h) die Anwendung eines reichlichen Wasserstrahles oder anderen Kühlmittels auf den Stahl,

i) die Dauer des Schnittes, d. h. die Zeit, in welcher der Stahl die Schnittkraft bis zum Wiederanschliff ausüben kann,

k) der Schnittdruck des Spanes auf den Stahl,

l) die möglichen Änderungen in der Geschwindigkeit und in dem Vorschub der Drehbank,

m) die Durchzugs- und Vorschubkraft der Drehbank.

§ 7. (12—16.) Das Problem und die Methoden der Untersuchung des Einflusses jeder dieser Varianten auf die Schnittgeschwindigkeit sei in die folgenden vier Aufgaben geteilt:

A. Die Bestimmung der die Schneidkunst der Metalle beherrschenden Gesetze durch eine Reihe von Versuchen.

B. Die Auffindung von einfachen für den täglichen Gebrauch passenden mathematischen Ausdrücken für diese Gesetze.

C. Die Bestimmung der Grenzen hinsichtlich der Leistungsfähigkeit der Drehbänke.

D. Die Herstellung eines Instrumentes (Schiebers), welches einerseits die Gesetze des Metallschneidens und andererseits die Stärke der bestimmten Drehbank, Planbank usw. berücksichtigt. Diese Einrichtung soll von jedem Vorarbeiter ohne mathematische Schulung derart bedient werden, daß er die Schnittgeschwindigkeit und den Vorschub für die rascheste und beste Erledigung seiner Arbeit in jedem Falle angeben kann.

§ 8. (17.) Gegen Ende des Jahres 1880 vereinigten sich die Arbeiter der kleinen Maschinenwerkstätte von der Midvale Steel Co. in Philadelphia, von denen die meisten in Stückarbeit an Lokomotivradkränzen, Waggonachsen und verschiedenen Schmiedestücken arbeiteten, um die Anzahl der täglich fertigzustellenden Arbeitsstücke zu beschränken. Der Verfasser stellte als neu angestellter Aufseher der Werkstätte fest, daß die Leute in allen Fällen viel mehr Arbeit leisten konnten, als wie sie zu leisten gewohnt waren. Er fand, daß seinen Bemühungen, die Leute zu einer Erhöhung ihrer Leistung zu veranlassen, seine Unkenntnis über den Zusammenhang der Schnittiefe mit der Schnittgeschwindigkeit und dem Vorschub entgegenstand. Seine Überzeugung von der in hohem Maße ungenügenden Arbeitsleistung der Leute war jedoch so fest, daß er von der Werksleitung die Erlaubnis erhielt, eine Anzahl von Versuchen über die Gesetze der Metallbearbeitung anzustellen, welche ihm zum mindesten die Erfahrungen der gegen ihn verbündeten Arbeiter brachte. Der Verfasser glaubte, daß diese Untersuchungen nicht länger als 6 Monate dauern würden.

§ 9. (18—19.) Mit Ausnahme kurzer Perioden sind jedoch diese Versuche bis in die gegenwärtige Zeit, also etwa 26 Jahre hindurch, fortgeführt worden. Der Verfasser möchte die Aufmerksamkeit der Leser besonders auf die Tatsache lenken, daß er in diesen ersten Untersuchungen weit mehr erfolgreich gearbeitet hat als alle Forscher, welche seitdem dasselbe Ziel angestrebt haben, weil er eine verhältnismäßig große Menge von gleichartigen Arbeitsstücken zu bearbeiten hatte und ihm eine für diesen Zweck geeignete und kräftige Maschine zur Verfügung stand. Die Maschine bestand in einem 1700 mm im Durchmesser messenden Bohrwerk für Lokomotivradkränze von hartem Metall und gleichförmiger Zusammensetzung. Er war außerdem besonders begünstigt, als seinen Vorgesetzten den Präsidenten der Gesellschaft, Herrn William Sellers zu haben, welcher, wie bekannt, einer der ausdauerndsten und weitblickendsten Forscher seiner Tage war.

Herr Sellers erlaubte entgegen der vielfachen Proteste gegen die Vornahme der Untersuchungen die Fortführung trotz sehr beträchtlicher Unbequemlichkeiten und Verluste für das Werk. Das Maß dieser Unbequemlichkeiten mag aus dem Umstande ermessen werden, daß für die Versuche an einem vertikalen Bohrwerk, welches durch den normalen Riemenantrieb vermittels Kegelriemscheiben angetrieben wurde, die Transmissionsmaschine der Werkstätte mit geringerer Umdrehungszahl betrieben werden mußte und für diesen Zweck ein besonderer einstellbarer Regulator anzuschaffen war. Während zweier Jahre entstanden auf diese Weise nicht nur von Tag zu Tag, sondern von Stunde zu Stunde Störungen durch die häufige Veränderung der Umlaufgeschwindigkeit der Haupttransmissionswelle. Nach einem Verlauf von nicht ganz 2 Jahren hatte der Verfasser jedoch so wertvolle und unerwartete Resultate aus seinen Versuchen gewonnen, daß die entstandenen Unbequemlichkeiten und Kosten vollauf gerechtfertigt erschienen und er bald darauf die Erlaubnis erhielt, eine junge technische Kraft zur Fortführung der Versuche zu engagieren.

§ 10. (20—23.) Herr G. M. Sincler, ein Schüler des Stevens Institut, opferte seine ganze Zeit für diese Arbeiten von 1884—1887, zu welchem Zeitpunkt er aus dem Dienste der Gesellschaft trat.

Herr M. H. Gantt, ebenfalls ein Schüler des Stevens Institut, war der Nachfolger Sinclers im Juli 1887; er war an der Fortführung unserer Arbeiten für diese Forschungen bis heute beschäftigt.

Im Jahre 1898 vereinigte sich Herr White in Bethlehem, wiederum ein Schüler des St. Institut, mit uns und ist bis zur heutigen Zeit an unseren Arbeiten beteiligt geblieben.

Herr C. Barth, ein Schüler der Technischen Schule Horten in Norwegen, kam zu uns im Jahre 1899 und ist noch in unseren Diensten tätig.

§ 11. (24—26.) Während der ganzen Jahre haben wir in allen diese Untersuchungen betreffenden Dingen so freimütig miteinander verkehrt, daß mit wenigen Ausnahmen wohl kaum ein Entschluß gefaßt worden ist, an dem nicht jeder von uns seinen Anteil hat. Alle Anerkennung oder

Kritik dieser Arbeit trifft also uns alle ungeteilt. Es ist bei Abfassung dieser Schrift bezüglich der gewonnenen Resultate daher kein Unterschied zwischen den einzelnen Mitarbeitern gemacht worden.

Herr White ist zweifellos in metallurgischen Fragen der Erfahrenste von uns; Herr Gantt hat die beste Übersicht in der Leitung; während dem Verfasser dieser Schrift vielleicht das Verdienst zugesprochen werden kann, mit der größten Ausdauer dem gesteckten Ziele zugestrebt zu haben. In Herrn Barth fanden wir den besten Mathematiker, der einen großen Teil seiner Zeit während der letzten Jahre geopfert hat, um die mathematischen Ausdrücke für unsere Resultate zu finden. Ohne seinen unermüdlichen Fleiß und Eifer wären wir kaum zu der gegenwärtigen Lösung der Fragen gekommen.

Außer diesen fünf Herren, welche hauptsächlich die Arbeiten geleitet und voran gebracht haben, nahmen wir noch die Hilfe von anderen Kräften der verschiedensten Werkstätten in Anspruch. Die Bereitwilligkeit dieser Herren zur Übernahme von Nebenarbeiten erkenne ich dankend an.

§ 12. (27.) Unsere Versuche dauerten in den Werken der Midvale St. Co. bis 1889, zu welchem Zeitpunkt der Verfasser den Dienst der Gesellschaft verließ. Seit der Zeit sind die Versuchsarbeiten in verschiedenen Werkstätten und auf Kosten mancher Gesellschaften weiter fortgeführt worden. Unter diesen schulden wir hauptsächlich Dank der Cramp Shipbuilding C., Sellers & Co., der Link Belt Eng. Co., Dodge und Day und vor allem der Bethlehem Steel Co.

§ 13. (28.) Im Verlauf unserer Arbeiten sind ungefähr 10 Werkzeugmaschinen mit ganz besonderen Antrieben und anderen für unsere Untersuchungen notwendigen Einrichtungen versehen worden, um jederzeit die gewünschte Schnittgeschwindigkeit zu erreichen. Seit 1894 hatten alle Maschinen elektrischen Antrieb. Die Gründlichkeit unserer Forschungen mag genügend aus der Tatsache hervorgehen, daß wir zwischen 30 000 und 50 000 eingetragene Versuche gemacht haben, während noch eine ganze Anzahl nicht eingetragen wurden. Wir haben mit unseren Versuchs-Drehstählen nicht weniger als 400 000 kg Stahl- und Eisenspäne geschnitten; mehr als 16 000 Versuche wurden allein in der Bethlehem St. Co. vorgenommen. Wir schätzen den Gesamtaufwand für unsere Versuche auf etwa 700 000 M. und es ist uns die Gewißheit ein befriedigendes Gefühl, daß die Werksbesitzer als Förderer unserer Arbeiten durch ansehnlichen Mehrertrag zufolge der erhöhten Leistungsfähigkeit für die entstandenen Unbequemlichkeiten vollauf entschädigt wurden.

§ 14. (29.) Durch volle 26 Jahre haben wir mit Erfolg die Ergebnisse unserer Untersuchungen geheim gehalten und tatsächlich flossen uns auf diese Weise die Mittel für neue Untersuchungen zu. Wir haben zwar nie irgend eine Erfahrung gegen Geld verkauft, sondern wir haben den Firmen nacheinander unser bis dahin gewonnenes Material in der Erwägung oder mit der Bedingung zur Verfügung gestellt, daß uns die Einrichtungen dieser Firmen zur Fortführung unserer Untersuchungen freigestellt wurden. So wurde unser Versuchsapparat in mancher Werkstätte aufgestellt und die besonderen Drehstähle, Schmiede- und Gußstücke usw. wurden uns im Austausch für Bekanntgabe unserer Erfahrungen kostenlos her- bzw. zur Verfügung gestellt. Als das beste Zeichen für die Wiedereinbringung dieser Ausgaben mag die Tatsache angeführt werden, daß ein und dieselbe Gesellschaft uns in Zwischenräumen von einigen Jahren drei vollständige Einrichtungen für die Vornahme von Versuchen bestellte.

§ 15. (30—31.) Während dieser Versuche waren alle Werke, denen wir unser Material gegeben hatten, sowie alle an der Arbeit Beteiligten durch Versprechen an Geheimhaltung der Ergebnisse gebunden, und obgleich manche dieser Versprechungen nur mündlich gegeben waren, freut es mich, die Tatsache bekannt geben zu können, daß uns nicht ein einziger Wortbruch zu Ohren gekommen ist. Der Verfasser ist sehr im Zweifel, ob in irgend einem anderen Lande ein ähnlicher Erfolg bezüglich der Geheimhaltung möglich gewesen wäre.

Jetzt scheint uns jedoch die Zeit gekommen zu sein, der ganzen Ingenieurwelt unsere Resultate bekannt zu geben, trotzdem natürlich die Einnahmequelle für uns dadurch verschlossen wird. Immerhin hoffen wir, daß die für die Vollendung unserer Arbeiten notwendigen Mittel uns aus anderer Quelle zufließen mögen.

§ 16. (32—50.) Der Verfasser ist darüber nicht im Zweifel, daß viele der Entdeckungen und Ergebnisse, welche den Fortschritt dieser Arbeit kennzeichnen, den Fachkreisen bereits bekannt waren; wir machen deshalb nicht den Anspruch auf Anerkennung der ersten Entdecker bezüglich aller Punkte, nur möchten wir im folgenden einige Feststellungen im Fortschritt unserer Arbeiten angeben, welche für uns vollständig neu und von besonderem Werte waren.

A. 1881. Die Entdeckung, daß ein rundgeschliffener Drehstahl unter gegebenen Umständen unter viel höherer Schnittgeschwindigkeit und daher mit viel größerer Leistung arbeiten kann als wie die alte Form der eckiggeschliffenen Stähle.

B. 1881. Die Klarstellung, daß allgemein gesagt durch die Anwendung von großen Vorschüben begleitet mit den dadurch notwendigen geringeren Schnittgeschwindigkeiten mehr Arbeit geleistet werden kann als mit geringen Vorschüben bei hohen Schnittgeschwindigkeiten.

C. 1883. Die Entdeckung, daß durch einen kräftigen Wasserstrahl auf den noch am Werkstück befindlichen Span ein Wachsen der Schnittgeschwindigkeit und damit der Leistung zwischen 30 und 40$^0/_0$ erreicht werden konnte.

1884 wurde in der Bethlehem St. W. eine neue Maschinenwerkstätte gebaut, bei welcher die Anwendung dieser Entdeckung voll zur Erscheinung kam; jede Maschine war in eine große schmiedeeiserne Pfanne gesetzt, welche das verbrauchte Kühlwasser (gesättigt mit Soda zur Vermeidung des Rostens) sammelte; von den einzelnen Pfannen dieser Maschine wurde das Wasser durch unter Flur liegende Röhren in ein gemeinsames Bassin geleitet, aus welchem durch Pumpen wiederum ein Hochbehälter gespeist wurde, von dem sämtliche Maschinen ihr Kühlwasser erhielten.

Bis zu jener Zeit war, soweit dem Verfasser bekannt ist, der Gebrauch von Flüssigkeiten direkt auf die Stähle mehr zum Zwecke des Erhaltens einer glatten Oberfläche in Anwendung als zur Abführung der entstandenen Reibungswärme. Jede Drehbank hatte dementsprechend nur ihr kleines Gefäß, aus welchem das Wasser auf den Stahl träufelte. Es untersteht keinem Zweifel, daß für den Zweck der Wärmeabführung die Menge des aufgewendeten Wassers unzulänglich war. Soviel dem Verfasser bekannt ist, wurde, trotzdem die Midvale St. Co. mehrfach für den öffentlichen Besuch freigegeben war, keine andere Werkstätte mit der gleichen Einrichtung versehen als die genannte Firma und die Bethlehem St. Co. mit der Ausnahme eines kleinen Stahlwerkes, welches in persönlicher Abhängigkeit von der Midvale St. Co. war.

D. 1883 wurde eine Untersuchungsreihe mit rundgeschliffenen Stählen abgeschlossen; zuerst mit verschiedenen Vorschüben bei konstanter Tiefe und zweitens mit verschiedenen Schnittiefen bei konstantem Vorschube, um den Einfluß dieser beiden Punkte auf die Schnittgeschwindigkeit zu bestimmen.

E. 1883. Die genaue Bestimmung des Zusammenhanges zwischen der Schnittdauer und der Schnittgeschwindigkeit.

F. 1883. Die Entwicklung einer Formel, welche den mathematischen Ausdruck der obengenannten zwei Gesetze gab. Die in einen logarithmischen Ausdruck gebrachten Gesetze waren für eine schrittweise mathematische Entwicklung geeignet, deren Resultat in der Herstellung des bereits erwähnten und 1901 zur Fertigstellung gelangten Apparates nach Rechenschieberart besteht.

G. 1883. Die experimentelle Bestimmung des Schnittdruckes beim Schneiden von Radkränzen bei verschiedener Spanstärke und Spantiefe.

H. 1883. Beginn einer Anzahl von Untersuchungen über Riemenantriebe, welche in den „Transactions Vol. 15 (1894)" veröffentlicht sind.

I. 1883. Das Messen der Vorschubkraft für rundgeschliffene Stähle bei verschiedenen Schnittiefen und Spanstärken. Diese Versuche zeigten, daß ein sehr stumpfer Stahl ebensoviel Kraft für den Vorschub als für die Schnittarbeit verbrauchte.

K. 1884 wurde eine automatische Schleifmaschine für Drehstähle entworfen und ein besonderer Raum für Aufbewahrung und Ausgabe der Werkzeuge eingerichtet.

L. Von 1885—1889. Die Fertigstellung einer Reihe von Tabellen für den praktischen Gebrauch, welche für eine Anzahl der Arbeitsmaschinen der Midvale St. Co. die Möglichkeit gab, dem Arbeiter täglich ein ganz bestimmtes Pensum der Arbeit zu geben. Der Erfolg dieser Sache war ein großes Anwachsen der Leistung.

M. 1886. Die Feststellung der Tatsache, daß die Spanstärke mehr als irgend ein anderes Element Einfluß auf die Schnittgeschwindigkeit hat und die praktische Anwendung dieser Kenntnis durch Einführung einer Reihe von breitrundgeschliffenen Werkzeugstählen, welche uns in den Stand setzten, bei einem starken Vorschub mit der gleichen Schnittgeschwindigkeit als vorher bei rundgeschliffenen Stählen und geringem Vorschub zu arbeiten. Auf diese Weise setzten wir anstatt der bisherigen Regel: „Starken Vorschub und geringe Schnittgeschwindigkeit" unseren neuen Grundsatz: „Starken Vorschub und hohe Schnittgeschwindigkeit".

N. 1894—1895. Die Entdeckung, daß ein verhältnismäßig größerer Gewinn beim Schneiden von weichem Material durch den Gebrauch von naturharten Werkzeugstählen gegenüber dem Gewinn beim Schneiden von hartem Material gemacht werden konnte. In weichem Gußeisen betrug der Gewinn der naturharten Stähle gegenüber den angelassenen Stählen ungefähr $90^0/_0$, während der Gewinn bei hartem Stahl oder hartem Gußeisen nur $45^0/_0$ betrug. Bis zu dieser Zeit war der naturharte Stahl beinahe ausschließlich für die Bearbeitung der harten Materialien in Gebrauch, und zwar nur für diejenigen Fälle, wo man mit angelassenem Stahl bei harten Guß- oder Stahlstücken nicht mehr auskam. Für alle „Schrupparbeit" wurde von nun an ausschließlich der naturharte Stahl angewendet.

P. 1894—1895. Die Entdeckung, daß beim Schneiden von Schmiedeeisen oder Stahl ein kräftiger, auf die Nase des Stahles geleiteter Kühlwasserstrahl einen Gewinn der Schnittgeschwindigkeit bei naturharten Stählen von etwa $33^0/_0$ brachte. Bis zu diesem Zeitpunkte hatten die Fabrikanten von naturhartem Stahl die Abnehmer vor Anwendung von Wasserkühlung gewarnt.

Q. 1898—1900. Die Entdeckung und Entwicklung des Taylor-White-Prozesses für die Behandlung der Stähle; insbesondere die Entdeckung, daß die Chrom-Wolfram-Stähle beim Härten bis an den Schmelzpunkt erhitzt, zwei- bis viermal so große Leistung aufwiesen als bisher. Dies war die Entdeckung des modernen Schnellarbeitsstahles.

R. 1899—1902. Die Ableitung und Einrichtung unserer Schieber, welche den täglichen Gebrauch zur Anwendung aller gefundenen Gesetze und Formeln auf die gerade vorliegende Arbeit für jeden Arbeiter ermöglichten.

S. 1906. Die Entdeckung, daß ein kräftiger Kühlwasserstrahl selbst
bei Gußeisen eine Erhöhung der Normalschnittgeschwindigkeit und dadurch eine Erhöhung der Leistung von 16% gestattete.

T. 1906. Die Entdeckung, daß durch einen geringen Zusatz von
Vanadium zum Werkzeugstahl die modernen Chrom-Wolfram-Stähle in
ihrer Härte und Haltbarkeit noch wesentlich verbessert werden konnten.

§ 17. (51—52.) Wenn auch viele Ergebnisse unserer Untersuchungen
interessant und wertvoll sind, so erachten wir doch den Teil unserer
Versuche und der mathematischen Arbeit für den wichtigsten, welcher
den ganz genauen Einfluß der Schneidkantenkontur, der Spanstärke,
der Schnittiefe, der Materialeigenschaften des Arbeitsstückes, der Schnittdauer usw. auf die Schnittgeschwindigkeit bestimmte und sich in unseren
Schiebern verkörpern ließ. Diese Arbeit setzt uns in den Stand, jedem Arbeiter sein tägliches Pensum Arbeit mit ganz genauer Vorschrift für die
aufzuwendende Zeit aufzugeben und Prämien auf besonders rasche Arbeit
zu setzen.

Der Gewinn dieser Schieber ist bei weitem größer als alle anderen
Erfindungen zusammengenommen, weil dadurch das 1880 gesetzte
Ziel, „Die Kontrolle über Schnittgeschwindigkeit, Vorschub usw. aus der
Hand des Arbeiters zu nehmen und in die Hände des Werkstättenleiters
zu legen", vollkommen erreicht wurde.

§ 18. (53—57.) Der schwierigste Teil unserer Arbeit war die Einkleidung unserer Versuche in mathematische Werte. Diese Arbeit bestand zunächst in der Bestimmung einfacher Formeln, welche mit angenäherter Genauigkeit den Einfluß aller Punkte auf die Schnittgeschwindigkeit in mathematischen Ausdruck kleiden sollten, um dann eine handliche
Anwendungsform der Gesetze für den täglichen Werkstättengebrauch
zu finden. Häufig war der Verfasser während des Fortschrittes der mathematischen Arbeit vollständig verzweifelt und suchte die Hilfe der besten
Mathematiker im Lande. Sie alle lächelten zunächst bei Nennung des
Zieles, ein Problem mit zwölf Veränderlichen zu lösen und alle sandten
die Arbeit nach kürzerer oder längerer Zeit mit der Versicherung zurück,
daß die Lösung der Aufgabe nur auf empirischem Wege und durch die
sog. Faustregel gefunden werden könne.

Auf dem Gebiete der Erforschung der Gesetze für das Drehen von
Eisen und Stahl war an dem Zeitpunkte des Beginnes unserer Arbeiten
so wenig wissenschaftliches Rüstzeug vorhanden, daß uns nur zwei Wege
möglich schienen.

1. Die absolut wissenschaftliche Methode, zunächst alle Elemente,
welche auf das endgültige Resultat Einfluß haben, zu bestimmen und
dann zu versuchen, den Einfluß eines Punktes nach dem andern durch

Veränderung zu erkennen, während alle anderen Punkte konstant gehalten werden.

Dank der Tatsache, daß Herr William Sellers (einer der hervorragendsten wissenschaftlichsten Forscher seiner Tage) Präsident der Midvale St. Co. war, als der Verfasser seine Versuche begann, arbeiteten wir nach dieser besten und richtigsten Methode.

2. Die andere Methode der Untersuchung ist die der gleichzeitigen Einflußbestimmung von zwei oder mehreren Varianten bei einem Versuch.

§ 19. (58.) Zweifellos läßt sich nach dieser Methode rascher als nach der absolut wissenschaftlichen arbeiten und aus diesem Grunde haben auch wohl die meisten Forscher diesen Weg gewählt. Gewiß haben viele solcher Versuche wertvolle und brauchbare Informationen gebracht und nur mit Zurückhaltung unternimmt der Verfasser eine Kritik dieser Arbeiten, da er selbst die Schwierigkeiten und Mühen solcher Untersuchungen am besten einzuschätzen weiß. Nach reiflicher Überlegung erlaubt sich jedoch der Verfasser, diejenigen Punkte hervorzuheben, welche nach seiner eigenen Erfahrung eine falsche Forschung darstellen, um damit weitere Forscher vor ähnlichen Irrtümern zu warnen.

§ 20. (59—62.) Beinahe während der ganzen Dauer unserer Versuche kamen Unvollkommenheiten und Irrtümer in den Methoden vor, die uns häufig zwangen, von vorne anzufangen.

Wir können die Irrtümer, wie folgt, klassifizieren.

A. Verwendung falscher oder unzulänglicher Messungseinrichtungen.

B. Verstöße gegen den bereits auseinandergesetzten Grundsatz, stets nur den Einfluß eines Elementes zu untersuchen, während alle anderen konstant gehalten werden.

C. Durch Sorglosigkeit oder Übersehen hervorgerufene Fehler in Einhaltung der größtdenkbaren Genauigkeit oder in Unterlassung der Registrierung aller Erscheinungen während der Versuche.

§ 21. (63—64.) Im zweiten Abschnitt dieser Schrift wird eine Einzelbeschreibung aller nach unserer Meinung notwendigen Grundsätze und Einrichtungen zur Erreichung zuverlässiger Ergebnisse gegeben werden. Vorerst lassen wir zur Einführung eine Besprechung über die schließlich als zuverlässiges Kriterium erkannte Messungseinheit zur Bestimmung des Einflusses der verschiedenen Varianten folgen.

Der Einfluß jedes Punktes ist am besten bestimmt durch die Auffindung derjenigen Schnittgeschwindigkeit in Metern pro Minute, welche den Stahl nach 20 Minuten Lauf unter sonst gleichen Bedingungen vollständig unbrauchbar macht.

§ 22. (65—66.) Es muß z. B. für die Bestimmung des Einflusses des Vorschubes auf die Schnittgeschwindigkeit folgendermaßen vorgegangen werden. Zunächst wird ein ganzer Satz von Drehstählen in völlig gleicher Weise mit genau den gleichen Abmessungen, Schleifwinkeln usw. hergestellt und dann einer nach dem anderen einem 20 Minuten Lauf mit völlig gleichförmiger Schnittgeschwindigkeit während dieser Zeit ausgesetzt. Jeder Stahl soll mit einer etwas höheren Schnittgeschwindigkeit als der Vorgänger laufen, bis dann einer von diesen, mit einer Toleranz von 1—2 Minuten nach oben und unten am Ende der 20 Minuten-Periode völlig verbraucht ist.

Dann wird ein Wechsel in der Spanstärke (Vorschub) vorgenommen und ein neuer völlig gleicher Satz von Drehstählen untersucht, bis die neue der veränderten Spanstärke entsprechende Normalschnittgeschwindigkeit gefunden ist. Auf diese Weise fortfahrend können alle, den verschiedenen Spanstärken entsprechende, Normalschnittgeschwindigkeiten gefunden werden. Alle anderen Punkte wie Schnittiefe, Materialeigenschaften des Arbeitsstückes usw., welche die Schnittgeschwindigkeit beeinflussen können, müssen während der Versuche genau gleichförmig gehalten werden.

§ 23. (67.) Die für die verschiedenen Spanstärken gefundenen Werte werden dann graphisch aufgetragen und der mathematische Ausdruck für die Abhängigkeit gesucht. Wir glauben, daß dies die einzig richtige Methode für derartige Untersuchungen ist, und von diesem Gesichtspunkte aus bitten wir unsere Versuche und die der anderen Forscher zu beurteilen.

§ 24. (68.) Wir sind auf die erwähnte Messungseinheit erst vor etwa 14 Jahren gekommen, und haben seitdem alle unsere Messungen nur auf diese Einheit gestützt und unsere Einrichtungen demgemäß verändert. Damit sind wir jetzt zu der ergötzlichen Erkenntnis gekommen, daß wir mit Benutzung unserer heutigen Methoden und Einrichtungen die ganze Arbeit in 4 oder 5 Jahren hätten vollbringen können.

§ 25. (69—72.) Die hauptsächlich von uns begangenen Irrtümer waren die folgenden:

Wir verloren viel Zeit durch Untersuchung von Stählen bei kürzerer Versuchsdauer als 20 Minuten, und nachdem wir an den völlig gleichförmig gehaltenen Stählen die wunderlichsten Ergebnisse bei der kurzen Versuchsdauer erhalten hatten, begingen wir den entgegengesetzten Fehler, indem wir 30 und 40 Minuten-Versuche machten. Diese mußten wir bald aufgeben wegen der Unmöglichkeit, genügend viel gleichmäßiges Material für die zahlreichen Versuche zu erhalten. Schließlich nahmen wir die 20 Minuten-Periode an, die wir bis jetzt nicht zu verändern brauchten.

Weiterhin suchten wir den Einfluß der Schnittgeschwindigkeit auf den Stahl durch den Zustand der geringen Verfärbung nach dem 20 Minuten-Lauf festzusetzen, welches Ziel wir nach sechsmonatlichem vergeblichen Bemühen wieder verlassen mußten, um einen gewissen Grad der Stumpfheit oder Abnutzung der Schneidkante in gleicher Weise als Kriterium anzunehmen. Hier zeigte sich aber, daß jede Spanstärke einen anderen Grad der Abrundung der Schneidkante aufwies, der die erneute Anschleifung notwendig machte. Während bei einem leichten Schmiedestück ein gewisser Grad der Abstumpfung nur ein Abstoßen des Arbeitsstückes von dem Stahl hervorbringt, kann bei einem schweren Stück diese Abstumpfung schon einen Span erzeugen. Alle diese Versuche zur Bestimmung der Einheit wichen 1894 der Bestimmung, daß der Stahl nach 20 Minuten vollständig unbrauchbar sein müsse.

Die Beobachtung dieses Zustandes erfordert aber, wie später näher erläutert werden wird, eine sehr schwere Versuchsdrehbank und viel Bearbeitungsmaterial, was beides nicht für jedermann zu beschaffen ist. Doch ist es ohne diese Hilfsmittel völlig ausgeschlossen, die Gesetze über das Drehen erschöpfend zu bestimmen.

§ 26. (73—76.) Untersuchungen der besprochenen Art sind meist durch wissenschaftlich gebildete Männer, vornehmlich durch Professoren, angestellt worden. Naturgemäß bedienen sich diese solcher Hilfsmittel, welche im allgemeinen dem einfachen Arbeiter und selbst dem Ingenieur, wenn er nicht gerade für Versuche tätig ist, ungewöhnlich und fremd sind. Vielleicht sind aus diesem Grunde manche Dinge nicht Gegenstand der Untersuchung von Forschern gewesen, welche zwar weniger kompliziert, sich doch sehr ergebnisreich erwiesen, während von vielen anderen Forschern die komplizierteren, aber sehr viel weniger ergebnisreicheren Versuche bevorzugt wurden.

Zur Bekräftigung dieser Tatsache führe ich zwei der einfachsten Untersuchungspunkte an, die fast von allen Forschern außer acht gelassen sind.

a) Den Einfluß einer kräftigen Wasserstrahlkühlung, der einen Gewinn von $40^0/_0$ an Schnittgeschwindigkeit brachte,

b) den Einfluß der Form der Schneidkante auf die Schnittgeschwindigkeit, welche einen fast gleichen Gewinn brachte.

Beide genannten Punkte erfordern sehr geringe Kosten und einfache Einrichtungen, während z. B. der häufig gemessene Einfluß des Schnittdruckes sehr komplizierte Einrichtungen erfordert und verhältnismäßig von geringem Nutzen für die Lösung des Problems gewesen ist.

Es sollte dies eine Warnung für weitere Forscher sein, daß sie das zu untersuchende Gebiet bezüglich der in Betracht kommenden Punkte zuerst genau überblicken und dann vor den komplizierten Versuchen zunächst die einfachen gründlich vornehmen mögen.

§ 27. (77.) Die bemerkenswertesten Versuche bezüglich der Dreharbeit, welche dem Verfasser zur Kenntnis gekommen sind, sind die in Manchester während der Jahre 1902—1903 gemachten. Alle diese Versuche wurden gemeinsam durch acht der hervorragendsten englischen Gesellschaften unternommen, unter denen ich Whitworth & Co., Vickers' Sons & Maxim, John Brown & Co., Thomas Firth & Sons erwähne, welche zusammen mit der Manchester Vereinigung der Ingenieure und der

Manchester städtischen Technischen Schule, welch letztere besonders durch Dr. J. T. Nicolson vertreten war, die Versuche unternahmen. Der Bericht über diese wurde durch Dr. J. T. Nicolson in einer Schrift, betitelt: „Versuche mit Schnelldrehstählen" veröffentlicht. Diese Schrift ist durch Mr. Frank. Hagelton, 29 Brown Street, Manchester, zu beziehen.

§ 28. (78.) 1901 unternahm eine Kommission des Vereines Deutscher Ingenieure zusammen mit den Werkstättenleitern einiger großer Werke in Berlin eine Anzahl interessanter Versuche auf diesem Gebiete, welche am 28. September 1901 in der Zeitschrift des Vereines Deutscher Ingenieure veröffentlicht wurden. Über Versuche der Professoren L. P. Breckenridge und Henry B. Dirks wurde im Bulletin Nr. 2 der Universität von Illinois vom 15. November 1905 berichtet.

§ 29. (79.) Die Arbeit aller dieser Forscher gehört zu der zweiten Art der Methoden, bei welcher zwei oder mehrere Elemente zugleich untersucht werden. Bezüglich der Manchester Versuche schien es bis zu einem gewissen Grade, als ob diese die ganze Wissenschaft der Metallbearbeitungskunst in Gestalt der Erfahrungen von acht hervorragenden englischen Forschern enthielten. Jede dieser Firmen benutzte jedoch Stahl eigener Herstellung und Zurichtung der Schneid- und Schleifwinkel nach eigener Wahl. Jeder Firma wurde ferner die Wahl des zu bearbeitenden Materials, des Vorschubes, der Schnittiefe und Schnittgeschwindigkeit nach eigenem Ermessen überlassen. Wenn der Drehstahl die vorgeschriebene Zeit nicht aushielt, wurde keine Gelegenheit gegeben, diejenige Schnittgeschwindigkeit aufzufinden, bei welcher der Stahl die größte Leistung aufzuweisen hatte. Andererseits wurde bei aushaltenden Stählen nicht die höhere Schnittgeschwindigkeit gesucht, bei welcher der Stahl auch noch aushalten und demgemäß mehr Arbeit leisten würde.

§ 30. (80—83.) Ein Blick auf die Tafeln 13, 14 und 15 des Nicolsonschen Berichtes zeigt die große Verschiedenheit in den Formen der verwendeten Stähle. Man unterzog sich nicht der Mühe, den besten Stahl oder die Form der Drehstähle zu bestimmen oder bei sehr guter Leistung eines Stahles nachzuforschen, ob die Form oder die chemische Zusammensetzung und die Härtemethode die Ursache war.

Jede der acht Firmen gab die beste Schnittgeschwindigkeit für ihre Stahlsorte an, die natürlich erheblich voneinander abwichen. Trotzdem ist es bemerkenswert, daß in jedem Falle eine der Firmen mit ihrer Meinung sehr nahe an die richtige Schnittgeschwindigkeit herankam und in fernerer Auswahl dieser angenommenen Geschwindigkeiten hat Dr. Nicolson in der Tafel auf Seite 250 seines Berichtes eine sehr beachtenswerte Zusammenstellung veröffentlicht, die für harten, mittelharten und weichen Stahl und ebenso für drei Sorten Gußeisen und vier verschiedene Kombinationen von Vorschub und Schnittiefe die passende Schnittgeschwindigkeit angibt.

Diese Tafel zeigt aber auch den Wert solcher Versuche, wenn sie in vollständig unwissenschaftlicher Weise angestellt werden. Ein Element ist allerdings in sehr sorgfältiger Weise untersucht worden, das ist der Schnittdruck des Spanes auf den Stahl.

Die sich auf diesen Punkt beschränkenden Schlüsse, daß nämlich weder die Form noch die Warmbehandlung und die chemische Zusammensetzung wesentlichen Einfluß auf den Schnittdruck haben, bestätigen vollkommen unsere Beobachtungen über dieses Element der Untersuchungen.

§ 31. (84—86.) Der Verfasser bezeugt gerne seine Achtung vor Dr. Nicolson als wissenschaftlichen Forscher besonders bezüglich seiner späteren Arbeiten, muß aber doch auf den Irrtum hinweisen, den Genannter durch die Ableitung einer Formel für die Dreharbeit an Metallen aus einer Zusammenziehung der Manchester und der deutschen Versuche begangen hat. Diese Versuche waren in wissenschaftlicher Hinsicht sehr mangelhaft, da keine Vorkehrung getroffen war, die folgenden Varianten konstant zu halten:

1. die Form der Schneidkante und der Schleifwinkel veränderten sich von einem Versuch zum anderen;
2. die Qualität des Werkzeugstahles wechselte;
3. die Warmbehandlung wechselte;
4. die Schnittiefe war nicht immer die angestrebte;
5. die in einer gegebenen Zeit erreichbare größte Schnittgeschwindigkeit war nicht bestimmt;
6. es war nirgends eine Angabe in dem Bericht, ob das verwendete Material die für einen wissenschaftlichen Versuch notwendige Gleichförmigkeit besessen hat. Das gleiche Urteil gilt für die deutschen und die Illinois-Versuche.

Bei keinem dieser Versuche wurde die Notwendigkeit eingesehen, den Einfluß zweier wichtigen Punkte gesondert zu messen, nämlich:

a) die Spanstärke und
b) die Schnittiefe.

In allen Untersuchungen in dem von Dr. Nicolson auf Seite 249 gegebenen Bericht und der in den „Tehnics" vom Januar 1904 veröffentlichten Formel auf Grund der deutschen und Manchester-Versuche ist „a" der Spanquerschnitt als einzelne Variable behandelt, während diese tatsächlich das Produkt aus Schnittiefe und Vorschub ist. In Wirklichkeit hat die Spanstärke gegenüber der Schnittiefe weit wesentlicheren Einfluß auf die Schnittgeschwindigkeit und somit hat die Formel, in welcher der Spanquerschnitt als eine Variable behandelt ist, wenig wissenschaftlichen Wert. Zur Erläuterung diene folgendes: Ein Schnitt von 12,8 mm Schnittiefe und 0,8 mm Vorschub hat den gleichen Spanquerschnitt wie ein Schnitt von 3,2 mm Schnittiefe und 3,2 mm Vorschub. Unsere Versuche zeigen aber, daß die Schnittgeschwindigkeit für den ersteren Fall 5,4 m pro Minute und für den letzteren Fall nur 3 m pro Minute ist. Hieraus ergibt sich die Unmöglichkeit, den Spanquerschnitt als eine einzelne Variante in einer Formel zu verwenden.

Ganz allgemein ist es unrichtig, mehr als eine Variante zu verändern. Ich will damit nicht den Wert der von anderen Forschern gemachten Versuche verkleinern, nur die Aufmerksamkeit zukünftiger Forscher auf die von uns und anderen Forschern zuerst gemachten Fehler lenken.

§ 32. (87—90.) Durch die Manchester-Versuche angeregt, machte Herr Dr. Nicolson eine andere Reihe von Versuchen zum Zwecke der genauen Bestimmung des Schnittdruckes auf die Schneidkante des Stahles. Im Verlauf dieser Untersuchungen hat Dr. Nicolson eine vorzügliche Einrichtung für einen solchen Zweck entworfen und ausführen lassen. In seiner Schrift hat Genannter sehr genau beschrieben, wie er den Schnittdruck in folgenden drei Richtungen messen kann:

     a) in vertikaler Richtung;

     b) in horizontaler Richtung senkrecht zur Achse des Arbeitsstückes; von ihm „Oberflächendruck" genannt;

     c) in horizontaler Richtung parallel zur Achse des Arbeitsstückes, den sog. Vorschubwiderstand; von ihm „Fortschreitungsdruck" genannt.

Die Bestimmung des Schneidwinkels, bei welchem der Schnittdruck ein Minimum wird, ist von größtem Interesse; doch das nach des Verfassers Meinung wertvollste Ergebnis war die Entdeckung der wellenförmigen Veränderung im Schnittdruck.

Bei diesen Versuchen wurde der Span mit einer Geschwindigkeit von 0,3 m in 5 Stunden abgehoben. Kein anderer Apparat hatte bisher die für diesen Zweck genügende wissenschaftliche Genauigkeit gehabt.

Der Verfasser hat sich die Freiheit genommen, die Diagramme von Dr. Nicolson in Fig. 30 und 58 wiederzugeben. Dr. Nicolsons Entdeckung ist für die Erklärung des Vibrierens der Stähle und damit für die Wahl der Form der Schneidkante außerordentlich wichtig geworden.

§ 33. (91—92.) Diese Versuche sind eine wertvolle Ergänzung unserer Kenntnisse von der Metallbearbeitungskunst, und der Verfasser bedauert, daß Dr. Nicolson nicht in der gleich gründlichen Weise andere Elemente, die mehr unmittelbar als der Schnittdruck die Schnittgeschwindigkeit beeinflussen, untersucht hat.

Durch die Wahl dieses Elementes verfiel Dr. Nicolson, wenn man so sagen darf, in den gleichen Irrtum, welchen fast alle Forscher auf diesem Gebiete früher oder später begangen haben. Es erscheint dem Neuling vom theoretischen Standpunkt die gründliche Untersuchung des Schnittdruckes unter den verschiedenen Bedingungen als Schlüssel zu dem ganzen Problem der Abhängigkeit der Schnittgeschwindigkeit von den verschiedenen Schnittiefen, Vorschüben, Formen der Schneidkanten usw.

In Wirklichkeit findet jeder Forscher früher oder später, daß keine Beziehung zwischen dem Schnittdruck und der Schnittgeschwindigkeit und keine wesentliche Beziehung zwischen der Härte des Bearbeitungsmateriales und dem Schnittdruck zu finden ist.

§ 34. (93—95.) Die letzte Ursache für das Unbrauchbarwerden des Stahles ist die Abstumpfung oder die Abnutzung durch das konstante Reiben des Spanes auf der Schneidfläche; und die Ursache des Stumpfwerdens ist wiederum besonders bei den hohen Schnittgeschwindigkeiten für wirtschaftliche Arbeit in der Erwärmung und der dadurch eintretenden Erweichung des Stahles durch die Reibung des Spanes auf der Schneidfläche zu suchen. Es ist vollkommen klar, daß die Erwärmung in direktem Verhältnis mit folgenden drei Elementen zunehmen muß:

    a) mit dem Schnittdruck;

    b) mit der Gleitgeschwindigkeit des Spanes auf dem Stahl;

    c) mit dem Reibungskoeffizienten zwischen dem Span und der Stahloberfläche.

Und doch ist, so merkwürdig es scheinen mag, keine Beziehung zwischen dem Schnittdruck und der Schnittgeschwindigkeit zu finden. (Die Gründe hierfür sind in §§ 224—232 auseinandergesetzt.)

Die oben gegebene Anschauung ist so überzeugend, daß noch jeder unserer Mitarbeiter so fest von ihr eingenommen war, daß er nur durch die unwiderlegbaren Ergebnisse unserer Versuche von dieser irrtümlichen Auffassung abgebracht werden konnte.

Zur Illustrierung dieser Tatsache führe ich noch folgendes Beispiel an. Einer unserer jungen Mitarbeiter war so fest von der obigen Anschauung eingenommen, daß er mir erklärte, alle unsere bereits aufgestellten Grundsätze würden umgeworfen durch eine Reihe von ihm zu machender Versuche über den Schnittdruck. Auf meine Erwiderung, daß ich das Geld für diese unfruchtbaren Versuche nicht hergeben würde, schrieb er an die Direktion des Werkes ein Memorandum des Inhalts, daß seine Anschauungen gegenüber den meinigen allein den Anspruch auf wissenschaftliche Begründung machen könnten und ihm daher von nun ab die Leitung der Versuche zu übertragen sei, während ich nur als Helfer mitzuarbeiten hätte. Als er kein Gehör fand, ging er aus dem Dienst der Gesellschaft und bot an anderer Stelle seine Arbeiten für Vornahme von Versuchen in der oben angedeuteten Richtung an; er hat aber bis heute noch keines von seinen Ergebnissen veröffentlicht.

§ 35. (96.) Wir haben uns wegen der manchen Mißerfolge, die in dieser Richtung gemacht sind, reichlich lange mit diesem Punkte beschäftigt. Manche Forscher erklärten nach ihrem vergeblichen Bemühen, auf dem bezeichneten Wege Klarheit in das Problem zu bringen, daß mit wissenschaftlichem Rüstzeug überhaupt die Aufgabe der Auffindung der Gesetze für die Metallbearbeitung nicht zu lösen sei und diese in das

Gebiet der Faustregeln gehörte. Daraufhin gaben sie alle fernere Arbeit auf diesem Gebiete auf.

§ 36. (97.) Man kann wohl sagen, daß die Versuche zur Untersuchung des Schnittdruckes praktisch brauchbare Ergebnisse nur insoweit gebracht haben, als die Werkzeugmaschinenfabrikanten nach den nunmehr bekannten Kräften die Bänke konstruieren und mit Kraft versehen konnten. Der Verfasser möchte der Ansicht zuneigen, daß das ganze Problem der Metallbearbeitung besser gefördert worden wäre, wenn die erwähnten Versuche über den Schnittdruck nicht stattgefunden hätten und die Arbeiten der Forscher dadurch mehr auf den einen wichtigen Punkt der Schnittgeschwindigkeit hingelenkt worden wären.

§ 37. (98.) Es ist eine bekannte Erscheinung, daß bei der Forschung auf neuem Gebiete häufig Entdeckungen gemacht werden, welche nicht in der Richtung des gesuchten Zieles liegen. Diese indirekten wissenschaftlichen Ergebnisse sind aber häufig von gleichem Werte als die direkt gesuchten. Zwei interessante Beispiele hierfür kann ich aus unseren Arbeiten heraus anführen.

§ 38. (99—102.) Die Entdeckung des Taylor White-Prozesses zur Härtung von Werkzeugstahl durch Erhitzung bis nahe an den Schmelzpunkt, d. h. die Einführung des Schnellarbeitsstahles in der ganzen Welt, war ein indirektes Ergebnis unserer Versuche.

Die Erkennung, daß bis dahin die Riemengetriebe für wirtschaftliche Arbeit absolut zu leicht gehalten waren, gehört ebenfalls zu den indirekten Ergebnissen unserer Arbeiten.

Die Art der Entdeckung dieser Erscheinungen war so typisch, daß es der Mühe wert erscheint, sie zu beschreiben.

Im Winter 1894—1895 leitete der Verfasser im gemeinsamen Auftrage von William Sellers & Co. und Cramp & Sons in den Werkstätten der letzteren Firma eine Reihe von Versuchen zur Bestimmung der besten Stahlsorte für naturharten Stahl auf alle Schrupparbeit.

§ 39. (103—104.) Als Erfolg dieser Versuche wurden die Sorten auf zwei beschränkt, und zwar

erstens auf den bekannten Mushet selbsthärtenden Stahl von folgender Zusammensetzung:

Wolfram	5,441 %
Chrom	0,398 %
Kohlenstoff	2,15 %
Mangan	1,578 %
Silicium	1,044 %

und zweitens auf den selbsthärtenden Stahl der Midvale St. Co. von folgender Zusammensetzung:

Wolfram	7,723 %
Chrom	1,830 %

Kohlenstoff . . . . 1,143 %
Mangan . . . . 0,18 %
Silicium . . . . 0,246 %
Phosphor . . . . 0,023 %
Schwefel . . . . 0,008 %

Es zeigte sich, daß der Stahl der Midvale St. Co. die höchste Schnittgeschwindigkeit zuließ. Der Verfasser selbst härtete etwa 100 Stähle dieser Sorte, um zur Erreichung der höchsten Schnittgeschwindigkeit die besten Temperaturen für das Schmieden und Härten vor dem Schleifen herauszufinden. Bei diesen Versuchen fand er, daß der Mushet-Stahl bei Übererhitzung (Verbrennung) schon durch einen leichten Schlag auf den Amboß vollständig zerbrach, während der Stahl von der Midvale St. Co. keine Neigung zum Zerbröckeln zeigte, aber doch dauernd verdorben schien, denn seine Schnittgeschwindigkeit fiel nach einer Erhitzung eben über die Kirschrotglut ganz wesentlich ab und der Stahl ließ sich durch keine folgende Behandlung wieder in guten Zustand bringen. Dieser Mangel ließ uns im Zweifel, ob wir den Mushet-Stahl oder den Stahl der Midvale St. Co. für die Anfertigung der Normalstähle nehmen sollten.

§ 40. (105—107.) Im Sommer 1898 entschied sich der Verfasser bei Reorganisation der Bethlehem St. Co. zur Fortsetzung der eben erwähnten Versuche, um festzustellen, ob inzwischen nicht ein besserer Stahl entdeckt sei. Nach Ausprobierung mancher Sorten wurde wiederum der Stahl der Midvale St. Co. als der beste bezüglich Erreichung hoher Schnittgeschwindigkeit erkannt.

Zur endgültigen Entscheidung über den für die Normalstähle zu wählenden Werkzeugstahl hatte der Verfasser eine ganze Anzahl verschiedener Sorten auf gleiche Weise herrichten lassen und rief Werkmeister und Direktoren zur Besichtigung der entscheidenden Versuche zusammen, damit sie sich davon überzeugen könnten, daß der Midvale-Stahl der beste sei. Bei dem Versuch zeigte sich jedoch, daß der Midvale-Stahl bezüglich Schnittgeschwindigkeit der schlechteste war. Dieses Ergebnis war für uns, die wir uns wochenlang mit der Untersuchung beschäftigt hatten, recht deprimierend.

Des Verfassers erster Eindruck war, daß diese Drehstähle in der Schmiede verbrannt seien. Nach eingehendem Verhör bei den Schmieden schien es jedoch, als ob diese sich besondere Mühe gegeben hätten, die Stähle in niedriger Hitze herzurichten; der Zweifel war also nicht gelöst. Der Verfasser ordnete deshalb eine neue gründliche Untersuchung vor endgültiger Annahme des Midvale-Stahles als normalen Werkzeugstahl an, um eine Warmbehandlung herauszufinden, welche die verbrannten Drehstähle in ihren ursprünglichen Zustand wieder zurückführen könnte.

§ 41. (108—110.) Zu diesem Zwecke unternahmen Mr. White und der Verfasser eine neue Reihe sorgfältiger Versuche, bei welchen die Stähle schrittweise um 50⁰ anwachsend von der ganz dunkelroten Hitze bis zum Schmelzpunkt erhitzt wurden. Diese Stähle wurden dann angeschliffen und auf der Versuchsdrehbank gleichförmiges Material schneidend ausprobiert, um zu finden:

      a) diejenige Erwärmung, bei welcher die höchste Schnittgeschwindigkeit erreicht wird (vorher als die Dunkelrotglut gefunden);

      b) den genauen Gefahrpunkt, über oder unter welchem der Stahl erwärmt, verdorben sei;

      c) diejenige Warmbehandlung, durch welche die Stähle zu ihrer früheren Leistungsfähigkeit bezüglich der Schnittgeschwindigkeit wiederhergestellt würden.

Diese Versuche bestätigen unsere früheren Cramp-Sellers Beobachtungen, nach welchen die Stähle vollständig verbrannten bei einer Erhitzung zwischen etwa 850⁰ und 925⁰ C; doch zu unserer größten Überraschung leisteten die über 940⁰ erhitzten Stähle eine wesentlich höhere Schnittgeschwindigkeit als die mit der früher als besten erkannten Temperatur (Kirschrotglut) behandelten, und zwar stieg die Leistung bis nahe an den Schmelzpunkt bis auf ihr Maximum.

Dieses hervorragende Resultat durch die Erhitzung bis nahe an den Schmelzpunkt war vollständig umwälzend und direkt entgegengesetzt allen früheren Warmbehandlungen der Stähle und dennoch nur als indirekter Erfolg bei Vornahme genau wissenschaftlicher Untersuchungen über die Bestimmung der besten Härtehitze gewonnen. Weder Mr. White noch der Verfasser hatten die leiseste Ahnung, daß dieses Übererhitzen über die gebräuchliche Wärme irgend eine andere Erscheinung als die des vollständigen Verdorbenseins zutage fördern werde.

§ 42. (111.) Während unserer anfänglichen Versuche in der Midvale St. Co. hatte der Verfasser große Mühe, die Spannung im Antriebsriemen einer großen Vertikalbohrmaschine konstant zu halten, daß er zu folgenden Schlüssen gezwungen wurde:

1. Die Riemenabmessungen sind im allgemeinen Gebrauch zu schwach für wirtschaftliches Arbeiten.
2. Das regelmäßig sich wiederholende Anspannen der Riemen mit einem Federkraftmesser und Zurückführen auf die gleiche Spannung ist notwendig.

§ 43. (112.) 1884 leitete Verfasser die Neueinrichtung der Werkstätten der Midvale St. Co., was ihm Gelegenheit gab, seine Schlüsse auf praktische Brauchbarkeit zu prüfen. Etwa die Hälfte der Riemen wurde nach den gewöhnlichen Regeln ausgeführt, während die andere Hälfte etwa dreimal so stark angenommen wurde. In der Werkstätte war Tag- und Nachtbetrieb; jeder Riemen wurde beobachtet und nur auf schriftliche Anordnung der Werkstättenleitung nachgespannt; über jede Veränderung wurde durch 9 Jahre hindurch gewissenhaft Protokoll geführt, insbesondere wurden die Verlustzeiten durch die Unterbrechung bei jedem Riemen notiert, die Kosten des Riemens, die Kosten der Reparaturen, Nachspannungen und Reinigungen, der Nachlaß der Spannung vor dem Nachziehen und die Zeit, in welcher jeder Riemen bis zum Wiederanspannen lief. So wurde am Ende der neunjährigen Periode eine genaue Übersicht über die Lebensdauer, Kosten usw. jedes Riemens gewonnen, aus welcher der Schluß gezogen werden konnte, daß die nach den gewöhnlichen Regeln bemessenen Riemen nur halb so stark waren, als sie für wirtschaftliches Arbeiten sein sollten. Dieses war ein weiteres Beispiel eines indirekt gewonnenen Ergebnisses auf einem dem Untersuchungsgebiet fernliegenden Felde.

§ 44. (113—114.) Nach jahrelanger persönlicher Berührung mit unseren Arbeitern habe ich großes Vertrauen auf deren gutes Urteil bekommen und ich bin stolz darauf, eine ganze Anzahl von ihnen meine näheren Freunde nennen zu können.

Im allgemeinen sind sie außerordentlich konservativ und der Fortschritt zu besseren Methoden ist ein sehr langsamer, wenn sie sich selbst überlassen bleiben. Ein rascherer Fortschritt ist nach meiner persönlichen Überzeugung nur durch einen konstanten und kräftigen Druck zu erreichen.

§ 45. (115—116.) Wenn man daher einen guten Erfolg durch Anwendung der gefundenen Gesetze erreichen will, so muß man die erwähnten Schieber anwenden, was allerdings nicht unter dem alten System der Leitung möglich ist, bei welcher jeder Arbeiter seine besonderen Wünsche und Gewohnheiten bezüglich der Wahl der Stahlformen, Schnitttiefen und Vorschübe zur Erfüllung bringen kann.

Die Schieber können jedoch nicht bei der Drehbank bleiben, weil sie sonst der Gefahr des Zerschlagens ausgesetzt wären. Sie müssen durch einen Mann mit reinen Händen an einem sauberen Tisch bedient werden. Der Mann muß die gefundenen Werte auf einen Schein schreiben und diesen dem Arbeiter noch vor Beginn der Arbeit senden. Doch wird der Arbeiter diesen Instruktionen keine Beachtung schenken, wenn nicht starre Vorschriften für jede Arbeit, für die Ausrüstung und für die Arbeitsmethoden nicht nur angenommen, sondern eingetrieben worden sind. Auch kann wenig erreicht werden, wenn nicht die ganze Art der Werkstättenleitung durch Ausbildung einer Vorarbeiterschaft mit getrennten Funktionen, Anstellung von Geschwindigkeitsaufsehern, Zeitkontrolleuren usw., wie dieses in meiner Schrift „shop management"[1] (Transactions Vol. 24) eingehend beschrieben ist, reorganisiert wird. Dies

---

[1] Deutsch unter dem Titel „Die Betriebsleitung" im Verlag von Julius Springer, Berlin W 9, erschienen.

bringt aber so viel Mühe und Umwälzung mit sich und erfordert so viel guten Willen der Arbeiter und Leitung und birgt so viele Gefahren des Mißerfolges in sich, daß die Einführung nicht ohne die Hilfe und Kontrolle eines mit mehrjähriger Erfahrung in diesem System ausgestatteten Mannes erfolgen sollte.

§ 46. (117.) Eine lange Zeit vergeht bis zur vollständigen Durchführung des Systems in einer Werkstätte; doch ist nachher der Gewinn so groß, daß, wie ich ohne Zögern behaupten kann, nicht ein Werk in unserem Lande existiert, in welchem durch unsere Methode die Leistung nicht mindestens verdoppelt werden könnte. Es gilt dies nicht allein für große Werkstätten. In einem Werke, dessen Zahl an Angestellten und Arbeitern zusammen nur 150 betrug, vermehrten wir die Produktion um mehr als das Doppelte und verwandelten den früheren Verlust von $20\,\%$ des ursprünglichen Verkaufswertes in einen Gewinn von $20\,\%$ des neuen Verkaufswertes, gleichzeitig dabei eine Menge bisher ungeleiteter und unzufriedener Arbeiter in zufriedene und hart arbeitende, dabei aber $35\,\%$ mehr verdienende umwandelnd. Ich nehme wieder Gelegenheit, denjenigen Werken Glück zu wünschen, welche einen in diesem System eingearbeiteten Mann zur Ausführung der Neuordnung gewinnen können.

§ 47. (118—119.) Unglücklicherweise sind die Grundgedanken der neuen Ordnung direkt entgegengesetzt den Grundsätzen des alten Systems. Es seien zwei Beispiele angeführt.

Bei unserem System wird dem Arbeiter genau gesagt, was und wie er arbeiten soll, und jedwede vermeintliche Verbesserung der gegebenen Vorschriften läuft dem Erfolg zuwider, während bei dem alten System von dem Arbeiter die fortwährende Verbesserung seiner Arbeitsmethoden erwartet wird. Bei unserem System wird eine einmal beschlossene Verbesserung sofort in den praktischen Gebrauch eingeführt und wird nicht wieder fallen gelassen, während bei dem alten System die Neuerung nur dann zur Anwendung kommt, wenn sie die Billigung des Arbeiters erhält, was zu Anfang selten der Fall sein wird; sie bleibt daher häufig lange Zeit hindurch ein direktes Hindernis für den Erfolg. So lassen sich noch manche Beispiele anführen, die nur unter dem neuen System Erfolg verbürgen, während sie im alten System eingeführt nur Mißerfolge bedeuten.

Aus diesem Grunde wird der Erfolg durch Einführung der Schieber im Anfang langsam eintreten, ehe die Umwälzung der Werkstättenordnung ganz gelungen ist, während sie zum Schluß ganz gewiß voll in Erscheinung treten wird.

§ 48. (120.) Nicht genug kann betont werden, daß Normalisierung im Grunde Vereinfachung bedeutet. Es ist viel einfacher, nur zwei Sorten Drehstähle in Gebrauch zu haben statt etwa 20; es ist viel einfacher, alle Drehstähle durch einen Mann in ganz bestimmt vorgeschriebener Weise anschleifen zu lassen, als alle Dreher einen großen Teil ihrer Zeit am

Schleifstein zubringen und sie durchweg falsche Formen anschleifen zu lassen, nur weil diese bequemer zu schleifen sind als richtige. Solcher Beispiele könnten noch Hunderte angeführt werden.

§ 49. (121—123.) Ein Punkt scheint allerdings eine Komplikation des neuen Systems bei oberflächlicher Betrachtung zu sein, das ist die Notwendigkeit, die Einführung und den Gebrauch von Normalien durch die harte Arbeit der Aufsichtsbeamten überwachen zu lassen, die nach der alten Auffassung als Überzählige oder Unproduktive bezeichnet werden. Derjenige, welcher die Komplikation eines Systems lediglich nach dem Verhältnis der sogenannten produktiven zu den unproduktiven Leuten beurteilt, wird allerdings das neue System komplizierter als das alte finden.

Es kann keinen Augenblick bezweifelt werden, daß es weit einfacher ist, ein Werk mit Kessel, Maschinen und Transmissionen als mit Hand- oder Fußkraft zu betreiben und doch wird bei der ersteren Art ein Heizer, ein Maschinist und ein Schmierer alle als unproduktive Lohnarbeiter mehr gebraucht. Der Leiter nach altem Stil, welcher nur nach der Anzahl der unproduktiven Arbeiter urteilt, wird die Dampfmaschine aus diesem Grunde als den komplizierteren Betrieb ansehen müssen. Derselbe Mann wird auch logischerweise das technische Bureau einer Fabrik für eine große Kompliziertheit halten, während es tatsächlich eine große Vereinfachung gegenüber der alten Methode darstellt.

Unser ganzes System läßt sich mit dem Beispiel der Verdrängung des Hand- und Fußbetriebes durch den Maschinenbetrieb vergleichen. Ohne Frage braucht unsere menschliche Leitungsmaschine für die Aufrechterhaltung der Normalmethoden in der Werkstätte viel mehr unproduktive Aufsichtsbeamte als die alte Ordnung, bei welcher man mit zwei oder drei Meistern und einem Werkstättenleiter auskam. Der Wirkungsgrad unserer Leitungsmaschinerie ist aber auch um ebensoviel besser als die Dampfkraft gegenüber dem Hand- und Fußbetrieb.

§ 50. (124.) Ein Überblick über die in dieser Schrift erteilten Ratschläge wird meine Behauptung bestätigen, daß in unserem System alle wichtigen Entscheidungen, welche die Produktionsmenge beeinflussen, aus der Hand des Arbeiters genommen und in die Hände einiger weniger Männer gelegt sind, von denen jeder sein ganz bestimmtes Gebiet erhält, in welchem er der allein Entscheidende ist und nicht mit den Funktionen anderer in Konflikt kommen kann. In allen diesen Sachen erstreben wir die größte Einfachheit.

§ 51. (125—127.) Bezüglich eines Ratschlages wird der Verfasser wahrscheinlich der allergrößten Rückständigkeit angeklagt werden.

In den letzten Jahren trat eine gewisse Sucht bei den Werkstättenleitungen auf, die Wirtschaftlichkeit der Werkstätten durch möglichst viele Einzelantriebe mit Elektromotoren zu heben. Der Verfasser ist jedoch durch seine Erfahrung in mehrfachen Betrieben mit elektrischem

Antrieb davon überzeugt, daß für Maschinenwerkstätten Transmissions-
antrieb dem Einzelbetrieb vorzuziehen ist. Zweifellos wird für eine Reihe
von Jahren die Einrichtung und Unterhaltung des elektrischen Einzel-
antriebes wesentlich teurer als die Transmissionsanlage mit Unterhal-
tungskosten. (In den meisten Werkstätten sind viel zu leichte Riemengetriebe angewendet, welche nicht durch einen besonders geschulten
Mann überwacht werden.) Alles in allem wird daher der elektrische Einzelantrieb nach meiner Beobachtung teurer und komplizierter.

Man wähle daher bei Aufstellung einer neuen Maschine nur dann
den Einzelantrieb, wenn die größere Wirtschaftlichkeit hierfür außer
aller Frage steht; man wird dann häufig viel Geld sparen.

§ 52. (128.) Zum Schlusse dieses Abschnittes sei mir erlaubt, darauf
hinzuweisen, daß wir in die neue Ära des wirklichen Zusammenarbeitens aller an einer Sache Beteiligten eintreten. Die Zeit
läuft rasch hin für den rastlosen ohne die Hilfe anderer in der Arbeit
Dastehenden. Es wird die Zeit kommen, wo alle bedeutenderen
Dinge durch die Zusammenarbeit von vielen hervorgebracht
werden, in welcher jedem das Los zugewiesen ist, für welches er am
besten paßt und in welcher jeder seine eigene Initiative behalten kann
und nichts von seiner Originalität einbüßen muß und andererseits
dennoch durch das harmonische Zusammenarbeiten mit anderen ständig
kontrolliert wird.

§ 53. (129.) Die wichtigsten bei unseren Versuchen gewonnenen Erfahrungen bezüglich des Zusammenarbeitens seien im folgenden zusammengefaßt.

Mehrere im besten Einvernehmen zusammenarbeitende
Leute mit nicht ungewöhnlichen Eigenschaften leisten mehr
wie einer von ungewöhnlichen Fähigkeiten.

Kostspielige Versuche können auch von Leuten ohne
Vermögen erfolgreich unternommen werden und sehr schwie-
rige mathematische Probleme können von sehr mittel-
mäßigen Mathematikern gelöst werden, vorausgesetzt, daß
sie Zeit, Geduld und harte Arbeit opfern wollen.

Die alte Lehre, daß alle Dinge zu demjenigen kommen,
welcher darauf wartet, wenn er nur emsig genug inzwischen
arbeitet, hat sich auch nach unserer Erfahrung als wahr
erwiesen.

Zweiter Teil.

Einteilung. Einzelheiten der Versuche. Entwickelte Gesetze. Praktische Anwendung der Gesetze.

§ 54. (130—133.) Drei Hauptziele haben uns bei der Abfassung dieses zweiten Teiles vorgeschwebt.

A. Die Resultate unserer Versuche, soweit sie bis heute im Gesetze eingekleidet sind, aufzustellen und zu veröffentlichen und diese Gesetze einem Rechenschieber für den praktischen täglichen Gebrauch einzuverleiben.

B. Die Methoden, Grundsätze und Apparate für die Vornahme von Untersuchungen dieser Art zu beschreiben und vor den Irrtümern zu warnen, in welche wir zu Anfang unserer Arbeiten verfallen sind.

C. Auf diejenigen Versuche hinzuweisen, welche noch notwendig sind, um unsere Kenntnis von den hier behandelten Vorgängen sowohl im Interesse der Wissenschaft als auch im Interesse der großen Anzahl Werkzeugverbraucher über die ganze Welt zu vervollständigen, andererseits aber auch, um vor einer gewissen Klasse von Versuchen zu warnen, welche zunächst außerordentlich ergebnisreich erscheinen, sich aber in Wirklichkeit als nutzlos erwiesen haben.

§ 55. (134.) Der Verfasser legt besonderen Wert auf die Tatsache, daß, obgleich viele seiner Experimente sicher wissenschaftlichen Wert besitzen und obgleich es sein Bestreben war, seine ganze Arbeit auf eine wissenschaftliche Grundlage zu stellen, das Hauptziel unserer Forschung doch in dem wesentlich praktischen Zweck besteht, die Leistung der Bearbeitungswerkstätten erheblich zu heben und sowohl bessere als billigere Arbeit herzustellen.

§ 56. (135.) Unser Problem mag kurz zusammengefaßt als ein sorgsames Studium des Einflusses charakterisiert sein, welchen jeder der zwölf folgenden Punkte auf die Wahl der Schnittgeschwindigkeit hat.

a) Die Eigenschaft des zu bearbeitenden Metalls, soweit sie die Schnittgeschwindigkeit beeinflussen.

b) Der Drehdurchmesser des Arbeitsstückes.

c) Die Schnittiefe oder die Hälfte der Durchmesserverminderung.

d) Die Spanstärke oder die Dicke des Spiralbandes, welches durch den Drehstahl gelöst wird, gemessen in ursprünglicher Dicke am Arbeitsstück.

e) Die Elastizität des Arbeitsstückes und des Drehstahles.

f) Die Form der Schneidkante des Drehstahles im Zusammenhang mit den Ansatz- und Schleifwinkeln.

g) Die chemische Zusammensetzung des Stahles, von welchem der Drehstahl hergestellt ist und die Warmbehandlung des letzteren.

h) Anwendung eines kräftigen Wasserstromes oder anderen Kühlmittels auf den Drehstahl.

i) Die Schnittdauer, d. h. die Zeit, welche ein Drehstahl unter dem Schnittdruck verbleiben kann, bis er wieder angeschliffen werden muß.

k) Der Schnittdruck des Spanes auf den Stahl.

l) Die möglichen Veränderungen in der Schnittgeschwindigkeit und dem Vorschub bei der Drehbank.

m) Die Durchzugs- und Vorschubkraft der Drehbank bei den verschiedenen Geschwindigkeiten.

§ 57. (136.) Es ist gewiß überflüssig, diejenigen, welche sich bereits eingehend mit der Bearbeitungskunst der Metalle beschäftigt haben, darauf hinzuweisen, daß das letzte Ziel aller Versuche auf diesem Felde in der raschesten Materialabnahme der Schmiede- und Gußstücke liegen muß. Daß daher die Drehkunst der Metalle kurz als die Kenntnis definiert werden kann, wie man in Berücksichtigung der Grenzen, welche durch einige der oben angeführten zwölf Punkte gesteckt sind, in jedem Fall das Material mit der höchsten zulässigen Schnittgeschwindigkeit wegarbeiten kann. Ein Gang durch die meisten bestehenden Maschinenwerkstätten wird jedoch jeden aufmerksamen Beobachter überzeugen, daß die Förderer der Arbeitsgeschwindigkeit in den seltensten Fällen ihr Ziel systematisch betreiben.

§ 58. (137.) Mit besonderem Nachdruck muß auf die Tatsache hingewiesen werden, daß nur durch die „Normalschnittgeschwindigkeit" der Einfluß der genannten zwölf Punkte auf die gestellte Aufgabe einwandfrei bestimmt werden kann. Der Verfasser wiederholt daher, was er vorher im § 21 gesagt hat.

. Der Einfluß jeder Varianten auf das Problem ist durch die genaue Bestimmung derjenigen Schnittgeschwindigkeit am besten gekennzeichnet, welche den Drehstahl nach einer Arbeitszeit von 20 Minuten unter sonst gleichen Bedingungen vollständig unbrauchbar gemacht hat.

§ 59. (138.) Die praktische Untersuchungsmethode ergibt sich aus folgendem. Es sei z. B. die Aufgabe gestellt, die beste Art der Zurichtung der Drehstähle zu bestimmen. Zu diesem Zwecke mache man zunächst auf zwei verschiedene Arten je einen Satz von 4 bis 8 Stählen, vom Schaftquerschnitt $7^1/_8 \times 1^3/_8$ Zoll und ungefähr 450 mm lang. Nach der für die betreffende chemische Zusammensetzung passenden Warmbehandlung sollten alle Stähle mit genau gleicher Form der Schneidkanten und dem gleichen Ansatz sowie Schleifwinkeln zugeschliffen werden. Einer dieser Sätze wird dann, ein Stahl nach dem anderen, jeder während einer Periode von 20 Minuten durchzuprobieren sein und bei jedem Stahl ist die Schnittgeschwindigkeit etwas zu erhöhen, bis diejenige gefunden ist, welche den Stahl am Ende der 20 Minuten Arbeit mit einem Spielraum von einer Minute nach jeder Seite vollständig unbrauchbar macht.

§ 60. (139.) Jede nur mögliche Vorkehrung muß während dieser Versuche getroffen werden, um alle anderen die Schnittgeschwindigkeit beeinflussenden Varianten, wie die Schnittiefe und Materialhärte, gleichförmig zu halten. Die Schnittgeschwindigkeit muß während des 20 Minuten-Laufes häufig geprüft werden, so daß eine vollständige Sicherheit über die Gleichmäßigkeit der Geschwindigkeit besteht. Wegen anderer Einzelheiten bei Anstellung der Versuche siehe §§ 85—127.

§ 61. (140—141.) Die Schnittgeschwindigkeit, bei welcher die Stähle in 20 Minuten unbrauchbar werden, wird fürderhin als „Normalschnittgeschwindigkeit" oder einfach „Schnittgeschwindigkeit" bezeichnet werden.

Nachdem die „Normalschnittgeschwindigkeit" der ersten Herstellungsweise der Stähle wiederholt festgestellt worden ist, sollte in völlig gleicher Weise die genaue Normalschnittgeschwindigkeit des Satzes mit der zweiten Herstellungsweise gefunden werden. Ist nun z. B. bei einer dieser die Normalschnittgeschwindigkeit zu 17 m pro Minute und bei der anderen Type zu 15 m pro Minute festgestellt worden, so stellen diese Normalgeschwindigkeiten „17 bzw. 15 m pro Minute" das bei weitem wichtigste Unterscheidungsmittel dar, welches den wirtschaftlichen Wert der Stahlsorten für eine Maschinenwerkstätte kennzeichnet.

§ 62. (142—143.) Außer den in §§ 330 u. f. erwähnten Eigenschaften müssen noch andere bei der Wahl der Qualität des Stahles berücksichtigt werden. Wenn jedoch der Stahl im übrigen völlig gleiche Eigenschaften hat, so stellt die größt-erreichbare Schnittgeschwindigkeit den besten und genauesten Vergleichsmaßstab für den Wert des Stahles dar.

Zur Bestätigung dieser Tatsache haben wir häufig die Annahmen über Schnittgeschwindigkeit usw. verdoppelt und sind dabei mit Abweichungen von nicht mehr als $2^0/_0$ zu den gleichen Ergebnissen gelangt.

Normalschnittgeschwindigkeit als Wertmesser
für Drehstähle usw.

§ 63. (144.) Wir können nicht umhin, immer wieder auf die Notwendigkeit der Einführung des früher erläuterten Begriffes Normal-Schnittgeschwindigkeit als Wertmesser für Drehstähle und für andere mit der Bearbeitungskunst der Metalle eng zusammenhängende Normen hinzuweisen, um so mehr als die Genauigkeit und die Eignung dieses Wertmessers noch wenig erkannt sind.

§ 64. (145—146.) Unter den falschen Normen für die Wertmessung der Drehstähle sei besonders die Bestimmung der Zeit, in welcher ein Drehstahl sich zur Unbrauchbarkeit abnutzt, hervorgehoben, da diese Norm, deren Unzulänglichkeit wir mit Sicherheit festgestellt haben, schon außerordentlich viele Forscher auf eine falsche Bahn gelenkt hat.

Zum Beweise diene folgendes: Angenommen die Schnittgeschwindigkeit dreier Drehstähle sei durch unsere Norm mit einer Toleranz von $2^0/_0$ auf $18^1/_2$ m pro Minute im 20 Minuten-Laufe festgestellt worden. Wenn wir nun die Schnittgeschwindigkeit dieser drei Stähle z. B. um ein geringes auf 19 m erhöhen, so können wir sicher sein, daß die Abnutzungszeit bis zur Unbrauchbarkeit ganz erheblich variieren wird. Einer der Stähle wird etwa in 6 Minuten, ein anderer in 9 Minuten, während der dritte erst in 15 Minuten vollständig abnutzen wird. Während auf diese Weise die Stähle in ihrem Werte nach unserer Methode gemessen nur etwa $2^0/_0$ voneinander abweichen, so verändert sich die Schnittdauer bis zur Notwendigkeit des Wiederanschleifens ungefähr um das Doppelte. Es ist somit klar, daß die Messung nach der Zeit nicht als richtiger Vergleichsmaßstab angenommen werden kann.

§ 65. (147.) Die gleiche Beobachtung kann auch bei Prüfung der Tabelle in § 269 gemacht werden. Bei einer Erhöhung der Normalschnittgeschwindigkeit von nur $^1/_3$ m in der Minute veränderte sich die Schnittdauer bis zum Unbrauchbarwerden in zwei extremen Beispielen von $1^1/_2$ Minuten auf $17^1/_2$ Minuten. Bei Prüfung dieser Tabelle wird man finden, daß der Wert eines Drehstahles durch die Normalschnittgeschwindigkeit gegeben ist und daß er keineswegs proportional zu der Schnittdauer bis zum Unbrauchbarwerden angenommen werden kann. Über diese Verhältnisse wird weiter in § 269 gesprochen werden.

§ 66. (148.) Die Unzulässigkeit dieses Vergleichsmaßstabes ist aber so wenig erkannt worden, daß selbst ein Forscher wie Dr. Nicolson nach Veröffentlichung der Manchester-Versuche und nach Vornahme seiner eigenen Dynamometer-Versuche in den Irrtum verfällt, für seine Versuche über die Schnittdauer bei verschiedenen Schneidwinkeln die oben erwähnte falsche Vergleichseinheit zu wählen. Gerade die Ergebnisse dieser Untersuchungen beweisen den eingeschlagenen falschen Weg. Z. B. ergibt in

Tafel 7 (der erwähnten Veröffentlichung) der Stahl mit 75 Grad Schneidwinkel eine Schnittgeschwindigkeit von $22^1/_2$ m pro Minute und eine Schnittdauer von nur 2 Minuten 10 Sekunden, während der gleiche Stahl mit 22 m pro Minute Schnittgeschwindigkeit 10 Minuten und 37 Sekunden Schnittdauer aufweist.

§ 67. (149.) Jahrelang priesen die Verkäufer von Drehstählen die lange Schnittdauer ihres Fabrikates bis zum Wiederanschleifen als dessen beste Eigenschaft an; wie auch die einschlägige Literatur durchweg die Schnittdauer als den besten Wertmesser des Werkzeugstahles angibt. In den §§ 292—302 wird später gezeigt werden, daß bei $^{99}/_{100}$ aller Werkstättenarbeit die Schnittdauer nicht von wesentlicher Bedeutung ist und daß diejenigen, welche z. B. eine längere Schnittzeit bei ihren Stählen als $1^1/_2$ Stunden rühmen, überhaupt nichts von wissenschaftlicher Dreharbeit verstehen.

§ 68. (150.) Über einen anderen Irrtum wurde bereits in § 33 berichtet, nämlich über die Meinung, daß das Problem der wirtschaftlichen Dreharbeit am besten durch Messung des Einflusses der Form und der Schneidwinkel der Drehstähle auf die Schnittkraft gelöst werden könne. Dabei wird diejenige Form des Stahles als die beste bezeichnet, welche einen bestimmten Span mit der geringsten Schnittkraft löst. Die absolute Irrigkeit dieser Ansicht geht aus den Darlegungen in § 71 hervor.

§ 69. (151.) In § 20 habe ich über unsere nacheinander angenommenen Vergleichseinheiten zur Bestimmung der maximalen Schnittgeschwindigkeit berichtet; hierbei gewannen wir jedoch andere sehr brauchbare Ereignisse. Die Ungeeignetheit einer angenommenen Einheit erwies sich meist durch die Unmöglichkeit, bei der Wiederholung das gleiche Ergebnis zu bekommen, was stets bei Aufstellung einer richtigen Vergleichseinheit erreicht werden muß. Während es bei unserer zuerst angenommenen Einheit äußerst schwierig war, den Grad der Abnutzung des Stahles für die maximale Schnittgeschwindigkeit genau zu bezeichnen, ist der Zustand der vollständigen Abnutzung (Unbrauchbarkeit) unserer zuletzt angenommenen Vergleichseinheit leicht zu bezeichnen und nicht dem subjektiven Urteil des Untersuchenden unterworfen, so daß eine genaue Wiederholung stets vorgenommen werden kann.

Verhalten des Drehstahles und dessen Abnutzung.

§ 70. (152—153.) In Fig. 1 ist der Zustand eines gemäß unserer Vergleichseinheit vollständig unbrauchbar gewordenen Stahles abgebildet.

In Fig. 2, 3 und 4 ist der Vorgang des Spanabnehmens dargestellt. Beim „Schruppen" handelt es sich mehr um ein Abreißen des Spanes als um ein eigentliches Schneiden, wie es beim Schneiden von Holz mit scharfer Schneide auftritt, wobei die Flächen des Meißels sich gegen Holzkörper und Span pressen.

§ 71. (154—155.) Während ein Stahl für Metallbearbeitung ganz wie ein Meißel aussieht, ist der Vorgang des Spanabnehmens doch ein ganz anderer, als wie er beim eigentlichen Meißeln auftritt, da nur eine Fläche, die Schnittfläche, andauernd gegen den Span gepreßt wird und die andere Fläche, die vordere Schleiffläche, absolut vom Material nicht berührt werden soll. So schneidet der Stahl stets nur mit einer Fläche der meißelförmigen Zuspitzung unter Druck, während bei der Axt oder bei dem Keil beide Flächen sich gegen das Material pressen.

Der Span wird vom Arbeitsstück in der Weise abgerissen, daß der auf die Schnittfläche pressende Teil als Hebel für den folgenden Teil des Spanes beim Abreißen wirkt.

Fig. 1.

§ 72. (156.) Von Interesse ist die Untersuchung der hierbei auftretenden Kraft.

In Fig. 2 ist die Wirkung von Span, Stahl und Schmiedestück gegeneinander beim „Schruppen" weichen Stahles von ca. 4000 kg/qcm Festigkeit und 33% Dehnung dargestellt. Wenn auch die im Span nahe am Arbeitsstück auftretenden Zug- und Druckspannungen unmöglich genau gemessen werden können, so läßt sich doch eine der Wirklichkeit nahekommende Anschauung der Verhältnisse aufstellen.

§ 73. (157.) Die Dicke der vom Arbeitsstück abzutrennenden Schicht ist in der Figur mit L bezeichnet. Man kann ferner drei Abschnitte des Spanes unterscheiden: Abschnitt 1, der noch mit dem Arbeitsstück verbunden ist; Abschnitt 2, bei dem die Spaltung schon bis zum Punkte T_2; Abschnitt 3, bis zu etwa $^2/_3$ der Spanstärke (T_3) fortgeschritten ist; bei Abschnitt 4 ist der Span schon vollständig abgeschert und hat keine Berührung mehr mit der Schneidfläche des Stahles.

§ 74. (158—159.) Bei Prüfung der Abmessungen des Spanes wolle man bemerken, daß die Breite der Schichten, in welche der Span zerspaltet, etwa doppelt so groß ist wie die ursprüngliche Metallschicht am Arbeitsstück, und daß der Span am Grunde mehr in die Breite geht als an seinem oberen Teile. Die Höhe der abgetrennten und auf der oberen Schleiffläche des Stahles gleitenden Metallschicht ist beinahe bis in das Dreifache gegenüber der ursprünglichen Dicke am Drehstück gewachsen, welche Höhe natürlich mit der Härte des Materials sowie auch bis zu einem gewissen Grade mit den Schleifwinkeln des Drehstahles variiert, in der Weise, daß bei härterem Material eine erheblich geringere Stauchung eintritt. Diese Tatsache wird in § 225 näher erläutert werden; wir werden dort sehen, warum der Schnittdruck einerseits einen geringen Einfluß auf die Schnittgeschwindigkeit hat und anderseits nicht erheblich von der Härte des Materials beeinflußt wird.

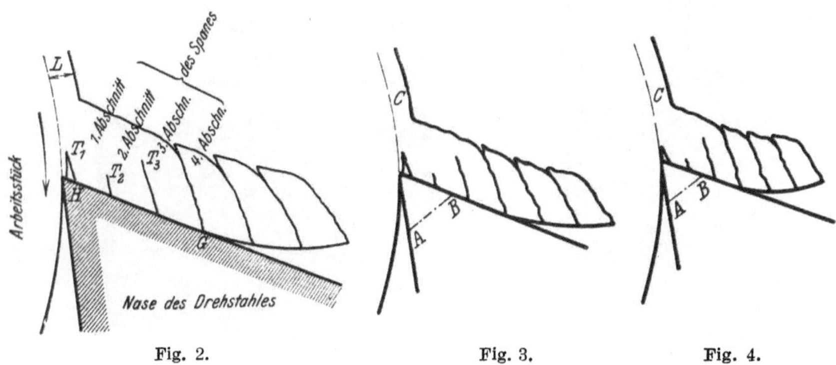

Fig. 2.   Fig. 3.   Fig. 4.

Der Span lastet auf der Stahloberfläche vom Punkt H zum Punkt G, wobei der Druck auf die oberen noch ungebrochenen Teile des Spanes übertragen wird. Der Span wird daher in hebelartiger Wirkung das Material im Abschnitt 1 beim Punkte T_1 vom Arbeitsstück abreißen.

§ 75. (160.) Nachdem der Span vom Arbeitsstück abgerissen ist, zerspaltet er sich allmählich in verschiedene kaum mehr zusammenhängende Schichten. Das Zerspalten in verschiedene Schichten geht, wie die Figur zeigt, nicht plötzlich vor sich, sondern es vertiefen sich die Risse allmählich beim Fortgleiten des Spanes über die Schleiffläche bis dicht an den noch zusammenhängenden oberen Rand. Zuletzt löst sich die Schicht allerdings plötzlich ab.

§ 76. (161—163.) Unter dem sehr starken Druck des Drehstahles fließt das Material seitlich aus, bis es etwa die doppelte ursprüngliche Dicke bekommen hat, an welchem Punkte die Grenze für das Fließen erreicht ist und somit ein Abreißen des Materials von dem Arbeitsstück eintritt. Hierbei hält der Druck auf das Material bis zu dem Punkte, wo ein vollständiges Auflösen der einzelnen Schichten stattfindet, noch an und ein weiteres seitliches Austreten des Materials findet noch an den höheren, noch nicht gespaltenen Teilen des Spanes statt. Die noch am Arbeitsstück verbleibende dünne Schicht des Materials wird kontinuierlich und ebenfalls unter seitlichem Austreten des Materials abgeschert.

Es ist mit Sicherheit festgestellt worden, daß bei mittelweichem Material das Zerspalten des Spanes in einzelne Schichten in mindestens zwei Rissen zugleich, manchmal auch in dreien vor sich geht. (Siehe § 78.)

§ 77. (164.) Nach den Versuchen mit Dr. Nicolsons Dynamometer verändert sich der Schnittdruck in gleichen Zeitabschnitten, wobei der geringste Druck den Betrag von $^2/_3$ des Höchstdruckes nicht unterschreitet. Hieraus ergibt sich, daß das Einreißen in die einzelnen Schichten in mindestens zwei Rissen gleichzeitig auftreten muß, da sonst der Schnittdruck zeitweise bis nahe an den Nullwert heruntergehen müßte, wenn der Span an einer Stelle vollständig spalten würde, bevor er an anderer Stelle abgerissen ist.

§ 78. (165—166.) Auf den ersten Blick mag die Vorstellung schwierig sein, wie der Span an zwei oder drei Stellen zugleich einreißen kann, da der oberste Teil über den Punkten $T_1 \, T_2 \, T_3$ als ein vollständig zusammenhängendes Materialstück angesehen werden muß, das mit gleicher Geschwindigkeit auf der Stahloberfläche mit einem derartig starken Druck gleitet, daß ein seitliches Ausfließen an den oberen Teilen stattfindet. Das Einreißen muß dann stattfinden, wenn die Fließgrenze überschritten ist.

Wahrscheinlich wird der letzte über dem Punkte T_3 befindliche Teil ziemlich plötzlich abspringen. In diesem Augenblicke wird unzweifelhaft die Verminderung des Schnittdruckes eintreten, wie diese in Dr. Nicolsons Versuchen festgestellt wurde.

§ 79. (167—169.) Bei plötzlichem Unterbrechen während unserer Versuche konnten wir das gleichzeitige Spalten in zwei Rissen genau beobachten, während der dritte Abschnitt noch nicht einmal ganz abgelöst war. Es ist jedoch notwendig, daß bei Beobachtungen dieser Art die Möglichkeit der Vibration des Drehstahles ausgeschlossen ist; auch müssen die Teile der Bank im Verhältnis zum Spane außerordentlich stark bemessen sein, wenn durch die Elastizität der Materialien eine Nachbewegung nach der Unterbrechung vermieden werden soll.

Wenn auch unsere Beobachtungen in dieser Richtung einwandfrei gemacht worden sind, so muß doch festgestellt werden, daß es sich hier nur um eine Anschauung und nicht um ganz einwandfrei bewiesene Tatsachen handelt. Die Ergebnisse bei den in diesem Buche beschriebenen Versuchen sind stets durch sehr sorgfältige Beobachtungen ermittelt, so daß der Leser, wenn er auch unseren Theorien nicht immer zustimmen mag, doch unsere Versuchsresultate anerkennen muß.

Tätigkeit der Schneidkante beim Drehen und Druck-
verteilung auf der Schleiffläche des Stahles.

§ 80. (170.) Wie Fig. 2 zeigt, wird der Span an einem erheblich über der Schneidkante liegenden Punkte (T_1) von dem Arbeitsstück abgerissen, wobei eine mehr oder weniger rauhe Oberfläche am Arbeitsstück verbleibt. Da aber diese Oberfläche noch nicht dem durch die Stellung des Stahles bedingten Drehdurchmesser entspricht, so verbleibt für die Schneidkante des Stahles noch eine verhältnismäßig dünne Schicht, welche von ihr unmittelbar abgeschert wird, so eine verhältnismäßig glatte Oberfläche am Arbeitsstück hinterlassend.

§ 81. (171.) Bei diesem Vorgang des Abreißens des größeren Teiles der abzutrennenden Schicht verbleibt somit der Schneidkante nur die

Fig. 5.

verhältnismäßig geringe Arbeit des Abscherens der nachbleibenden Rauheiten. Es ist klar, daß die vordere Schneidkante somit nicht unter dem größten Schnittdruck steht, sondern daß dieser erst ein Stückchen weiter nach hinten, wo der Hauptteil des Spanes auf die obere Schleiffläche tritt, zur Wirkung kommt. Auf diese Weise kann der Stahl mit einer verhältnismäßig viel höheren Schnittgeschwindigkeit arbeiten, als wenn die vorderste Kante von dem ganzen Schnittdruck belastet wäre.

§ 82. (172.) Daß der Vorgang hauptsächlich in einem Abreißen des Spanes besteht, erklärt sich auch aus folgenden Erscheinungen. Man sieht z. B. sehr häufig Drehstähle, welche angenähert mit ihren höchsten Schnittgeschwindigkeiten eine geraume Zeit gearbeitet haben, in geringem Abstande von der Schneidkante ausgehöhlt. (Fig. 5.) Die Abnutzung ist demnach an diesem Punkte eine größere gewesen als an der Schneidkante selbst.

§ 83. (173.) Mitunter haben sich kleine Teilchen vom Material des Arbeitsstückes fest auf die Schneidkante gesetzt, so daß diese, nachdem der Stahl vom Arbeitsstück zurückgezogen ist, erhöht erscheint. (Fig. 6.) Bei genauer Prüfung dieses Ansatzes findet man die kleinen Metallpartikelchen so fest zusammengefügt, als seien sie mit dem Drehstahl verschweißt, und man findet nach Abschlagen des Ansatzes, daß die

Fig. 6.

Schneidkante noch vollständig unversehrt geblieben ist. Ja man kann sogar in manchen Fällen noch die von der Schleifscheibe herrührenden Riefen erkennen.

§ 84. (174.) Allerdings bleibt nur der Schnelldrehstahl in dieser Weise an der Kante unversehrt. Prüft man bei der gleichen Erscheinung die Schneidkante nach Entfernung der Ansätze bei älteren Stahlsorten, so wird man finden, daß die Kante merklich abgerundet ist. Hat man einen erheblich starken Span abgenommen, so findet man zuweilen die Schneidkante bei diesen Stählen sehr stark abgerundet, wie aus Fig. 7 erkenntlich.

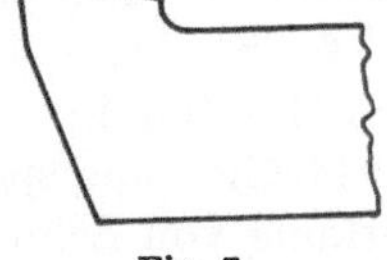

Fig. 7.

Wirkung der Erwärmung auf die Abnutzung des Stahles.

§ 85. (175—178.) Die Art der Abnutzung der Stähle variiert stark mit dem Grad der Erwärmung, welche beim Spanabnehmen auftritt. Man kann drei Klassen der Abnutzung unterscheiden.

I. Klasse. Die Erwärmung durch den Schnittdruck ist so gering gewesen, daß keine Erweichung des Stahles eingetreten ist.

III. Klasse. Die Erwärmung war so stark, daß die Erweichung des Stahles fast unmittelbar nach dem Beginn des Schnittes eintrat und somit die Hauptursache der Abnutzung darstellt.

II. Klasse. Nur eine geringe Erwärmung ist während des Hauptteiles der Schnittdauer eingetreten, während zu Ende der Schnittzeit eine erhebliche Erwärmung und damit Erweichung des Drehstahles durch den Schnittdruck eingetreten ist.

§ 86. (179.) In der I. Klasse nutzen sich die Stähle fast alle in der gleichen Weise ab, und zwar durch Abreiben oder Fressen der Oberfläche des Stahles durch die Reibung des Spanes auf der Schneidfläche unmittelbar an der Schneidkante. (Siehe Fig. 8.)

Fig. 8.

§ 87. (180.) Mit der zunehmenden Aufrauhung der Schnittfläche nutzt sich der Stahl mit der Zeit etwas rascher ab, doch ist dieses Anwachsen der Abnutzung durchaus nicht plötzlich bemerkbar.

§ 88. (181.) In der III. Klasse zerstört sich der Stahl bereits in 1—3 Minuten, je nachdem die starke Reibung den anfänglich kalten Drehstahl früher oder später auf die Temperatur bringt, welche der vereinigten Wirkung von Schnittdruck und Schnittgeschwindigkeit entspricht. Von dem Punkte ab, wo die Hitze den Drehstahl merklich erweicht, tritt ein sehr rasches Anwachsen der Abnutzung ein. Mitunter jedoch hält die Erweichung des Stahles an einem ganz bestimmten Punkte inne und eine gleichmäßige Abnutzung findet von da ab statt, bis eine verhältnismäßig große Aushöhlung in der oberen Schleiffläche erschienen ist. In anderen Fällen wieder wächst die Aufrauhung der Abnutzung so rasch, daß der Stahl sehr bald vollständig zerstört ist. Sehr selten tritt nach einer anfänglich raschen Abnutzung wieder eine Verminderung der Abnutzung und damit eine Abkühlung des Stahles ein. Doch sind auch solche Fälle vom Verfasser beobachtet worden, wo die Späne bereits blau angelaufen waren und späterhin doch wieder bis zu einer eben bräunlichen Färbung abkühlten. Hierdurch ist eine sehr erhebliche Verminderung in der Reibung gekennzeichnet, trotzdem die Schnittgeschwindigkeit vollständig konstant blieb. Dieser Fall ist allerdings selten.

§ 89. (182.) Während eine tiefe Aushöhlung das charakteristische Zeichen der Abnutzung in der III. Klasse ist, nutzen sich keineswegs alle Stähle dieser Klasse auf diese Weise ab. In vielen Fällen war der Stahl zerstört, bevor eine tiefe Aushöhlung Platz gegriffen hatte. Wenn einmal die Abnutzung nach der III. Klasse begonnen hatte, waren die Stähle meist in einer Zeit vollständig ruiniert, welche zwischen 20 Sekunden und 15 Minuten variierte. Es ist sogar vorgekommen, daß von zwei ganz gleich hergerichteten und untersuchten Stählen der eine in einer Minute nach dem Beginn der starken Erwärmung abgenutzt war, während der andere noch 15 Minuten gelaufen ist. Andererseits haben sich aber auch nach unseren Beobachtungen eine große Anzahl Stähle in gleicher Weise abgenutzt.

Gründe für die Wahl des 20 Minuten-Versuches.

§ 90. (183—184.) Die außerordentliche Unregelmäßigkeit in der Zerstörungszeit der eben behandelten III. Klasse ließ uns eine 20 Minuten-Versuchszeit als kürzeste Zerstörungszeit der Stähle annehmen, von welcher Schlüsse mit wissenschaftlichem Wert für das Problem der Drehkunst gezogen werden können.

Eine Schnittgeschwindigkeit, welche den Stahl in kürzerer Zeit als 20 Minuten zerstört, verursacht eine für die Regelmäßigkeit der Zerstörungszeit ungünstig wirkende Erwärmung, welche bei der 20 Minuten-Periode nicht so stark wird, um im allgemeinen eine regelmäßige Abnutzung auszuschließen.

Wirtschaftliche Schnittgeschwindigkeit.

§ 91. (185—186.) Schnittgeschwindigkeiten mit Abnutzung nach der I. Klasse sind absolut unwirtschaftlich, während die nach der III. Klasse viel zu hoch für den praktischen Gebrauch sind. Wir haben uns daher hauptsächlich mit Schnittgeschwindigkeiten nach der II. Klasse als der für die Schrupparbeit im täglichen Gebrauch wirtschaftlichsten beschäftigt. Wir nennen diese daher weiterhin „Wirtschaftliche Schnittgeschwindigkeit". Auf diese waren unsere Versuche im großen und ganzen beschränkt.

§ 92. (187.) Aus § 297 und Tab. 76 entnehmen wir, daß die Schnittgeschwindigkeit eines bestimmten Stahles mit 80 Minuten Zerstörungszeit etwa zwanzigmal geringer ist als die „normale" für 20 Minuten, während in § 303 dargelegt ist, daß Schnittzeiten von über $1\frac{1}{2}$ Stunden bis zum Wiederanschleifen für Schruppstähle im allgemeinen nicht als wirtschaftlich bezeichnet werden können. Die Dauer von $1\frac{1}{2}$ Stunden entspricht der zweiten Abnutzungsklasse, bei welcher während des größten Teiles der Zeit eine Abnutzung gemäß der I. Klasse stattfindet; in dieser genügt die Erwärmung für eine wesentliche Erweichung des Stahles zunächst nicht, bis durch die immer rauher werdende Oberfläche der Schneidfläche die Reibung und damit die Erwärmung so zunimmt, daß in den letzten 5—15 Minuten die Zerstörung nach der III. Klasse vor sich geht. So stellt sich die Abnutzung nach der II. Klasse als eine Zusammensetzung der Abnutzung nach der I. und III. Klasse dar, wobei der Zeit nach die I. Klasse überwiegt.

Abnutzung der angelassenen Tiegelgußstähle und der älteren naturharten Stähle.

§ 93. (189—190.) Bei den Tiegelgußstählen beginnt die Abnutzung fast unmittelbar nach Schnittbeginn; die Schneidkante rundet ab, während der Stahl ruhig weiter arbeitet. Auf der andern Seite bleibt beim Schnelldrehstahl die Schneidkante lange unversehrt, bis nach einer geringen Zerstörung der Kante der Stahl in wenigen Umdrehungen vollständig unbrauchbar geworden ist.

Die angelassenen Tiegelguß- und die naturharten Stähle machen bei wirtschaftlicher Schnittgeschwindigkeit folgende charakteristische Phasen durch, wobei die verschiedenen Erscheinungen auch zum Teil gleichzeitig auftreten, wenn sie auch im folgenden getrennt beschrieben sind.

§ 94. (191—197.) Die anfänglich scharfe Schneidkante rundet sich zunächst ein wenig ab, so daß sie anfängt zu glänzen; dann tritt beim Weiterarbeiten eine immer größere Abrundung ein, bis zum Schluß nicht mehr von einer „Schneidkante" die Rede sein kann. Dieser Vorgang soll mit „**Schneidkante abgerundet**" bezeichnet werden.

Die Schneidfläche beginnt unter dem Einfluß des Schnittdruckes aufzurauhen und verfärbt sich in der Nähe der Schneidkante, als ob die Härtung verschwinde; bald darauf vertieft sich die Färbung bis zum dunkelblauen Ton bei gleichzeitiger Ausdehnung auf die ganze Fläche und baldige völlige Zerstörung. Dieser Vorgang sei mit „**Hinter der Schneidkante verfärbt**" bezeichnet.

Die Ansatzfläche beginnt sich in ähnlicher Weise bis zur völligen Unbrauchbarkeit zu verfärben. Der Vorgang wird mit „**Unter der Schneidkante verfärbt**" bezeichnet.

Die Teilchen vom Arbeitsstück setzen sich zu einem Ansatz bis zu 6 mm Höhe auf der Schneidfläche fest (Fig. 6). Bezeichnung: „**Ansatz auf der Schneidfläche**".

Die Ansatzfläche wird zunächst wenig, später vollständig bis zum Unbrauchbarwerden aufgerauht. Dieser Vorgang wird bezeichnet: „**Aufreibung unter der Schneidkante**".

Kleine Späne vom Arbeitsstück setzen sich zwischen Arbeitsstück und Ansatzfläche und verschmelzen sich zum Teil vollständig mit dem Stahl, ein starkes Reiben der Ansatzfläche mit dem Arbeitsstück verursachend; auch tritt infolge der Klumpenbildung eine Verzögerung und folgendes Springen der Vorschubbewegung ein. Bezeichnung: „Springen des Stahles" oder „Klumpige Oberfläche" oder, wenn die angesetzten Teile kratzen „Kratzige Oberfläche".

Der Stahl ist schließlich so vollständig an der Ansatzfläche zerstört, daß er nicht mehr in das Arbeitsstück hineingebracht werden kann; er ist dann sofort außer Betrieb zu setzen, da die Gefahr besteht, daß der Stahl oder das Arbeitsstück oder die Drehbank zu Bruche geht.

§ 95. (198.) Es ergab sich in unseren Untersuchungen, daß die naturharten Stähle noch lange Zeit mit Erfolg unter Schnitt bleiben konnten, nachdem die Schneidkante leicht abgenutzt war, ebenso können die Schruppstähle aus angelassenem Stahl im täglichen Gebrauch mit bereits abgerundeter Kante (Fig. 2) wirtschaftlich noch lange Zeit schneiden.

§ 96. (199.) Bei Feststellung der Gesetze über die wirtschaftliche Dreharbeit machten uns die älteren Stahlsorten viel zu schaffen, da nach obigem die Bestimmung des Abnutzungszustandes recht viel schwieriger ist als bei den Schnelldrehstählen.

Abnutzung der Schnelldrehstähle.

§ 97. (200—201.) In späteren §§ (225, 342) wird über die Rolle, welche die Erwärmung durch die Reibung des Spanes bei der Abnutzung der Stähle spielt, sowie über die besondere Eigenschaft der Stähle, auch im warmen Zustande die Härte zu behalten, gesprochen werden.

Wie wir oben gesehen haben, beschränkt sich die Zerstörung bei den Schnelldrehstählen meist auf die Schneidfläche, indem der Stahl an der Schneidkante härter bleibt, zumal diese noch durch das Gleiten an dem Arbeitsstück eine fortwährende Kühlung erhält.

§ 98. (202.) Die Nase des Drehstahles ist alsbald „ruiniert", wenn die Schneidkante die rauhe Schicht, welche nach dem Abreißen des Spanes übrigbleibt, nicht mehr abscheren kann. In dem Augenblick, in dem das Arbeitsstück an der Ansatzfläche selbst nur an einer Stelle zu reiben beginnt, erzeugt die Reibung hier eine so starke Hitze, daß eine rasche Erweichung des Stahles eintritt und nach wenigen Minuten wird die Fläche unter der Schneidkante vollständig weggerieben und geschmolzen sein. (Siehe Fig. 1.)

§ 99. (203.) Die charakteristische Eigenschaft des Schnelldrehstahles, bei der wirtschaftlichen Schnittgeschwindigkeit die Schneidkante bis nahe an das völlige Unbrauchbarwerden unversehrt zu halten, ist darum besonders wertvoll, als sie eine gute und genaue Bearbeitung während des ganzen Schnittes gewährleistet und der Dreher nicht wie bei den älteren Stählen ängstlich darüber wachen muß, daß die abgerundeten Kanten des Stahles nicht die Arbeit verderben.

§ 100. (204.) Wenn der Schnelldrehstahl nahe seinem Zerstörungspunkte angekommen ist, tritt in der Regel ein Riß in der Schneidkante auf, welcher eine sehr kleine, jedoch ununterbrochene Schramme auf dem Arbeitsstück hervorruft. Der aufmerksame Beobachter bei den Versuchen zieht dann den Stahl rasch zurück und vermerkt im Protokoll: „Stahl beginnt auszugeben", was in der Tabelle abgekürzt mit „BR" bezeichnet wird.

§ 101. (205.) Der Buchstabe „R" bezeichnet den Zustand völliger Unbrauchbarkeit, das Wort „Gut" (G) soll einen im übrigen noch unversehrten Stahl bezeichnen, der nur eine ganz geringe Abnutzung auf der Schneidfläche zeigt. Das Wort „Mäßig abgerundet" (F) soll den

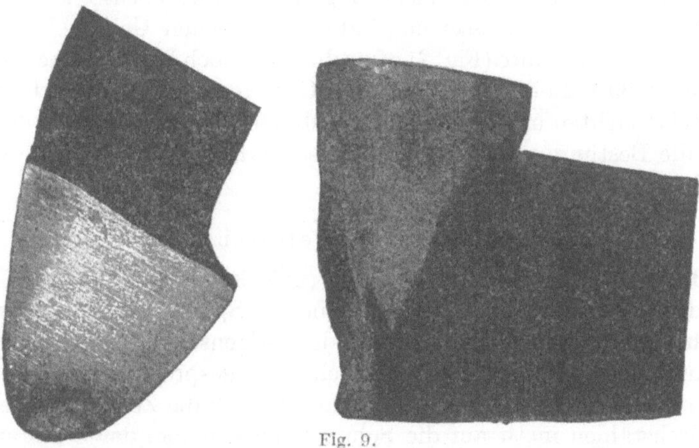

Fig. 9.

schon stark abgerundeten Zustand des Stahles vor Eintreten der völligen Zerstörung charakterisieren (Fig. 9).

§ 102. (206—207.) Eine eigentümliche Eigenschaft der Schnelldrehstähle ist das völlig verschiedene Verhalten während der Einleitung der Zerstörung bei Stählen, die in ihrer chemischen Zusammensetzung und in ihrer Warmbehandlung nicht gleich sind. Z. B. stellt der gleiche Riß oder die Gradbildung, welche bei dem Schnelldrehstahl einer bestimmten Sorte den Beginn des Zerstörens anzeigt, bei einem anders zusammengesetzten Stahl durchaus nicht immer das gleiche Anzeichen dar.

Es ist daher für den Experimentator notwendig, bei Untersuchung einer neuen Stahlsorte zunächst an einer Anzahl Stählen die Anzeichen für den Beginn der Zerstörung festzustellen. Wenn er diese Anzeichen festgestellt hat, erübrigt sich das Weiterarbeiten bis zur völligen Zerstörung. Das erwähnte Auftreten der Schramme ist durchaus nicht immer der Beginn der Zerstörung, wie der Verfasser mehrfach festgestellt hat.

§ 103. (208—209.) In § 155 ist noch über zwei andere Erscheinungen für den Beginn des Unbrauchbarwerdens an der Schneidkante berichtet:

    a) Das Abbrechen oder Abspalten der Stähle an der äußersten Schneidkante durch den Schnittdruck, wie Fig. 36a zeigt.

    b) Die gleiche Erscheinung hervorgerufen durch den Vorschubwiderstand (siehe Fig. 36b).

Da diese Erscheinungen in ihrem Zusammenhange mit den Schleifwinkeln betrachtet werden müssen, so kommen wir später darauf zurück.

Vornahme und Aufzeichnung der Versuche.

Wichtigkeit der Beobachtung eines Punktes für sich, während alle anderen konstant gehalten werden.

§ 104. (210.) In § 18 ist bereits auf die Wichtigkeit der Beobachtung einer Größe allein und des Einflusses ihrer Veränderung auf das ganze Problem unter Konstanthaltung aller anderen Größen hingewiesen.

§ 105. (211—212.) Diese Notwendigkeit macht allerdings die ganzen Untersuchungen sehr mühsam, weil die Vorrichtungsarbeiten und die Sorge für das Gleichförmighalten aller Größen den größten Teil der Zeit in Anspruch nehmen, während der eigentliche Versuch häufig in wenigen Tagen oder Stunden erledigt ist.

Die Beschreibung der Vorrichtungen zur Erhaltung der Gleichförmigkeit ist demnach eine Beschreibung der ganzen Versuche über die Drehkunst. Wir wollen daher zunächst die Vorkehrungen zur Sicherstellung der Gleichförmigkeit beschreiben.

Das Material des Arbeitsstückes.

§ 106. (213.) Zur genauen Bestimmung des Einflusses der einzelnen Varianten, wie z. B. Einfluß der Spanstärke auf die Schnittgeschwindigkeit müssen eine ganze Anzahl 20 Minuten-Versuche ausgeführt werden, um die ganz genaue Schnittgeschwindigkeit festzusetzen, bei welcher der Stahl nach 20 Minuten Lauf ausgibt. Für diesen Zweck mögen für jede Spanstärke, von denen eine große Anzahl untersucht werden müssen, ca. 50 kg Material zerspant werden und es leuchtet ein, daß nicht nur eine große Menge Eisenmaterial benötigt wird, sondern daß es auch durch und durch von gleichförmiger Beschaffenheit sein muß.

§ 107. (214.) Als für die Versuche bestgeeignete Normalgröße haben wir ein Schmiedestück von ca. 3 m Länge, 600 mm Durchmesser, ca. 7000 kg wiegend, angenommen, das aus einer sehr sorgfältig gesetzten Charge eines Siemens-Martin-Ofen genommen und dann unter großer Verminderung des Durchmessers durch und durch geschmiedet worden ist. Vor dem Gebrauch sollten von jedem Ende der Stücke Zerreiß- und Biegeproben vorgenommen werden und das Stück eventuell erneut ausgeglüht werden, bis eine vollständige Gleichförmigkeit erzielt ist.

§ 108. (215—216.) Die Gußeisenstücke sollten hohl mit etwa 75 bis 100 mm Wandstärke gewählt und sorgfältig zur Erreichung gleichmäßiger Härte abgekühlt werden.

Es sind zu Versuchszwecken stets Schmiede- und Gußstücke von großem Durchmesser zu nehmen, weil größere Stücke im allgemeinen gleichförmigeres Material enthalten und andererseits viel weniger ein Vibrieren des Drehstahles durch die Durchbiegung hervorrufen.

Die Versuchs-Drehbank.

§ 109. (217—221.) Die großen Arbeitsstücke erfordern aus folgenden Gründen eine große Bank von erheblicher Durchzugskraft.

A. Die Versuche müssen sowohl mit großen Schnittiefen und gleichzeitigen kräftigen Vorschüben, als auch mit geringen Schnittiefen und Vorschüben durchgeführt werden.

B. Die Bank muß für alle Größen der Schnittiefen und Spanstärken noch einen gewissen Überschuß an Durchzugskraft besitzen, um auch bei stumpfem Stahl noch weiter arbeiten und den Zustand der völligen Zerstörung gemäß unserer Einheit herbeiführen zu können.

C. Die letzte Zerstörung des Stahles muß ohne Nachlaß in der Schnittgeschwindigkeit und ohne welche Durchbiegungen in dem Arbeitsstück, Antriebsteilen, Stichelhaus und Support vor sich gehen.

Kurzgefaßt soll die Versuchsdrehbank eine sehr viel kräftigere Maschine sein, als sie für den regelmäßigen Gebrauch im Werkstättenbetrieb benötigt wird.

Die Geschwindigkeitsänderungen der Bank.

§ 110. (222.) Die Bank muß für Schnittgeschwindigkeiten von etwa 0,3—100 m pro Minute eingerichtet sein. Dies ist notwendig, damit ganz leichte und ganz schwere Schnitte in den zwei extremen Fällen von sehr hartem und ganz weichem Material geschnitten werden können. Der Antriebsmechanismus muß stets völlig gleichmäßige Geschwindigkeit hergeben, einerlei, ob große oder geringe Schnittkraft benötigt wird.

§ 111. (223.) Zur Prüfung der Gleichförmigkeit während des ganzen Versuches mache man folgendes Experiment. Man stelle die Schnittgeschwindigkeit zunächst bei leerlaufender Bank genau ein und prüfe die Schnittgeschwindigkeit wieder, nachdem der Vorschub eingerückt ist. Es darf weder ein bemerkbares Anwachsen noch eine Verminderung der Schnittgeschwindigkeit eintreten.

Additional material from *Über Dreharbeit und Werkzeugstähle*
ISBN 978-3-642-98154-8 (978-3-642-98154-8_OSFO1),
is available at http://extras.springer.com

§ 112. (224—225.) Das Vorschubgetriebe muß absolut gleichmäßige Vorschubgeschwindigkeit gewährleisten. Unter keinen Umständen dürfen Getriebe angewendet werden, wo Bewegungsübertragung durch Friktion eintritt, und zudem muß das Getriebe so stark konstruiert sein, daß es nicht allein den Stahl bei stärkstem Spanquerschnitt gleichmäßig vorschiebt, sondern auch bei ungewöhnlichem Widerstand, wie z. B. ganz stumpfem Stahl, harten Stellen im Material, den Vorschub stets gleichmäßig erzwingt. Es soll mit anderen Worten unter jeden vorkommenden Verhältnissen stets gleichförmige Schnittgeschwindigkeit und gleichförmige Vorschubgeschwindigkeit erreicht werden.

Der Vorschubmechanismus muß, wie in § 257 ausgeführt wird, eine dem Schnittdruck gleiche Vorschubkraft hervorbringen können.

Das Gewicht der Versuchsmaschine.

§ 113. (226.) Besonders wünschenswert ist auch eine massive Konstruktion zum Ausgleich der kleinen Ungleichheiten im Schnittwiderstand sowohl als auch in der Vorschubkraft, die durch das periodische Wechseln des Druckes beim Zerspalten des Spanes hervorgerufen werden. Dieser Wechsel im Schnittdruck und das periodische Zerspalten des Spanes ruft, wie wir bereits früher besprochen haben, ein Vibrieren des Stahles hervor und dieses muß mit Rücksicht auf die Erzielung der höchsten Schnittgeschwindigkeit vermieden werden. Aus dem gleichen Grunde muß das Stichelhaus, der Support und das Bett möglichst breit und solid konstruiert werden.

Die zweckmäßigste Konstruktion der Versuchsdrehbank.

§ 114. (227.) Zehn verschiedene Drehbänke sind im Laufe der Zeit für unsere Versuche hergerichtet worden, von denen die besten die für die dreijährigen Versuche in der Bethlehem St. Co. waren, welche in gleicher Konstruktion auch in der Pariser Weltausstellung 1900 zur Darstellung des Taylor-White-Stahles gezeigt wurde.

§ 115. (228.) Fig. 10 zeigt diese Maschine. M stellt einen 40 PS.-Motor dar, der durch ein Zahnräderpaar unmittelbar ein Riemengetriebe mit konischen Scheiben und Geschwindigkeitsänderungen von 1—4 antreibt. Ein weiterer Riemen P überträgt die Kraft auf die Stufenscheibe der Drehbank und mit einer weiteren Zahnradübersetzung (G_1 und G_2) auf die mit Zahnkranz versehene Planscheibe von 1600 mm Durchmesser. Die Bank läßt über den Sattel ein Schmiedestück von 1300 mm frei gehen. Alle Teile der Bank, wie Reitstock, Bett, Spindelstock, sind äußerst solide und massiv konstruiert, um schwere Späne nehmen zu können.

§ 116. (229.) Der Verfasser verfolgt mit der genauen Beschreibung der Versuchsdrehbank den Zweck, den ferneren Forschern auf diesem

Gebiete zum mindesten die von uns gewählten Abmessungen anzuraten, da die Einrichtungen der Manchester-Versuche und besonders die von Professor Breckenridge & Dirks ungenügend stark waren, um größere Stücke in kräftigerem Schnitt zu bearbeiten und so die Gesetze bis an die Grenzen zu verfolgen.

Messung der Schnittgeschwindigkeit.

§ 117. (230—233.) In Fig. 11 ist der „Rotameter" dargestellt, der den abgelaufenen Weg des kleinen gegen das Arbeitsstück gepreßten Räd-chens W in m und cm durch die rotierenden Zeiger angibt. Mit Hilfe einer Stoppuhr kann man die Schnittgeschwindigkeit pro Minute dann sicher und genau ablesen.

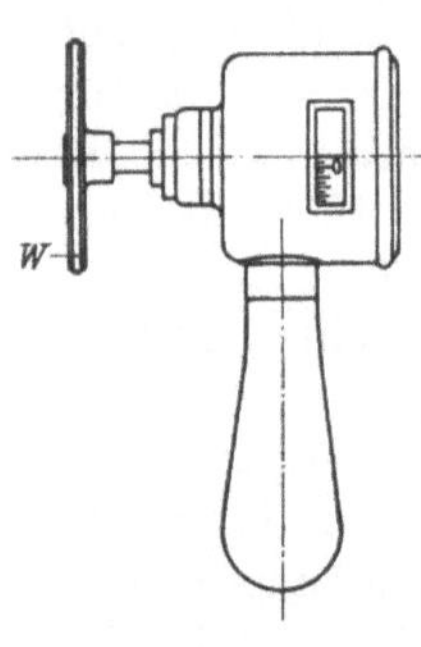

Fig. 11.

Man legt diesen Geschwindigkeitsmesser am besten an den größeren Durchmesser des Arbeits-stückes an, weil man dann durch den Span nicht gestört wird; es ist dann nur die entsprechende Reduktion auf den mittleren Schneiddurchmesser vorzunehmen.

Der Rotameter muß häufig geprüft werden, was am besten durch die Hand auf einer ebenen Fläche auf eine Länge von etwa 7—10 m geschieht. Die Schnittgeschwindigkeit muß während des Versuches in häufigen Zwischenräumen nachkontrolliert werden, damit zusammen mit der Messung der Zeit und des Weges parallel zur Achse ein möglichst genauer Wert für die mittlere Geschwindigkeit erreicht wird.

§ 118. (234—237.) Ein anderes Instrument für Messung der Schnittgeschwindigkeit ist der in Fig. 12 dargestellte „Schnittgeschwindigkeits - An-zeiger", der sich bei unseren Versuchen durchaus bewährt hat. Auch bei diesem Instrument wird eine Scheibe (W) an das Arbeitsstück gepreßt, worauf an der unter Glas gesetzten Skala auf dem zylin-drischen Teil des Anzeigers die augenblickliche Schnittgeschwindigkeit in Metern pro Minute un-mittelbar abzulesen ist. Auch dieses Instrument muß häufig auf die gleiche Weise, wie oben be-schrieben, geprüft werden.

Fig. 12.

Wir haben diesen außerordentlich praktischen Anzeiger mit Erfolg bei den Versuchen sowohl als auch im täglichen Gebrauch in der Werk-statt verwendet; leider läßt er sich nicht in allen Fällen anwenden, da die Ausführung insofern fehlerhaft ist, als das Rad W kleiner ist als der Körper des Instrumentes, während es aus leicht verständlichen Gründen größer sein müßte[1]). Hervorzuheben ist, daß bei dieser Vorrichtung keine Stoppuhr benötigt wird und daß die Schnittgeschwindigkeit in wenigen Sekunden nach dem Berühren mit dem Arbeitsstück erkennbar wird.

Man sollte aber bei Anwendung der genannten Apparate stets noch einmal mit der Uhr und gleichzeitiger Zählung der Umdrehungen und nachfolgender Rechnung eine Kontrolle ausüben.

Zum Schluß eines Versuches wird die mittlere Geschwindigkeit noch einmal aus dem ganzen Wege des Arbeitsstückes an dem Stahl und aus der Zeitdauer gerechnet.

Messung der Schnittiefe.

§ 119. (238—241.) Man stelle vor Beginn des Versuches zunächst noch einmal fest, ob das Arbeitsstück überall gleichmäßigen Durchmesser hat. Dies läßt sich durch eine Rachenlehre oder durch ein Kaliber bewerkstelligen; das Kaliber läßt sich jedoch während des laufenden Versuches wegen der hohen Geschwindigkeit nicht verwenden.

Die in Fig. 13 dargestellte Schablone eignet sich am besten zur Messung der Schnittiefe; es müssen jedoch so viel Schablonen verwendet werden, wie Schnittiefen vorkommen. Die lange Schneide halte man auf den größten Durchmesser und prüfe, ob die kurze Schneide genau auf dem geringeren Durchmesser aufliegt.

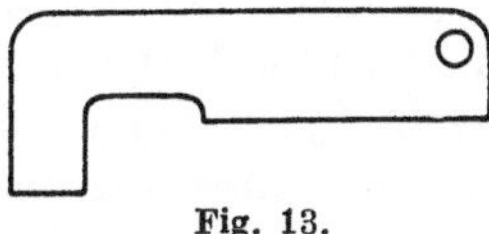

Fig. 13.

Die Anwendung dieser Lehren ist für die genaue Messung bzw. Gleichhaltung der Schnittgeschwindigkeit eine Notwendigkeit, da die Erfahrung zeigt, daß bei manchen Versuchen ohne die Anwendung solcher Hilfsmittel keine genaue Einhaltung der Schnittiefe erzielt wurde.

§ 120. (242—244.) Natürlich kann ein kleines Stück des Versuchsstückes zunächst durch wiederholtes Nachmessen in der Ruhe genau auf das gewünschte Maß abgedreht werden, führt man dann aber die Stahlspitze gerade bis an die gedrehte Oberfläche und setzt den Vorschub wieder ein, so findet man, daß der Schnittdruck die Lage des Stahles ein wenig verändert hat und der Durchmesser wiederum ein anderer geworden ist.

Die genaue Einstellung kann demnach nur während des Arbeitens durch die oben beschriebene Schablone, genannt in „Schnittiefenmesser", erzielt werden.

Die erste Handlung des Experimentators nach Beginn des 20 Minuten-Versuchslaufes sollte die Prüfung der Schnittiefe sein, welcher die

---

[1] Anm. des Übersetzers: Bei den hierzulande hergestellten Anzeigern ist dieser Fehler vermieden.

Prüfung auf die Schnittgeschwindigkeit möglichst sofort zu folgen hat. Durch eine geringe Abweichung in den ersten 2 oder 3 Minuten, während der Stahl warm wird, wird das Ergebnis kaum beeinflußt, während nach dieser Zeit eine noch so geringe Veränderung in der Schnittiefe oder Geschwindigkeit das ganze Resultat verderben kann. Die Schnittiefe sollte mindestens alle 2 Minuten geprüft werden und noch öfter, sobald der Stahl sich seinem völligen Ausgeben nähert.

Gleichförmigkeit der Drehstähle.

§ 121. (245.) Große Schwierigkeit verursacht die Forderung der absolut gleichförmigen Herstellung und Prüfung der Drehstähle; der Leiter der Versuche sollte sich persönlich von der Gleichmäßigkeit an jeder Stelle (Form der Schneidkante, Höhe der Nase, Größe der Schleifwinkel usw.) überzeugen und nachdem sollte noch mit jedem Stahl ein vorläufiger Schnittversuch gemacht werden.

§ 122. (246—251.) Folgende Vorkehrungen müssen getroffen werden:

Beim Einkauf muß auf völlige Gleichförmigkeit der chemischen Zusammensetzung und auf allerbeste Qualität gesehen und der Verkäufer muß auf den besonderen Verwendungszweck aufmerksam gemacht werden, damit dieser sowohl auf gleichmäßige Zusammensetzung als auch auf gleichmäßige Behandlung beim Hämmern und Ausglühen der Ingots sein Augenmerk richten kann. Eine chemische Analyse der Charge sollte unbedingt gemacht werden. Dann soll in der Schmiede und bei der nachfolgenden Schleifung der Stähle große Sorgfalt aufgewendet werden, daß insbesondere kein zu starkes Erhitzen beim Schleifen eintritt, wodurch immer noch die meisten Stähle ruiniert werden.

Durch geschickte Schleifer, die mit Lehren versehen sind, muß die genaue Form der Schneidkante und die Größe der Schleifwinkel hergestellt werden.

Wenn möglich sollten die Stähle auf einer automatischen Schleifmaschine mit Schabloneneinrichtung geschliffen werden, wobei der Schleifer immer noch kontrolliert werden muß, ob er genügend auf Vermeiden des Ausglühens durch zu starke Erwärmung sieht, und außerdem sollten die Stähle noch durch Schablonen nachkontrolliert werden.

Vor dem Gebrauch des Stahles muß die Auflagefläche auf genaue Ebenheit nachgesehen und nach dem Einspannen in den Support muß kontrolliert werden, ob die Unterstützung bis nahe unter die Schneidkante stattfindet. In manchen Werkstätten wird mit Erfolg auch die Auflagefläche des Schaftes ebengeschliffen.

Nach allen diesen Vorkehrungen wird die Normalschnittgeschwindigkeit eines Stahles festgelegt, und wenn diese z. B. zu 18,5 m pro Minute gemessen worden ist, so lasse man alle Stähle des betreffenden Satzes zunächst mit 18 m pro Minute Geschwindigkeit einen 20 Minuten-Lauf durchmachen, wobei natürlich nur die unversehrt Gebliebenen für den Hauptversuch verwendet werden können.

Grenzen der Vorschübe und Schnittiefen bei den Versuchen.

§ 123. (252—253.) Bei vielen der Versuche über die Dreharbeit kann die Schnittiefe und der Vorschub beliebig gewählt werden; wir empfehlen bei solchen Versuchen 4,8 mm Schnittiefe und 1,6 mm Vorschub zu wählen, da bei stärkeren Abmessungen zuviel Material gebraucht wird und die Beschaffung von großen Stücken gleichmäßigen Materials schwierig ist; andererseits wird bei geringen Schnittiefen der prozentuale Fehler beim Messen zu groß. Jedenfalls ist es ganz wertlos, mit dünneren Schnitten als 1,6 mm zu arbeiten.

Auch darf der Vorschub aus dem Grunde nicht kleiner als 1,6 mm gewählt werden, weil etwaige harte Stellen im Bearbeitungsstück bei stärkeren Vorschüben viel besser ausgeglichen werden und somit ein genaueres Resultat gewährleisten.

Zeit der Vorbereitung für die Versuche.

§ 124. (254—256.) Aus den vorhergehenden Darlegungen erhellt, daß die Vorbereitungen erheblich viel mehr Zeit beanspruchen als der Versuch selbst; um so mehr Sorgfalt sollte bei der Beobachtung während des Versuches selbst aufgewendet werden und jede Nebenerscheinung, welche auf das Endresultat Einfluß haben könnte, genau im Protokoll vermerkt werden.

Wiederholt sei darauf hingewiesen, daß stets nur ein Punkt verändert werden sollte, während alle anderen sorgfältig konstant zu halten sind.

Trotzdem wir die Vorbereitungen stets außerordentlich genau durchführten, müssen wir bei kritischer Prüfung bekennen, daß etwa nur die Hälfte dieser gewonnenen Ergebnisse als wirklich zuverlässige Unterlagen für die Bestimmung der Gesetze genommen werden konnten. Meistens war der Grund des Mißerfolges nicht erkennbar, mitunter war die Unregelmäßigkeit in der Stahlzusammensetzung, in anderen Fällen war eine geringe Verletzung der Schneidkante oder die Ungleichförmigkeit des Materials die Ursache; seltener war der Mißerfolg in nicht gleichmäßiger Schnittgeschwindigkeit zu suchen. Daraus ergibt sich, daß nicht genug Sorgfalt in Vorbereitung und Beobachtung aufgewendet werden kann.

Aufzeichnung der Einzelheiten und Ergebnisse.

§ 125. (257—258.) Wir können bei weitem nicht alle Protokolle veröffentlichen, da der Bericht dann viel zu umfangreich werden würde. Nach unserem System wurden alle Einzelprotokolle zu Gruppen gemäß der Veränderung der verschiedenen Varianten zusammengestellt und aus den Gruppen wurden wieder sogenannte Übersichtsblätter gebildet. Auch letztere können wir der großen Anzahl wegen nicht alle wiedergeben. Damit aber unser System dem Leser klar erkennbar wird, geben wir gewisse Blätter als Beispiel wieder.

In Fig. 14 ist in etwa $^2/_3$ Größe ein während der Versuche verwendetes Protokollblatt in Originalabbildung gezeigt. Wie ersichtlich, sind auch alle Nebenumstände genau vermerkt, was der Verfasser sehr zur

EXPERIMENTS ON CUTTING SPEEDS.

PLACE OF EXPERIMENTS: *William Sellors & Co. Philadelphia* YEAR *1902* MONTH *6th* OPERATOR: *Carl G. Barth.*

SIZE OF SHANK OF TOOL *⅞″ × 1⅝″*. ~~CASTING~~ FORGING NUMBER *6*

ANGLES OF TOOL.	CLEARANCE.	BACK SLOPE.	SIDE SLOPE.
	6°	8°	14°

CHEMICAL COMPOSITION.	Comb. C	C	Mn	Si	P	S
		0.30	0.62	0.19	0.035	0.032

PYSICAL PROPERTIES.	TENSILE STRENGTH	ELASTIC LIMIT.	% ELONG ATION.	% CON- TRACTION.		
	70.300	33940	30.00	48.73		

CHEMICAL COMPOSITION OF TOOL.	W	CH	C	Mn	Si	P	S
	8.50	2.00	1.85	0.15	0.15		

ACTUAL OUTLINE OF CUTTING EDGE OF TOOL.

EXPERIMENT NUMBER	DAY OF EXPERIMENTS	DEPTH OF CUT, IN INCHES	FEED, IN INCHES	CUTTING SPEED AIMED AT, IN FEET PER MIN.	AVERAGE CUTTING SPEED OBTAINED	DURATION OF CUT	CONDITION OF TOOL AT END OF RUN	WITH OR WITHOUT WATER	MARK ON TOOL	DIAM. AT TOP OF CUT	DIAM. AT BOT. OF CUT	CUT STARTED FROM END A OR B OF BAR	TIME CUT BEGAN	TIME CUT ENDED	TOTAL TRAVEL OF TOOL
1967	13th	3/16	1/16	60	60.2	20ᵐ	Good	Dry	TW 15	13¼″	12⅞″	15⅛″	8³²	8⁵²	21¹¹/₁₆″
			Tool guttered some on lip surface												
1968	-„-	-„-	-„-	70	69.9	15.3ᵐ	Began to run	-„-	TW 16	-„-	-„-	36⅞″	8⁵⁵	9¹⁰·³	19¼″
			Some chatter during the first 6 minutes								*Lip surface guttered some*				
1969	-„-	-„-	-„-	65	65.3	20ᵐ	Fair	-„-	TW 17	-„-	-„-	56¼″	9¹⁶	9³⁰	23¹⁹/₃₂″
			Tool guttered considerably on lip surface												
1970	-„-	-„-	-„-	63				-„-	TW 18	-„-	-„-	79¹⁵/₁₆″	9⁴¹		

Fig. 14.

Nachahmung empfiehlt, denn die während des Versuches scheinbar unerheblichen Beobachtungen können nachher im Vergleich zu den anderen von wesentlicher Bedeutung werden. Der Verfasser selbst hat zu Anfang den Fehler gemacht, die Protokollblätter entweder nicht genau zu numerieren oder das Datum fortzulassen; späterhin war dann nicht mehr erkennbar, ob die Blätter zu Serien gehörten, bei denen Fehler in der Untersuchungsmethode vorgekommen waren und somit mußten diese Blätter fortgeworfen werden.

Übersichtsblätter.

§ 126. (259—260.) Eine unserer gelungensten Versuchsserien ist im Übersichtsblatt Tabelle 15 wiedergegeben. Die Serie stellt die Bestimmung des Einflusses von Vorschub und Schnittiefe auf die Schnittgeschwindigkeit bei Bearbeitung von Stahl und bei Anwendung eines rundnasigen Stahles dar.

Das gleiche Blatt für Gußeisen stellt Tabelle 94 dar.

§ 127. (261—262.) In der Tabelle 93 ist ein Übersichtsblatt gezeigt, das ebenfalls zu den Versuchen über den Einfluß des Vorschubes und der Schnittiefe auf die Schnittgeschwindigkeit gehört, wobei aber Fehler in der Beobachtung vorgekommen sind. Betrachtet man z. B. die Normalschnittgeschwindigkeit unter der Rubrik „7,2 mm Schnittiefe", so findet man, daß diese fast die gleichen sind als die in der Rubrik „4,8 mm Schnittiefe", während uns die übrigen Versuche mit Übereinstimmung gelehrt haben, daß bei gleichem Schneidwinkel und Vorschub die Normalschnittgeschwindigkeit kleiner sein muß. Wahrscheinlich ist die Veränderung des Materials nach der Mitte zu die Ursache des Mißerfolges in diesem Falle.

Die Tabelle 74 zeigt endlich ein Übersichtsblatt der Versuche über den Einfluß der Schnittdauer auf die Normalschnittgeschwindigkeit; bei diesen Versuchen sind ebenfalls Unregelmäßigkeiten in der Vorbereitung vorgekommen.

Ableitung der Gesetze und Schaubilder aus verschiedenen Versuchsserien.

§ 128. (263—266.) Als Grundlage für die nach unserer Meinung als zuverlässige Gesetze gefundenen Werte benutzten wir stets die Schlüsse aus mehreren Versuchsreihen, von denen jede für sich auf logarithmisch eingeteiltem Papier eingezeichnet wurde und aus den ermittelten Linien wurde wieder eine mittlere Kurve gefunden. Darauf wurde der mathematische Ausdruck gesucht, welcher mit der Linie möglichst übereinstimmt.

Inwieweit das gelungen ist, zeigt Fig. 19; die Linien entsprechen dem mathematischen Ausdruck, während die Punkte das mittlere Ergebnis aus einer ganzen Reihe von Versuchen darstellen.

Die Entwicklung der Gesetze wird später noch eingehend besprochen werden; hier handelt es sich nur darum, einen allgemeinen Überblick über den von uns beschrittenen Weg zu geben.

Wahl der Form für die Normalstähle im Werkstättengebrauch.

§ 129. (267.) Unser Ziel ist, wie bereits in § 1 mitgeteilt, die Leistungsmöglichkeiten für jeden Fall so genau zu bestimmen, daß jedem Arbeiter täglich ein ganz bestimmtes Pensum Arbeit vorgeschrieben werden kann. Dies schließt die Notwendigkeit der Anwendung von Normalstählen in sich.

Tabelle 15.

Vor-schub	Schnitt-Geschwindigkeit 1,6 Schnittiefe		Dauer	*) Güte des Stahles	Schnitt-Geschwindigkeit 3,2 Schnittiefe		Dauer	Güte des Stahles	Schnitt-Geschwindigkeit 4,7 Schnittiefe		Dauer	Güte des Stahles
	m/Min.	mm/Sek.	Min.		m/Min.	mm/Sek.	Min.		m/Min.	mm/Sek.	Min.	
1,6	25,8	430	20,0	G	19,4	324	20,0	G				
	28,0	466	20,0	G	20,3	338	20,0	G				
	30,6	510	20,0	G	22,4	373	18,0	R				
	32,0	534	5,0	R	Risse im Stahl							
	31,6	526	5,5	R	21,8	364	20,0	M				
	29,2	488	8,5	R								
	31,4	524	20,0	M								
Er-gebnis	**31,4**	**524**	**20**	**G**	**22,0**	**366**	**20**	**G**	Früher zu 183 m/m gefunden			
3,2	18,7	311	20,0	G	18,6	310	5,0	R	12,1	202	20,0	G
	20,2	336	12,5	R	17,0	283	7,0	R	12,5	209	14,0	R
	19,8	330	8,5	R	14,6	244	10,0	R	13,0	217	20,0	G
	20,0	333	20,0	G	13,5	224	20,0	G	13,5	226	13,5	R
					14,4	240	20,0	M	15,4	256	9,0	R
					14,5	242	8,0	R	13,7	228	20,0	G
					14,9	248	20,0	G				
					16,0	266	10,5	R				
					15,4	256	9,5	R				
Er-gebnis	**20,0**	**333**	**20**	**G**	**14,9**	**248**	**20**	**G**	**13,7**	**228**	**20**	**G**
4,7	17,6	294	4,5	R	13,9	232	6,0	R	9,0	150	20,0	M
	17,0	284	5,0	R	11,7	196	20,0	G	9,1	152	20,0	G
	13,1	219	12,0	R	13,2	220	11,0	R	10,6	177	20,0	G
	13,2	221	20,0	G	13,1	218	15,0	R	11,6	194	11,0	R
	14,1	235	20,0	G					11,7	196	11,5	R
	14,2	237	6,0	R					14,3	239	13,5	R
	14,4	240	20,0	G								
	15,2	254	10,0	R								
Er-gebnis	**14,4**	**240**	**20**	**G**	**12,2**	**204**	**20**	**G**	**10,7**	**178**	**20**	**G**

*) Die Bedeutung der abgekürzten Bezeichnungen ist aus § 100 u. f. zu ersehen.

Tabelle 15.

Schnitt-Geschwindigkeit		Dauer	Güte des Stahles	Schnitt-Geschwindigkeit		Dauer	Güte des Stahles	Schnitt-Geschwindigkeit		Dauer	Güte des Stahles
m/Min.	mm/Sek.	Min.		m/Min.	mm/Sek.	Min.		m/Min.	mm/Sek.	Min.	
6,3 Schnittiefe				9,5 Schnittiefe				12,7 Schnittiefe			
13,2	220	20,0	G	12,1	202	20,0	M	Stahl in ¹/₄ Minute gebrochen			
15,2	254	20,0	G	12,6	210	20,0	G	12,0	200	20,0	G
16,5	274	12,5	R	12,9	214	20,0	G	13,7	238	11,0	R
14,7	246	12,0	R	13,2	220	20,0	G	12,4	206	15,5	R
15,8	262	20,0	M	15,4	258	12,5	M	13,2	220	20,0	G
				15,0	249	20,0	B R				
15,8	262	20	G	15,0	249	20	G	13,2	220	20	G
11,8	196	15,5	R	8,9	147	20,0	G				
11,5	191	20,0	M	10,3	172	10,0	R				
11,7	195	15,5	R	10,3	172	20,0	G				
12,2	202	13,5	R	10,9	182	19,75	R				
11,5	191	20	G	10,6	176	20	G				
In 3 Min. gebrochen				7,6	126	20,0	G				
8,6	144	20,0	M	In 12,5 Min. gebrochen							
9,3	155	20,0	M	8,9	148	9,0	R				
9,9	165	12,0	R	8,1	134	10,5	R				
9,4	157	20,0	G	7,9	131	14,0	R				
10,1	168	7,0	G								
9,4	157	20	G	7,6	126	20	G				

Anzahl der Normalstähle.

§ 130. (268—270.) Nach unserer Erfahrung bringt die Bereitstellung einer genügenden Anzahl stets fertiger und vollkommen übereinstimmend hergestellter Drehstähle große Schwierigkeiten mit sich und das natürlich um so mehr, je mehr verschiedene Form als Normaltypen angenommen werden. Es muß deshalb unter allen Umständen auf die Beschränkung der Zahl der Normalstähle hingewirkt werden, da stets viel Neigung nach dem Zuviel in dieser Richtung besteht. Besonders kann für die Schruppstähle die Beschränkung der Form nicht genug empfohlen werden.

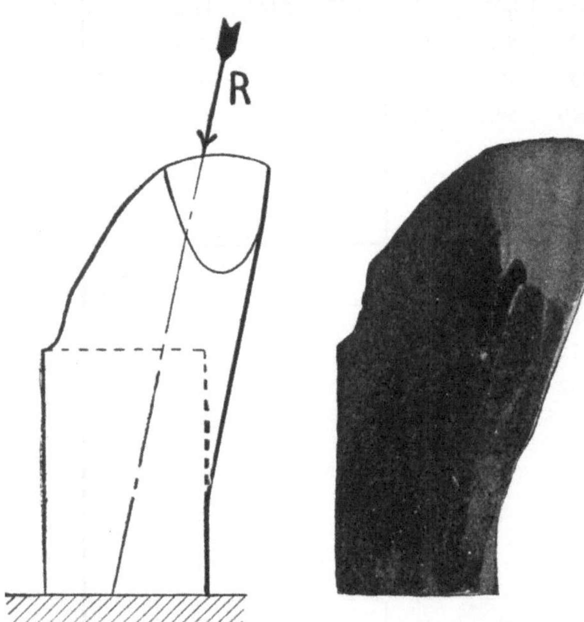

Fig. 16.

Die Form der von mir in verschiedenen Werkstätten eingeführten Normalschruppstähle ist in Fig. 16 dargestellt; diese Form wurde in völlig gleicher Weise für fünf verschiedene Schaftquerschnitte angenommen. Es hat sich diese Auswahl im Laufe vieler Jahre und in den verschiedensten Werkstätten durchaus bewährt. Die auf Wunsch mancher Werkstättenleiter oder Meister vorgenommenen Veränderungen sind fast ausnahmslos wieder verlassen worden, so daß man wohl sagen kann, daß die Reihe der gewählten Formen die Probe auf die praktische Brauchbarkeit wohl bestanden hat.

Da die Gründe für die Wahl der Form unserer Normalstähle von großer Wichtigkeit für die Erfüllung unserer ganzen Aufgabe sind, so sollen hier gleich eine Anzahl von Versuchen beschrieben werden, obwohl sie in logischer Ordnung an anderer Stelle zu bringen wären.

Widerstreitende Rücksichten auf die Wahl der Form von
Normalstählen.

§ 131. (271—272.) Die Form der Normalstähle stellt ein Kompromiß zwischen den Rücksichten auf verschiedene Punkte dar; kaum ein

Teil der Stähle wäre in der angenommenen Form gewählt worden, wenn die Rücksicht auf nur einen Punkt vorgelegen hätte.

§ 132. (272—277.) Vier wesentliche Punkte beeinflussen die Form der Stähle:

a) Herstellung einer genauen und glatten Oberfläche,
b) Zerspanung einer großen Metallmenge in kürzester Zeit,
c) Erzielung der größten Leistung bei gleichzeitig geringsten Kosten für Herrichten und Schleifen,
d) Anpassungsfähigkeit an die verschiedensten Arbeiten.

Der Widerstreit dieser verschiedenen Forderungen für die Wahl der Form ergibt sich aus folgendem:

Es mußte im allgemeinen eine Form gewählt werden, welche nur etwa $^5/_8$ der Schnittgeschwindigkeit zuließ von derjenigen, welche bei einer nur nach dieser Rücksicht gewählten Form zu erreichen gewesen wäre.

Wir mußten an Schnittgeschwindigkeit opfern, um das Vibrieren zu vermeiden, um glatte Oberfläche zu erhalten, um bequeme Anpassungsfähigkeit an alle verschiedenen Arbeiten herzustellen, um die Kosten für Schmieden und Schleifen herunterzubringen. Der wichtigste Punkt von diesen ist jedoch die Vermeidung der Vibration.

Andererseits ist die Form durchaus nicht nach den geringsten Kosten für die Herrichtung und die Schleifung gewählt, da es darauf ankam, möglichst viele Anschliffe vor erneuter Zurichtung in der Schmiede und der damit verbundenen Härtung nach dem Taylor-White-Prozeß zuzulassen. Auch ist die Form der Schneidkante nicht die die geringsten Kosten verursachende, weil vor allen Dingen das Vibrieren und dann auch die Anpassungsfähigkeit berücksichtigt werden mußten. Notwendig ist allerdings ein besonders angelernter Schleifer oder besser noch die Anwendung einer automatischen Schleifmaschine.

Vor der Einzelbeschreibung der verschiedenen Rücksichten wollen wir den Einfluß der verschiedenen Varianten auf die Schnittgeschwindigkeit betrachten, da dieser im engen Zusammenhange mit der behandelten Frage steht.

Größe des Einflusses der einzelnen Punkte auf die Schnittgeschwindigkeit.

§ 133. (278—288.) Die Schnittgeschwindigkeit ist direkt abhängig von nachstehend aufgeführten Punkten; die bei jedem Punkte aufgeführte Zahl deutet das Verhältnis zwischen der obersten und untersten Grenze der Schnittgeschwindigkeit an, wie sie durch die Veränderung der betreffenden Punkte veranlaßt werden kann.

A. Eigenschaften des Arbeitsstückes, d. h. die Härte oder andere Eigenschaften, welche die Schnittgeschwindigkeit beeinflussen.

Das Verhältnis ist 1 im Fall von halb gehärtetem Stahl oder Hartguß zu 100 im Falle von ganz weichem Maschinenstahl.

B. Die chemische Zusammensetzung und die Warmbehandlung des Werkzeugstahles. Verhältnis ist 1 bei gehärtetem Tiegelgußstahl zu 7 beim besten Schnelldrehstahl.

C. Die Spanstärke oder die Dicke des spiralförmig abgeschnittenen Metallbandes, gemessen in der ursprünglichen Dicke am Arbeitsstück, nicht nach der Abtrennung.

Verhältnis 1 bei einer Spanstärke von 4,6 mm zu $3^1/_2$ bei 0,4 mm Spanstärke.

D. Die Form der Schneidkante des Stahles.

Verhältnis ist 1 bei einem Gewindestahl zu 6 bei einem Stahl mit breitrunder Form der Schneidkante.

E. Einfluß eines kühlenden Wasserstrahles auf den Span.

Verhältnis ist 1 bei trockenlaufendem Stahl zu 1,41 bei einem mit Wasserstrahl gekühlten Stahl.

F. Die Schnittiefe.

Verhältnis ist 1 bei 13 mm Schnittiefe zu 1,36 bei 3,2 mm Schnittiefe.

G. Die Schnittdauer, d. h. die Zeit, die ein Stahl bis zum Wiederanschleifen unter dem Schnittdruck bleibt.

Verhältnis ist 1 bei Anschliff nach anderthalbstündlicher Schnittdauer zu 1,207 bei Anschliff nach 20 Minuten Schnittdauer.

H. Einfluß von Ansatz- und Meißelwinkel.

Verhältnis ist 1 bei 68 Grad Schneidwinkel zu 1,023 bei 61 Grad Schneidwinkel.

I. Einfluß der Elastizität des Arbeitsstückes und des Schnelldrehstahles auf das Vibrieren.

Verhältnis ist 1 bei vibrierendem Stahl zu 1,15 bei ruhig laufendem Stahl.

Kurzgefaßt ist der Einfluß der verschiedenen Punkte wie folgt:

A. **Eigenschaft des Arbeitsstückes**

1 : 100

halb gehärteter Stahl   ganz weicher Maschinenstahl

B. **Chemische Zusammensetzung des Stahles**

1 : 7

Tiegelgußstahl   allerneuester Schnelldrehstahl

C. **Spanstärke**

1 : $3^1/_2$

5 mm   0,4 mm

D. **Form des Schneidkopfes**

1 : 6

Gewindestahl   Stahl mit breitrundem Schliff

E. Kühlender Wasserstrahl

1 : 1,41

trocken   Wasserkühlung

F. Schnittiefe

1 : 1,36

13 mm   3,2 mm

G. Schnittdauer

1 : 1,207

Anschliff alle $1^1/_2$ Stunden   Anschliff alle 20 Minuten

H. Schneidwinkel

1 : 1,023

68° Schneidwinkel   61° Schneidwinkel

I. Vibration

1 : 1,15

ruhig laufender Stahl   vibrierender Stahl.

§ 134. (289.) Die Eigenschaften des zu bearbeitenden Materials werden durch die Angestellten der Werkstätten im allgemeinen nicht kontrolliert und in Wirklichkeit ist die Wahl der Härte des Materials auch durch andere Rücksichten bestimmt als durch die Billigkeit der Bearbeitung. Dieser Punkt wird in § 404 weiter behandelt werden.

§ 135. (290.) Die chemische Zusammensetzung des Werkzeugstahles und die Warmbehandlung müssen natürlich Gegenstand der eingehendsten Erwägung für die Werkstättenleitung sein. Keine Werkstätte sollte heute im wesentlichen andere als Schnelldrehstähle verwenden. Es gibt so viele ausgezeichnete Marken von Werkzeugstahl, mit denen allen etwa die gleiche Leistung zu erreichen ist, daß die Frage, welcher besondere Stahl zu verwenden ist, keine eingehende Beachtung verdient. Über diesen Gegenstand wird weiter in § 342 gesprochen werden.

Einfluß der Spanstärke auf die Schnittgeschwindigkeit.

§ 136. (291.) Die Spanstärke verdient von den aufgeführten Punkten die größte Beachtung. Diese Größe hat tatsächlich mehr Einfluß auf die Form der Stähle und auf das ganze behandelte Problem als irgend eine von der Werkstättenleitung zu treffende Maßnahme.

Versuche eines Stahles mit gerader Schneidkante über den Einfluß der Spanstärke auf die Schnittgeschwindigkeit.

§ 137. (292—296.) Die weiter unten folgenden Versuche sollten den Einfluß der Spanstärke auf die Schnittgeschwindigkeit bestimmen und wurden deswegen mit Spänen von gleichmäßiger Spanstärke und mit gerader Schneidkante vorgenommen. Die Ecken am kleinen Durchmesser des Arbeitsstückes waren mit 3,2 mm abgerundet, um den Teil der Schneidkante zu schonen, welcher den genauen Durchmesser des Stückes einhalten soll und der deshalb nicht zuerst zerstört werden darf.

Tabelle 17.

Span-breite mm	Schnitt-tiefe mm	Span-stärke mm	Schnittgeschwindigkeit in m/Min. für mittelweichen Schmiedestahl		Schnittgeschwindigkeit in m/Min. für harten Schmiedestahl	
			durch Versuche	nach der Formel $V = \dfrac{4,04}{t^{2/3}}$	durch Versuche	nach der Formel $V = \dfrac{1,45}{t^{9/16}}$
25,4	1,6	0,125	—	16,0	4,6	4,65
	3,2	0,25	10	10,1	3,8	3,7
	4,8	0,38	7,9	7,7	2,7	2,5
	6,4	0,5	6,4	6,35	2,1	2,1
	9,6	0,76	4,8	4,8	—	1,7
	12,7	1,0	—	4,0	—	1,4

Der Sitz des Stahles im Support ist aus Fig. 25 zu ersehen. Bei jeder Schnittiefe ist die Stellung so zu verändern, daß 25 mm gerader Schneidkante zur Wirkung kommen. In allen Fällen wurden 2 mm Vorschub angewendet, so daß die Spanstärke immer direkt proportional der Schnittiefe wurde.

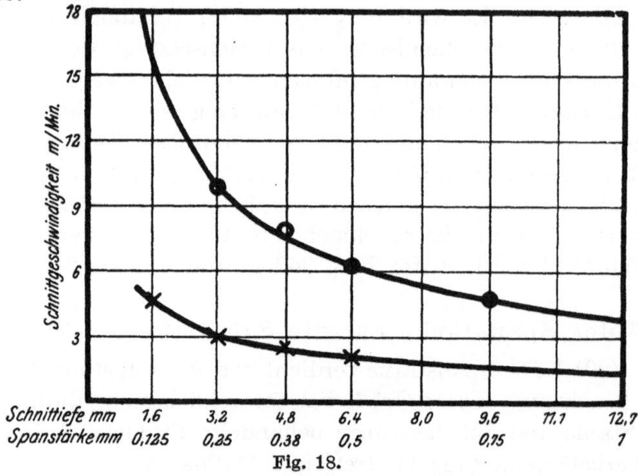

Fig. 18.

Die Versuche wurden mit einem Schmiedestück von folgender chemischen Zusammensetzung vorgenommen:

Kohlenstoff . . . . 0,369 %

Mangan . . . . 0,517 %

Silicium . . . . 0,238 %

Phosphor . . . . 0,043 %

Schwefel . . . . 0,051 %

Proben zur Vornahme von Zerreißungsversuchen zeigt das folgende Ergebnis:

Zugfestigkeit . . . . 5800 kg/qcm
Dehnung . . . . 21,5 %
Kontraktion . . . . 30 %

Ein reichlicher Wasserstrahl wurde zur Kühlung direkt auf die Abtrennstelle des Stahles geleitet.

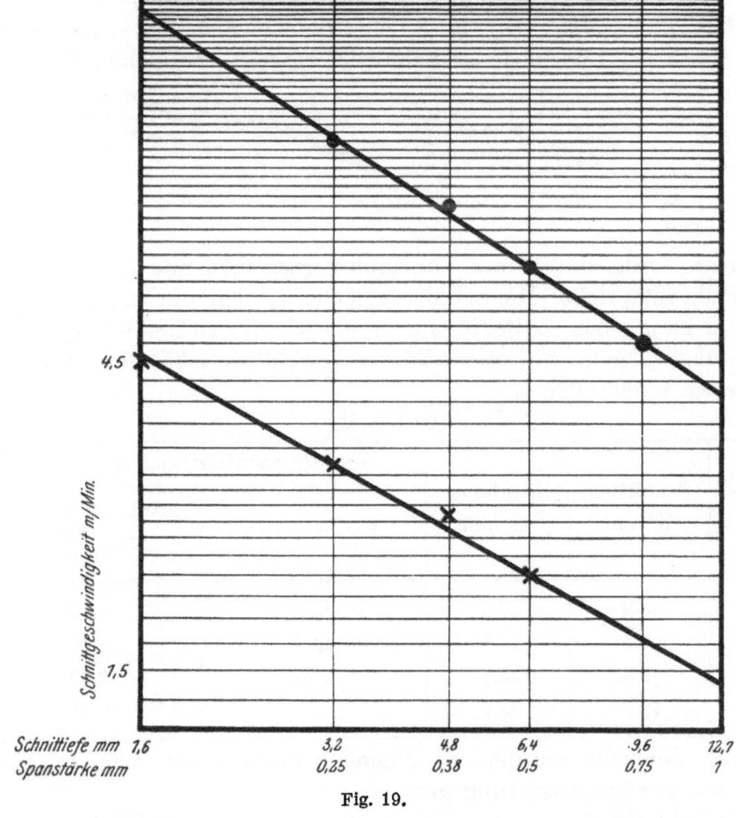

Fig. 19.

Es wurden vier verschiedene Spanstärken ausprobiert:

3,2 4,8 6,4 9,6 mm

gemäß den Spanstärken 0,25 0,38 0,5 0,75 mm.

§ 138. (297—298.) Die entsprechenden Normalschnittgeschwindigkeiten sind in Tabelle 17 verzeichnet, in Fig. 18 auf gewöhnlich eingeteiltem und in Fig. 19 auf logarithmisch eingeteiltem Papier graphisch aufgetragen. Die Punkte auf Fig. 19 (logarithmische Einteilung) liegen nahezu auf einer Geraden von folgender Gleichung:

$$V = \frac{4,04}{t^{2/3}},$$

wobei V = die Schnittgeschwindigkeit in m pro Minute,
    t = die Spanstärke in mm bedeutet.

Das Verhältnis der Schnittgeschwindigkeit dieser Spanstärken ist aus Tabelle 17 zu erkennen. Man bemerke, daß bei dreifacher Verringerung der Spanstärke die Schnittgeschwindigkeit nur im Verhältnis von 1 : 1,8 wächst. Weiteres über diesen Punkt siehe § 311.

Einfluß der verschiedenen Spanbreiten geradliniger gleichstarker Späne auf die Schnittgeschwindigkeit.

§ 139. (299—303.) In Fig. 20 sind die Querschnitte dreier geradliniger Späne bei verschiedener Schnittiefe gezeigt, bei denen der Stahl

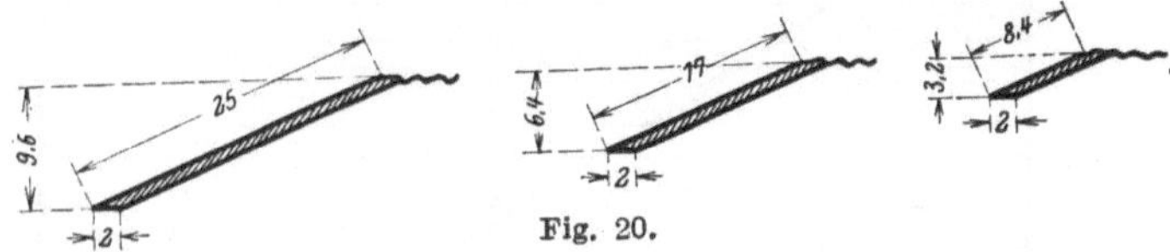

Fig. 20.

so versetzt wurde, daß 2 mm Vorschub gerade 0,75 mm Spanstärke in jedem Falle entspricht. Die Schnittversuche wurden alle an einem Stück und unter ganz gleichen Bedingungen, als wie die vorher beschriebenen durchgeführt. Die Schnittiefen waren so gewählt, daß 25, 17 und 8,4 mm Spanbreiten entstanden.

Tabelle 21.

Schnittstärke in mm	Schnittiefe in mm	Spanbreite in mm	Schnittgeschwindigkeit in m/Min.	
			Versuchswert	Nach der Formel $V = \dfrac{7,5}{L^{7/32}}$
	3,2	8,5	4,73	4,73
0,76	6,4	17,0	4,07	4,06
	9,5	25,4	3,74	3,72
	12,7	33,9		3,51

Diese Versuche wurden an einem Schmiedestück von folgender chemischen Zusammensetzung gemacht:

Kohlenstoff . . . . 0,492 $^0/_0$
Mangan . . . . 0,477 $^0/_0$
Silicium . . . . 0,194 $^0/_0$
Phosphor . . . . 0,042 $^0/_0$
Schwefel . . . . 0,039 $^0/_0$
Zerreißversuche zeigten das folgende Ergebnis:
Festigkeit . . . . 6850 kg/qcm
Dehnung . . . . 15 $^0/_0$
Kontraktion . . . . 23,2 $^0/_0$.

Die ermittelten Schnittgeschwindigkeiten sind in Zahlentafel 21 eingetragen. In Fig. 22 und 23 sind die Werte auf gewöhnlich eingeteiltem bzw. auf logarithmisch eingeteiltem Papier graphisch eingetragen.

Die Gleichung der die Werte mit großer Annäherung wiedergebenden Kurve lautet:

$$V = \frac{7,5,}{L^{7/32}},$$

worin L die Spanbreite in mm bedeutet.

Man beachte das Verhältnis der Schnittgeschwindigkeit zu den verschiedenen Spanbreiten in Tabelle 21. Teilt man die Spanbreite durch 3, so wächst die Schnittgeschwindigkeit nur im Verhältnis von 1 : 1,27; man sollte also stets möglichst große Spanbreiten verwenden.

§ 140. (304.) Bei rundnasigen Stählen wächst die Schnittgeschwindigkeit mehr bei Abnahme der Schnittiefe als bei den

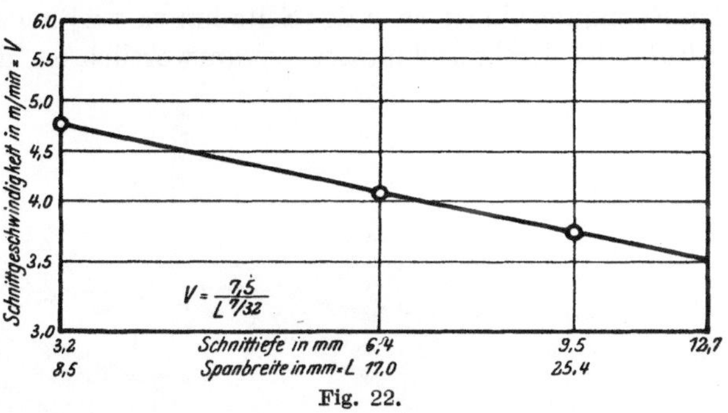

Fig. 22.

Stählen mit geradliniger Schneidkante, weil der Span nach der Spitze des Stahles zu immer dünner und dünner wird und hier eine größere Schnittgeschwindigkeit erlaubt, ohne die Schneidkante zu verderben. Es sind zwei Gründe, durch welche bei den rundnasigen Stählen die Schnittgeschwindigkeit bei Verminderung der Schnittiefe erheblich wächst:

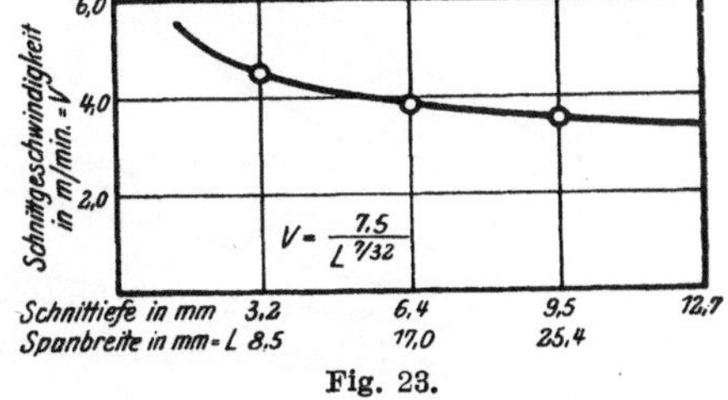

Fig. 23.

1. Weil der Span im ganzen auf einem kleineren Teil der Schneidkante lastet;

2. weil die mittlere Stärke des Spanes bei geringen Schnittiefen kleiner ist als bei größeren Schnittiefen.

§ 141. (305—306.) Daß die Spanstärke die Schnittgeschwindigkeit mehr beeinflußt als die Schnittiefe bzw. Spanbreite, ergibt sich schon aus der Verminderung der Schnittgeschwindigkeit im Verhältnis von 1,8 : 1 bei dreifacher Verringerung der Spanstärke, während bei dreifacher Verringerung der Schnittiefe dieses Verhältnis nur 1,27 : 1 beträgt.

Man sieht, daß die Spanstärke etwa dreimal so großen Einfluß auf die Schnittgeschwindigkeit hat als die Schnittiefe. Weiteres über diesen Punkt siehe § 311.

Rundnasige Drehstähle.

Gründe für die Wahl des rundnasigen Drehstahles.

§ 142. (307.) Aus schon dargelegten Gründen (§§ 137—139) sollte jeder Schruppstahl jedenfalls an der Seite, welche den letzten Schnitt von der Oberfläche des Arbeitsstückes abhebt, eine runde Form der Schneidkante haben. Ein rundnasiger Stahl erzeugt einen Span von überall wechselnder Stärke, während nur der Stahl mit geradliniger Schneidkante einen Span von gleichmäßiger Stärke erzeugen kann. Die Schruppstähle müssen deshalb mit runder Schneidkante geschliffen werden, um den Spanquerschnitt nach der Seite hin zu verjüngen, welche für die Einhaltung des Drehdurchmessers verantwortlich ist, damit an dieser Stelle

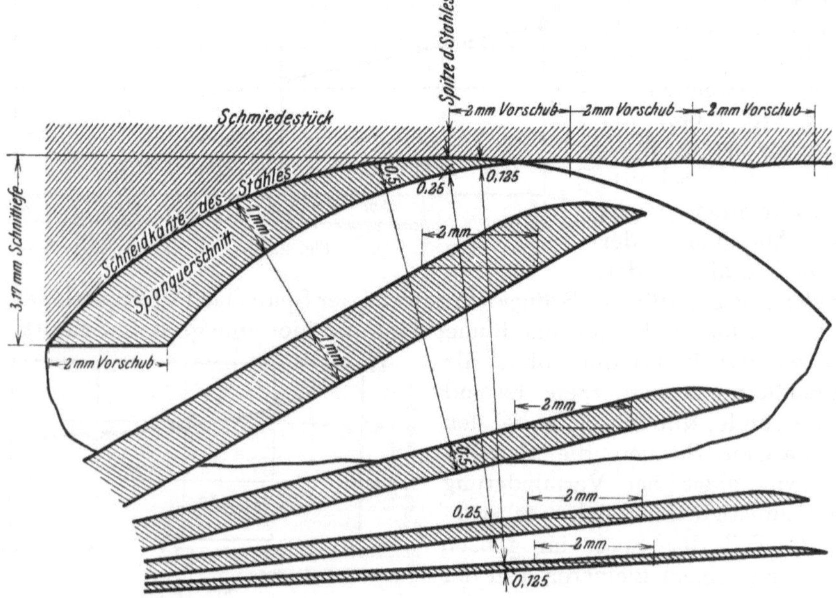

die Schneidkante möglichst lange intakt bleibt und nicht etwa zuerst zerstört wird.

§ 143. (308—311.) Den Einfluß einer runden Schneidkante auf die Spanstärke ersehe man aus Fig. 24 in Verbindung mit Fig. 25. Die den einzelnen Punkten des Spanes mit runder Schneidkante entsprechenden Späne mit gerader Schneidkante sind direkt in der Figur in achtfacher Vergrößerung eingezeichnet. Aus Fig. 25 entnehme man die den einzelnen Stählen entsprechende Schnittgeschwindigkeit.

Der für die Einhaltung des genauen Drehdurchmessers sorgende Teil der Schneidkante reicht etwa von der mit 0,25 mm Spanstärke bezeichneten Stelle bis zu der mit 0,125 mm bezeichneten.

Wir sehen bei weiterer Prüfung der Fig. 24 und Vergleich mit der Fig. 25, daß die etwa in der Mitte des Spanquerschnittes befindliche Stelle von 1 mm Stärke eine Schnittgeschwindigkeit von 4,1 m hat, während der mehr die letzte Bearbeitung übernehmende Teil von 0,25 mm Stärke bereits 10,1 m Normalschnittgeschwindigkeit aufweist. Es kann deshalb keinem Zweifel unterliegen, daß die erstgenannte Stelle von 1 mm Spanstärke viel eher ruiniert sein wird, als die letztgenannte und man

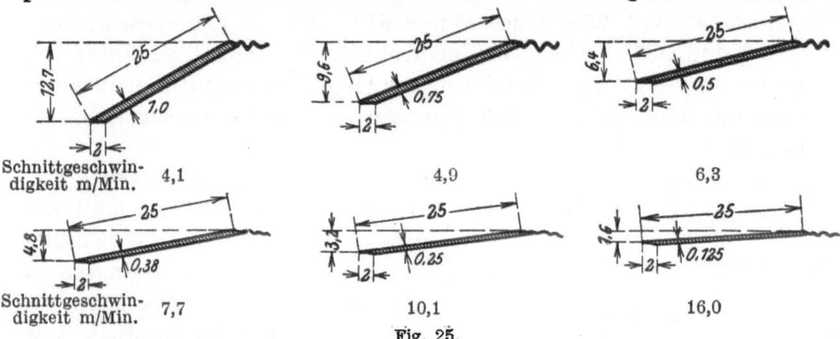

Schnittgeschwindigkeit m/Min.   4,1   4,9   6,3

Schnittgeschwindigkeit m/Min.   7,7   10,1   16,0

Fig. 25.

schleife deshalb bei Schruppstählen wenigstens den äußeren Teil der Schneidkante mit kräftiger Abrundung an, wenn man Wert auf eine gut bearbeitete Oberfläche legt.

Breitrunde Form der Schneidkante.

§ 144. (312—314.) Unter Beachtung des Gewinnes an Schnittgeschwindigkeit durch Verminderung der Spanstärke (siehe §§ 245—251) verwendeten wir in der Midvale St. Co. breitrunde Stähle in der Fig. 26, 27, 28 dargestellten Form und erzielten im Durchschnitt einen Gewinn von 30% gegenüber den normalen rundnasigen Stählen. Die breitrunde Form der Drehstähle ist deshalb noch weit ver-

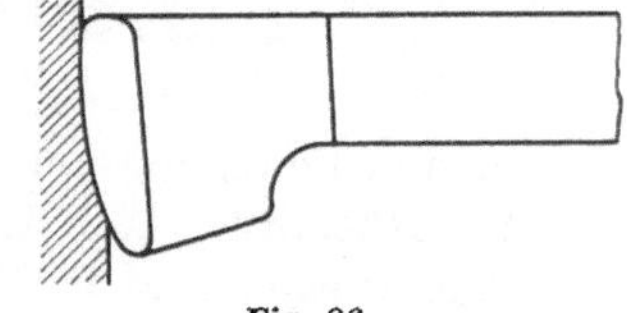

Fig. 26.

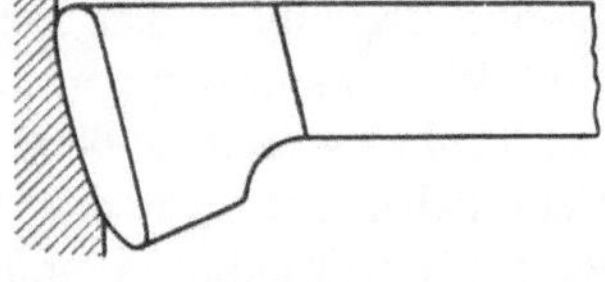

Fig. 27.

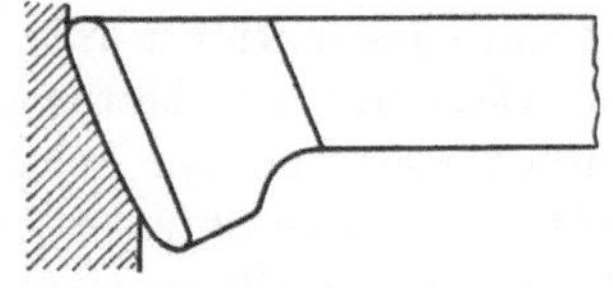

Fig. 28.

breitet, trotzdem durch die größere Neigung zum Vibrieren häufig eine rauhe Bearbeitungsfläche auftritt.

Nur wegen dieser Schwierigkeit haben wir dem rundnasigen den Vorzug als Schruppstahl vor dem mit breitrunder Nase nach Fig. 26—28 gegeben, was in § 285 näher erläutert werden wird.

Vermeidung des Vibrierens durch rundnasige Stähle bei kleinem Krümmungsradius der Schneidkante.

§ 145. (315.) Die Vermeidung der Vibration ist von solcher Wichtigkeit für die Normalstähle, daß hier zunächst ein Teil der Arbeit von Dr. Nicolson folgen möge, welcher dem Verfasser eine Erklärung für die Ursache des Vibrierens zu geben scheint.

Dr. Nicolsons Versuche zur Messung des Schnittdruckes sind in den „Transactions", Vol. 25 auf den Seiten 672—674 wie folgt beschrieben:

§ 146. (317—321.) Die Versuche sind von besonderem Interesse, weil einmal der Schnittdruck bei ganz langsamer Schnittgeschwindigkeit und dann bei in weiten Grenzen veränderter Geschwindigkeit gemessen wurde.

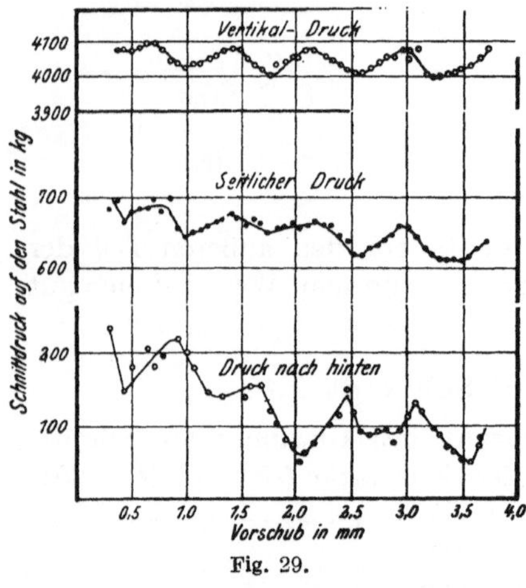

Fig. 29.

Der Schneidwinkel betrug 55°, die Schnittiefe 9,6 mm und die Spanstärke 3,2 mm, die Schnittgeschwindigkeit bei der langsamen Prüfung 0,3 m in 5 Stunden.

An dem Schmiedestück war in radialer Richtung ein 1,5 m langer Zeiger befestigt, an dessen Ende der Weg des Arbeitsstückes nach jeder Vorwärtsschreitung von 14 mm (entsprechend ca. 1,3 mm an dem Arbeitsstück) gemessen wurde, wobei gleichzeitig die Kraft am Dynamometer abgelesen wurde. Der Vertikaldruck variierte von 4100—4000 kg bei jeder 10 mm-Bewegung am Stahl; in gleichen Perioden schwankte auch der Rückdruck auf den Stahl und der seitliche Druck. Die Beobachtungen sind in Fig. 29 graphisch aufgetragen.

Ein anderer Versuch, bei welchem ein starker Span (10 mm mal 6,4 mm) geschnitten wurde, zeigte folgende Ergebnisse: Die Periode des Druckwechsels betrug etwa 15 mm Weg, gemessen am Drehdurchmesser und der Schnittdruck schwankte zwischen 6000 und 3600 kg. Zu beachten ist, daß der Schnittdruck unmittelbar nach Beginn der Spaltung einer neuen Schicht ein Maximum und unmittelbar nach der vollständigen Ablösung einer Schicht ein Minimum wurde. Bei dieser ganz langsamen Schnittgeschwindigkeit zerfiel der Span vollständig in die einzelnen Spaltungen, während er wie bekannt in Spiralen von ziemlicher Länge und Festigkeit gewunden wird, wenn die Schnittgeschwindigkeit wenige Meter pro Minute übersteigt. Die Spaltungen waren in der Richtung der Spanbewegung und an der breitesten Stelle gemessen etwa 6 mm.

§ **147.** (322—324.) Bei diesen Versuchen arbeitete Dr. Nicolson, wie erwähnt, mit einer Schnittgeschwindigkeit von etwa 0,3 m in 5 Stunden. Bei Betrachtung der Fig. 30 ersehe man, daß der Schnittdruck zwischen einem Maximum und einem Minimum in dem Verhältnis von etwa 8 : 13 in verhältnismäßig regelmäßigen Intervallen schwankt und bei Vergleich dieses Diagramms mit der Fig. 29, wo nur etwa die Hälfte der Spanstärke genommen wurde, bemerke man, daß die Intervalle sehr viel kürzer geworden sind. Hieraus ergibt sich, daß jede Spanstärke ihre eigene Periodenlänge zwischen Minimum und Maximum des Schnittdruckes hat.

Da die Spanstärke bei mit geradliniger Schneidkante geschnittenen Spänen gleichförmig ist, wird der Schnittdruck an allen Stellen des Spanquerschnittes zu derselben Zeit zu einem Maximum und ebenso nach einer gewissen Zeitperiode bis zu einem Minimum sinken; und wenn diese Perioden des höchsten und niedrigsten Druckes zeitlich mit den natürlichen Schwingungsperioden entweder des Schmiedestückes, des Stahles, des Supportes oder irgend eines Teiles im Antriebmechanismus übereinstimmen, wird sich die Neigung zum Vibrieren entsprechend vermehren. Auf der anderen Seite variiert bei den mit runder Schneidkante geschnittenen Spänen der Druck an allen Punkten, und die Perioden des höchsten sowie des niedrigsten Druckes werden an den verschiedenen Teilen des Querschnittes nicht zusammenfallen, so daß eine Kompensation und damit ein flacherer Verlauf der Drucklinie und geringere Neigung zu Erschütterungen auftritt.

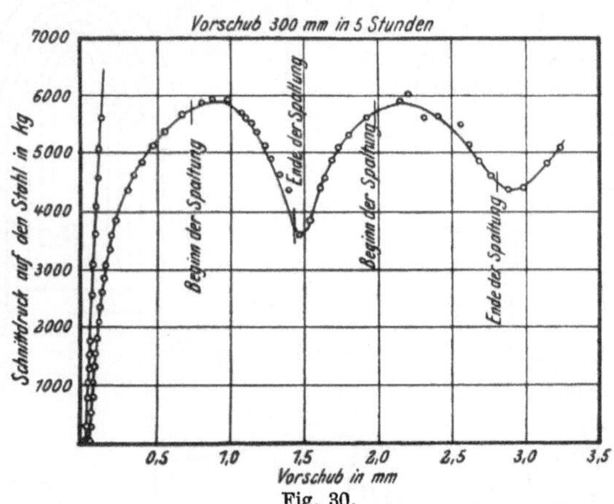

Fig. 30.

Dr. Nicolsons Versuche entheben uns der Notwendigkeit, eine Erklärung über diese seit Jahren beobachtete Erscheinung zu geben, daß nämlich Stähle mit gerader Schneidkante weit mehr zum Vibrieren neigen als Stähle mit runder Schneidkante. Hätten Dr. Nicolsons Versuche kein anderes Ergebnis gehabt als diese Bestätigung, so wären sie dieses einen Ergebnisses wegen nicht verlorene Mühe gewesen.

Gründe für die Wahl der besonderen Kurven der Schneidkante an den Normalstählen.

§ **148.** (325—328.) Nachdem die Notwendigkeit der runden Nasen für die Normalschruppstähle nachgewiesen ist, erübrigt noch die Erklärung der besonderen in Fig. 31—35 gezeichneten Form der Schneidkante. Die kleinen Stähle erhalten Kurven von geringerem Krümmungsradius, da diese in kleineren Drehbänken und somit für kleinere Bearbeitungsstücke mit geringeren Schnittiefen und Vorschüben zur Verwendung kommen. Da die Arbeitsstücke von geringerem Durchmesser besonders zum Vibrieren neigen, müssen selbst bei geringeren Schnittiefen Spanquerschnitte von gekrümmter Form in ungleicher Dicke genommen, also Stähle mit runder Schneidkante verwendet werden. Hierbei wird natürlich der Krümmungsradius der Kurve klein.

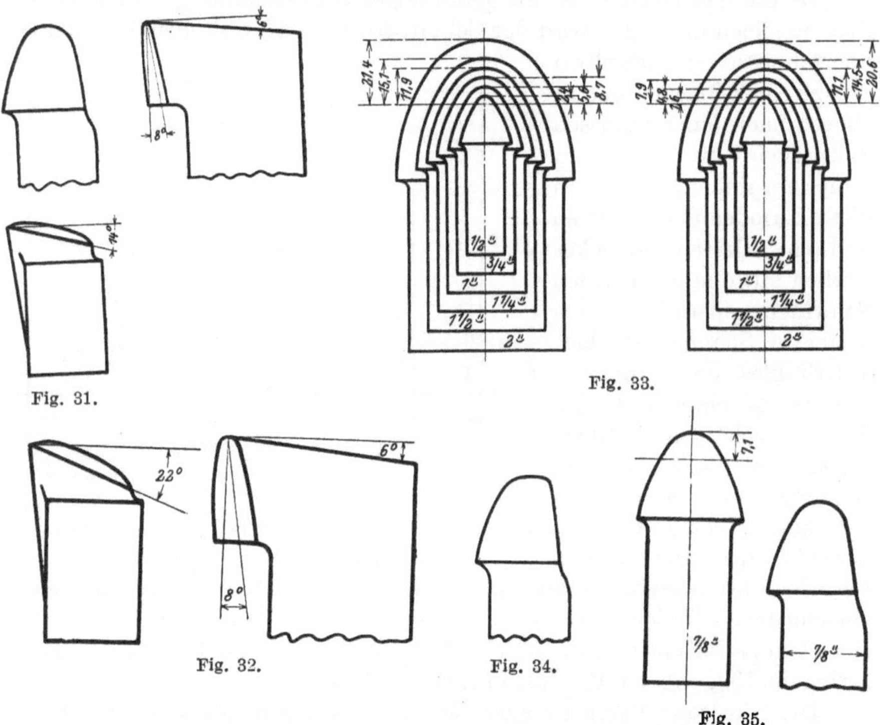

Fig. 31.

Fig. 33.

Fig. 32.

Fig. 34.

Fig. 35.

Nach späterer Auseinandersetzung schließt die Verringerung des Krümmungsradius eine Verminderung der Schnittgeschwindigkeit in sich; daher ist auf der anderen Seite bei den kräftigeren Stählen ein so großer Krümmungsradius zu wählen, wie ihn die Rücksicht auf das Vibrieren erlaubt. Auch der bei den stärkeren Stählen übliche größere Vorschub weist auf möglichst großen Krümmungsradius hin, damit die auf der fertigen Oberfläche des Stückes erzeugte spiralförmige Rille möglichst flach wird.

Die Anpassungsmöglichkeit an viele verschiedene Arbeiten erfordert bei den kleinen Stählen wiederum möglichst geringen Krümmungsradius

der Kurve, damit die Ecken der Ansätze möglichst weit mit dem Schruppstahl ausgedreht werden können.

Im allgemeinen erfordern die rundnasigen Stähle auch nicht so sorgfältige Einstellung des Stahles im Stichelhaus, wie die Stähle mit gerader
Schneidkante.

§ 149. (329—331.) Beim Vergleich der Stähle in Fig. 33 bemerke
man die größeren Krümmungsradien für harten Stahl und Gußeisen
(linke Figur) gegenüber den kleineren für weicheren Stahl und Schmiedeeisen (rechte Figur). Der Grund liegt in der für die erstgenannten
Sorten geringeren erreichbaren Schnittgeschwindigkeit.

Da nun erfahrungsgemäß bei geringerer Schnittgeschwindigkeit die
Neigung zu Erschütterungen abnimmt, so kann man bei hartem Stahl
und Gußeisen den Krümmungsradius vergrößern und durch die damit
verbundene Verringerung der Spanstärke die Schnittgeschwindigkeit
verhältnismäßig wieder etwas erhöhen.

Auch aus einem ganz anderen Grunde
kann bei den eben genannten Materialsorten
der Krümmungsradius vergrößert werden.
Wie im § 213 und 228 dargelegt ist, er-
leiden diese Sorten geringeren Schnittdruck,
welcher Umstand die Anordnung starker
Vorschübe ermöglicht, und bei diesen muß,
wie oben bereits erwähnt, zur Erzielung
einer möglichst glatten Oberfläche der
Krümmungsradius ziemlich groß sein.

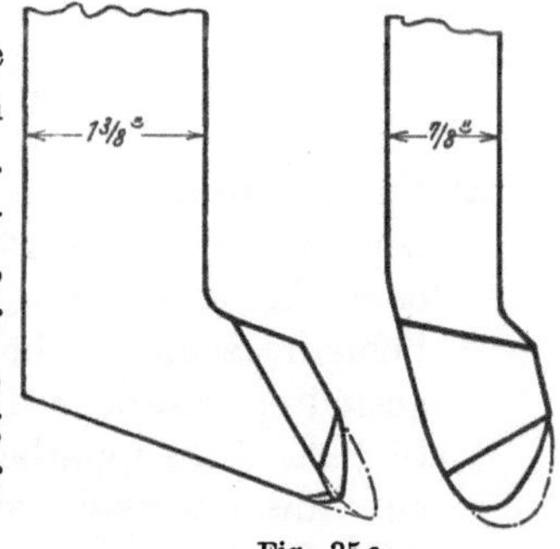

Fig. 35 a.

§ 150. (332—333.) In vielen Werk-
stätten sind eine große Anzahl von Gußstücken zu bearbeiten, bei
denen die Schnittiefe verhältnismäßig gering ist und der Vorschub
daher, um die volle Kraft der Bank auszunutzen, groß genommen
werden muß.

Für diese Fälle sind unsere Normalstähle mit zu geringem Radius
geschliffen, als daß eine genügend glatte Oberfläche erreicht werden
könnte; die Einführung besonderer für diese Arbeiten geeigneter Stähle
wird daher in solchen Fällen notwendig.

Für diesen Zweck empfehlen wir den in Fig. 34 dargestellten Drehstahl, der in der Form den Normalstählen vollständig ähnlich ist, jedoch
an der Schneidkante eine flachgekrümmte Kurve aufweist.

Schleif- und Ansatzwinkel der Stähle.
(Bezeichnungen siehe Fig. 35 b.)

§ 151. (334.) Entgegen der üblichen Meinung spielen die Schleifwinkel bezüglich des Einflusses auf die Schnittgeschwindigkeit und auf

die zum Abheben des Spanes erforderliche Kraft nur eine untergeord-
nete Rolle.

Ansatzwinkel.

§ 152. (335—337.) Die wichtigsten Schlüsse bezüglich des Ansatzwinkels sind:

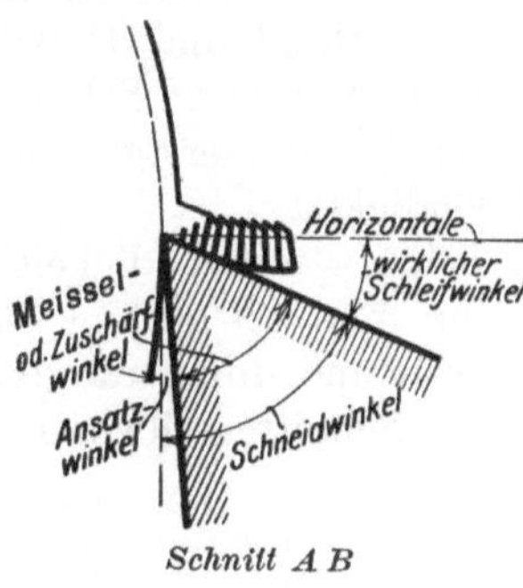

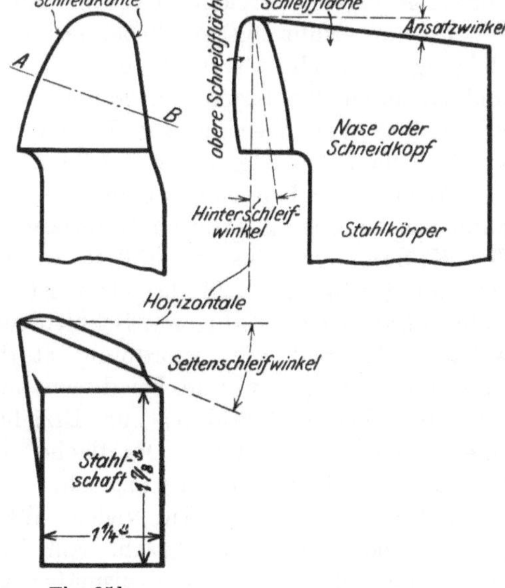

Fig. 35 b.

a) Für die normalen durch
einen geübten Schleifer
oder eine automatische
Schleifmaschine her-
gestellten Stähle sollte
für alle Schrupparbeit
ein Ansatzwinkel von
6 Grad angewendet wer-
den. (§ 152—153.)

b) In den Fällen, wo jeder
Dreher seine Stähle
selbst anschleift, sollte der
Ansatzwinkel 9—12 Grad betragen.

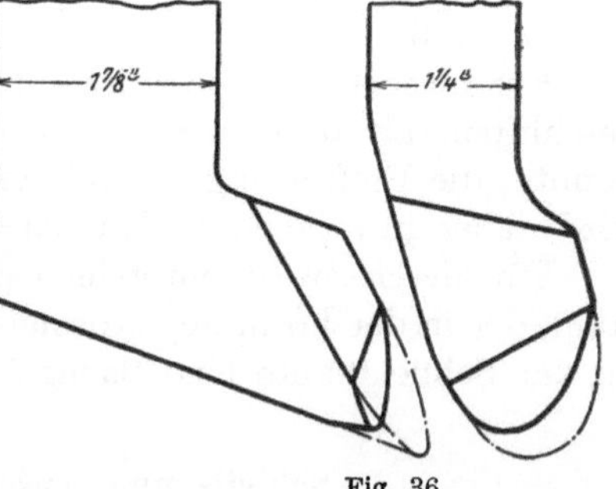

Fig. 36.

Unsere Ratschläge über den Ansatzwinkel stützen sich nicht auf
Versuche, die hier keinen bestimmten
Anhalt ergeben, sondern auf die folgenden Erwägungen.

Je größer der Ansatzwinkel ist,
desto leichter kann der Stahl in das
Material hineingedrückt werden, wäh-
rend andererseits jede Vergrößerung des Ansatzwinkels bei Gleichhaltung
des Schneidwinkels den Meißel- oder Zuschärfwinkel um den gleichen Betrag verringert und dadurch die Gefahr des Abbrechens der Schneidkante (siehe Fig. 36a, 36b) vergrößert. Der Winkel, den die Spirale an

dem Arbeitsstück mit der Senkrechten bildet, ist bei kleinen Drehdurch-
messern ziemlich groß. Damit also die vordere Flanke des Stahles von
der Spiralfläche frei geht, muß der Ansatzwinkel genügend groß sein.

Die Ansatzwinkel im allgemeinen
Gebrauch schwanken zwischen 4
und 12⁰. Es sind in den verschiedenen Werkstätten mit Erfolg 5, 6
und 8⁰ verwendet worden; in einer
großen Maschinenfabrik wurde während einer Reihe von Jahren 8⁰
Ansatzwinkel verwendet und dann

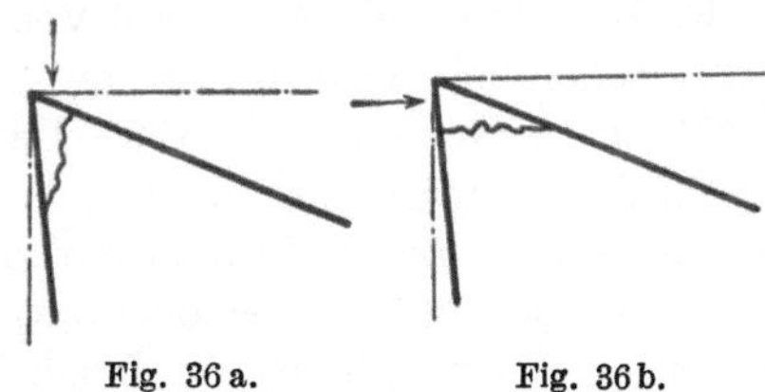

Fig. 36 a.   Fig. 36 b.

wurde zu 6⁰ übergegangen. In einem anderen Falle führte das Maß 5⁰ zu
häufigem Zerreiben der vorderen Flanken eben unter der Schneidkante.
Wir haben deshalb 6⁰ für unsere Normalstähle angenommen.

Ansatzwinkel in Werkstätten ohne gesonderte Werkzeug-
schleiferei.

§ 153. (339—340.) Nur in Werkstätten mit automatischen Schleif-
vorrichtungen für Drehstähle oder mit einem speziell geschulten Schleifer
kann der Ansatzwinkel auf 6⁰ gehalten werden.

In Werkstätten, wo jeder Arbeiter seine Stähle selbst schleift, muß
ein größerer Winkel angeschliffen werden, weil die Leute meist ohne alle
Lehren nach dem Augenmaß schleifen und die unvermeidlichen Fehler
in der Schätzung weniger Schaden anrichten bei einem zu großen als bei
einem zu kleinen Ansatzwinkel.

Meißel- oder Zuschärfwinkel der Stähle.

§ 154. (341—351.) Aus unseren Versuchen zogen wir folgende
Schlüsse:

A. Für Werkstättennormalstähle auf Gußeisen und harten Stahl
von 0,45⁰/₀ Kohlenstoffgehalt beginnend und etwa 4500 kg Zugfestigkeit
bei 18⁰/₀ Dehnung soll verwendet werden: 6⁰ Ansatzwinkel, 8⁰ Hinterschleifwinkel und 14⁰ Seitenschleifwinkel, einen Meißelwinkel von 68⁰
ergebend. Dieser Winkel wird bei den in Fig. 33 dargestellten Stählen
verwendet. (§§ 158, 159.)

B. Für weichen Stahl unter 45⁰/₀ Kohlenstoffgehalt sollten die
Winkel folgende Größen haben: Ansatzwinkel 6⁰, Hinterschleifwinkel 8⁰,
Seitenschleifwinkel 22⁰, einen Meißelwinkel von 61⁰ ergebend.

C. Wenn Hartguß gedreht werden soll, ist ein Meißelwinkel von
86—90⁰ zu empfehlen. (§ 162.)

D. In Werkstätten, in denen auf gezogenen harten Stahl gearbeitet wird, sollte der Ansatzwinkel 6⁰, der Hinterschleifwinkel 5⁰, der Seitenschleifwinkel 9⁰ betragen, was einen Meißelwinkel von 74⁰ ergibt. (§ 159.)

E. Bei ganz weichem Stahl von ca. 0,1—0,15 Kohlenstoffgehalt ist es wahrscheinlich wirtschaftlicher, Stähle mit geringerem Meißelwinkel als 61⁰ zu verwenden. (§§ 165—166.)

F. Die wichtigste Erwägung für das Maß der Zuschärfung liegt in der Vermeidung der Gefahr des Abbrechens der Kante. (§§ 155—157.)

G. Stähle mit 54⁰ Meißelwinkel schneiden weichere Stahlsorten mit dem geringsten Schnittdruck. Doch ist dieser Punkt nicht die wichtigste Rücksicht bei der Wahl des Meißelwinkels. (§§ 164 und 168.)

H. Bei der Wahl zwischen Seitenschleifwinkel und Hinterschleifwinkel sprechen folgende Gründe für eine Steilhaltung des ersteren und gegen eine Steilhaltung des letzteren:

> a) Steiler Seitenschleifwinkel gestattet häufigeren Anschliff, ohne den Stahl zu schwächen. (§ 172.)
>
> b) Die Späne werden seitwärts abgeleitet und stoßen nicht gegen das Stichelhaus. (§ 173.)
>
> c) Der Schnittdruck sucht den Stahl nach einer Seite hin abzubiegen, welcher Neigung ein steiler Seitenschleifwinkel entgegenwirkt, so daß der resultierende Druck auf die Grundfläche des Stahles gerichtet ist. (§ 174.)
>
> d) Der Vorschubwiderstand wird geringer.

I. Das gänzliche Fehlen des Hinterschleifwinkels bewirkt eine starke abstoßende Kraft des Arbeitsstückes gegen den Stahl und somit unregelmäßige Bearbeitung. (§ 176.)

J. Die Schlüsse bezüglich des Ansatzwinkels sind in § 152 aufgeführt.

§ 155. (352—354.) Vor endgültiger Entscheidung über die Größe des Zuschärf- oder Meißelwinkels sollen die beiden Arten der Zerstörung der Schneidkante besprochen werden.

Aus Fig. 36a ist zu ersehen, wie ein gerader Druck auf die Schneidkante diese zum Abbrechen bringt. Es wird später in den §§ 230—232 gezeigt werden, daß bei hartem Material und Gußeisen sich der Schnittdruck viel mehr gegen die Schneidkante hin konzentriert und daher die Gefahr des Abbrechens erheblich steigert.

In Fig. 36b ist eine andere Art des Abbrechens der Schneidkante dargestellt. Bei sehr hartem Material wirkt die Vorschubkraft und der Rückdruck auf den Stahl so stark, daß ein Abbrechen der Kante durch diese Kraft vorkommen kann.

Rücksichten auf die Bemessung des Meißelwinkels.

§ 156. (355.) Die wichtigste Rücksicht für die Bemessung des Meißelwinkels ist die Sicherung gegen die Gefahr des Abbröckelns der Kante.

Besonders bei Hartguß und halbgehärtetem Stahl muß aus diesem Grunde der Winkel zwischen 86° und 90° messen. Ist das Material weicher, sagen wir von einer Festigkeitsgrenze von 4500 kg/qcm abwärts und 14 bis 18% Dehnung, kann der Winkel spitzer genommen werden, jedoch nach unserer Erfahrung nicht unter den Betrag von 61°.

§ 157. (356—357.) Dr. Nicolson hat nachgewiesen, daß ein Schneidwinkel von 60° entsprechend einem Meißelwinkel von 54° und einem Ansatzwinkel von 6° den geringsten Schnittdruck ergibt, was auch durch unsere in §§ 165—166 beschriebenen Versuche bestätigt wird. Wenn nur die Rücksicht auf den geringsten Schnittdruck und damit den geringsten Aufwand an Arbeit für die Zerspanung maßgebend wäre, könnte der genannte Winkel gewählt werden; es ist im ganzen genommen dieser Rücksicht weniger Gewicht beizulegen als der Rücksicht auf die Vermeidung des Abbröckelns der Kante und auf die Erzielung möglichst vieler Anschliffe vor dem Wiederherrichten des Stahles durch Schmieden. Aus diesem Grunde haben wir den Winkel so spitz gewählt, wie es die Gefahr des Abbrechens der Kante zuläßt.

Die in § 167 beschriebenen Versuche weisen allerdings darauf hin, bei ganz weichem Material einen noch spitzeren Winkel anzunehmen.

§ 158. (358.) Materialsorten, welche in ihrer Härte an Hartguß und halb gehärteten Stahl heranreichen, sind im gewöhnlichen Werkstättengebrauch selten und wir haben deshalb für die Normalstähle das zu bearbeitende Material in zwei Klassen eingeteilt:

    a) Gußeisen und die härteren Stahlsorten von einem Kohlenstoffgehalt von 0,45—0,5% und ca. 4500 kg/qcm Zugfestigkeit bei 18% Dehnung beginnend,

    b) die weicheren Stahlsorten.

§ 159. (359—360.) Unser führender Gesichtspunkt bei der Wahl des normalen Meißelwinkels war die Erreichung einer so großen Schärfung, wie ihn die Rücksicht auf das Abbrechen der Schneidkante bei den härteren, im normalen Werkstattbetrieb vorkommenden Stahlsorten (6000 bis 6500 kg/qcm Festigkeit bei 9—10 % Dehnung) zuließ. Nach langer Erfahrung im Gebrauch mit diesen Materialsorten haben wir es für unrichtig befunden, einen spitzeren Meißelwinkel als 68° bei einem Ansatzwinkel von 6°, Seitenschleifwinkel von 14° und Hinterschleifwinkel von 8° zu verwenden. Durch wiederholte Versuche haben wir nachgewiesen, daß bei diesen Abmessungen der Winkel die Gefahr des Abbrechens der Kante selbst bei den obengenannten harten Stahlsorten ausgeschlossen ist.

Für Werkstätten, welche hauptsächlich nur solche harten Stahlsorten bearbeiten müssen, ist ein etwas größerer Meißelwinkel, sagen wir 74°, zu empfehlen, da dieser größere Meißelwinkel bei unseren Normalstählen ein häufiges Wiederanschleifen vor dem Wiederzurichten in der Schmiede gestattet.

§ 160. (361—362.) Der folgende Versuch wurde 1906 mit einem Schnelldrehstahl von der neuesten und besten Sorte und von der unter Nr. 1 in Tabelle 110 aufgeführten chemischen Zusammensetzung.

Wiederholte Versuche wurden zunächst bei einem Ansatzwinkel von 6^0, Hinterschleifwinkel von 5^0 und Seitenschleifwinkel von 9^0 entsprechend 74^0 Meißelwinkel und nachher mit einem Ansatzwinkel von 6^0, Hinterschleifwinkel von 8^0, Seitenschleifwinkel von 14^0 entsprechend einem Meißelwinkel von 68^0 durchgeführt, ohne daß ein nennenswerter Unterschied in der Schnittgeschwindigkeit beim Arbeiten auf sehr hartem Stahl festzustellen war.

§ 161. (363—364.) Man kann beobachten, daß Dreher, welche ihre Stähle selbst anschleifen und welche gewohnt sind, sehr hartes Material zu drehen, ohne Ausnahme einen stumpferen Winkel als unsere Norm von 68^0 verwenden. Nachdem sie zu Anfang den Fehler eines zu spitzen Winkels beim Schleifen gemacht haben, werden sie in der Folge nach der anderen Seite zu weit gehen und zu stumpfe Winkel für ihre Arbeit anschleifen, wobei sie noch durch den in § 260 erörterten Umstand unterstützt werden, daß nämlich ein stumpfer Winkel viel leichter anzuschleifen ist wie ein scharfer. Es kann z. B. ein Stahl mit 80^0 Meißelwinkel viel leichter angeschliffen werden als ein solcher mit 70^0.

Die Werkstätten, welche Material von mittlerer Härte bearbeiten und welche eine gesonderte Werkzeugherrichtung besitzen, schleifen im allgemeinen ihre Stähle nach unseren Normen an und können damit im allgemeinen viel mehr Leistung erzielen, als wenn sie zu stumpfe Stähle verwenden.

§ 162. (365.) Der Grund, warum wir den mehr scharfen Winkel von 68^0 gegenüber dem von 75^0 bis 85^0 für mittelhartes Material angenommen haben, liegt in dem Umstande, daß dieser mehr spitze Winkel das Material mit niedrigerem Schnittdruck zerspant; während andererseits wiederholte Versuche ergeben haben, daß beim Schneiden von mittelhartem Stahl nur außerordentlich geringer Unterschied in der erreichbaren Schnittgeschwindigkeit zwischen 68^0 Meißelwinkel und stumpferen Winkeln besteht. Wir können daher mit diesen Winkeln schwerere Späne als mit stumpfer zugeschärften Stählen nehmen und damit mehr Arbeit in der Zeiteinheit leisten.

Meißelwinkel für weiches Gußeisen.

§ 163. (366.) Es mag befremdlich erscheinen, daß wir für weiches Gußeisen 68^0 Meißelwinkel und für weichen Stahl 61^0 gewählt haben; aber die Versuche mit 4,8 mm Schnittiefe und 1,6 mm Vorschub und etwa 50 m Schnittgeschwindigkeit haben gezeigt, daß bei weichem Stahl die größte Schnittgeschwindigkeit mit höchstens 61^0 Meißelwinkel und bei weichem Gußeisen mit mindestens 68⁰ erreicht werden konnte. Die folgenden Versuche sind sorgfältig durchgeführt und mehrfach wiederholt.

§ 164. (367.) 1894 wurden zwei Satz Stähle für weiches Gußeisen, der eine Satz mit 61⁰ und der andere Satz mit 68⁰ Meißelwinkel untersucht. Die Stähle waren von gewöhnlichem Werkzeugstahl und hatten $^7/_8''$ Schaftbreite bei $1^3/_8''$ Höhe und eine Form nach Fig. 35. Die Schleifwinkel waren 6⁰, 8⁰ und 14⁰ entsprechend 68⁰ Meißelwinkel bei dem einen Satz und 6⁰, 8⁰ und 22⁰ entsprechend 61⁰ bei dem anderen Satz. Das Arbeitsstück war ein Gußstück von 635 mm Durchmesser. Die Normalschnittgeschwindigkeit war bei dem Satz mit 68⁰ Meißelwinkel 20,2 m pro Minute, während sie bei dem Satz mit 61⁰ auf nur 19,9 m pro Minute festgestellt wurde. So hatte die Verjüngung des Zuschärf- oder Meißelwinkels eine Abnahme in der Normalschnittgeschwindigkeit von $2,3\%$ hervorgerufen.

§ 165. (368—369.) Andererseits wurden 1900 an weichem Stahl mit Stählen aus Schnelldrehstahl folgende Resultate gewonnen.

Die chemische Zusammensetzung und die physikalischen Eigenschaften des Arbeitsstückes waren ungefähr:

Kohlenstoff	0,105 %
Mangan	0,25 %
Silicium	0,008 %
Schwefel	0,04 %
Phosphor	0,008 %
Chrom	0,047 %
Zugfestigkeit	3380 kg/qcm
Elastizitätsgrenze	1720 kg/qcm
Dehnung	39 %
Kontraktion	62 %

Der Werkzeugstahl hatte die chemische Zusammensetzung nach Nr. 27 in Tabelle 112. Der Stahlquerschnitt war der gleiche wie bei dem vorigen Versuch; die Schleifwinkel waren: 6⁰ Ansatzwinkel, 12⁰ Hinterschleifwinkel, 18⁰ Seitenschleifwinkel, einen Meißelwinkel von 61⁰ ergebend. Bei gleicher Schnittiefe und Vorschub wie im vorigen Versuch wurden 50 m Normalschnittgeschwindigkeit gemessen. Andere Stähle mit 8⁰ Hinterschleifwinkel und 14⁰ Seitenschleifwinkel (68⁰ Meißelwinkel) zeigten in wiederholtem Versuch Normalschnittgeschwindigkeiten von 38—40 m pro Minute.

Der Verlust an Schnittgeschwindigkeit durch die Verwendung eines stumpferen Meißelwinkels (von 61⁰ auf 68⁰) beträgt also 17 % und hat demnach die entgegengesetzte Wirkung wie bei gleich weichem Gußeisen.

§ 166. (370—371.) Die Späne verdickten sich bei den hohen Schnittgeschwindigkeiten von etwa 50 m pro Minute und 68⁰ Meißelwinkel stark und zerfielen in verhältnismäßig viele Stücke, und nach kurzem Lauf setzten sich Teile des Spanes an der Schneidkante so fest, als wenn sie verschweißt wären. Mit dem spitzen Winkel von 61° trat dieses Ansetzen nicht ein. Eine andere Erscheinung war die sehr merkbare Zunahme des Kraftverbrauches für die Zerspanung während der Spanabnahme, so daß die Drehgeschwindigkeit wesentlich abnahm, was bei einem Meißelwinkel von 61° wieder vollständig verschwand. Bei niedrigeren Schnittgeschwindigkeiten war ein Mehrkraftverbrauch bei dem 68°-Stahl gegenüber dem 61°-Stahl nicht mehr festzustellen.

Eine Wiederholung dieses Versuches mit sehr hoher Schnittgeschwindigkeit und Messung des Schnittdruckes mit einem Dynamometer würde von großem Interesse sein.

§ 167. (372.) Der Verfasser empfiehlt weiterhin die Vornahme von Versuchen mit spitzerem Meißelwinkel als 61° bei ganz weichen Stahlsorten von etwa 0,1°/$_0$ Kohlenstoffgehalt und etwa 3400 kg/qcm Zugfestigkeit, welche sich dem Schmiedeeisen nähern. Wahrscheinlich wird bei diesem sehr weichen Material eine höhere Normalschnittgeschwindigkeit mit einem noch mehr zugeschärften Stahl erreicht werden, und es wird sich für Werkstätten, bei denen sehr viel von diesem Material bearbeitet wird, empfehlen, die spitzeren Stähle zu verwenden. Das kann jedoch unsere Wahl von 61° Meißelwinkel nicht beeinflussen, da dieser für die im täglichen Gebrauch viel mehr vorkommenden mittelweichen Stahlsorten von ca. 4500 kg/qcm Festigkeit und 18°/$_0$ Dehnung zur Vermeidung des Abbrechens der Schneidkante der richtige bleiben muß.

Wirkung der Größe des Meißelwinkels auf weichen Stahl und weiches Gußeisen.

§ 168. (373—375.) Wenn auch jede Theorie geringeren Wert hat als die Mitteilung von Tatsachen, so mag doch eine Anschauung über das verschiedene Verhalten von weichem Gußeisen und weichem Stahl von Interesse sein.

Dr. Nicolson hat gefunden, daß der einem Schneidwinkel von 60° entsprechende Meißelwinkel von 54° den geringsten Schnittdruck bewirkt. Das verwendete Material war folgendes: Mittelweiches Gußeisen, welches bei 4,8 mm Schnittiefe und 1,6 mm Vorschub eine Normalschnittgeschwindigkeit von 14,8 m pro Minute zuließ; Stahl von 4200 kg/qcm Zugfestigkeit und 26 °/$_0$ Dehnung, bei dem 34 m Schnittgeschwindigkeit bei gleicher Schnittiefe und Vorschub gemessen wurde. Seine Versuche ergaben, daß die Stähle bei den angeführten Schleifwinkeln mit dem geringsten Schnittdruck arbeiten, jedoch die Stähle mit einem größeren Meißelwinkel eine höhere Schnittgeschwindigkeit zuließen. Dieses bestätigt unsere in § 164 mitgeteilten Beobachtungen bezüglich Gußeisen. Die Gründe für diese Erscheinung sind die folgenden:

Zunächst ist die durch die Reibung des Spanes erzeugte Wärme nahezu proportional dem Schnittdruck und wird daher bei den Winkeln von 54⁰ wegen des geringen Schnittdruckes weniger Wärme erzeugt. Andererseits wird die Wärme zum größten Teil durch den Drehstahl selbst abgeführt, zum geringsten Teil durch Ausstrahlung in die Luft. Je spitzer demnach der Meißelwinkel wird, desto weniger Querschnitt ist für die Abführung der Wärme vorhanden. Es kommt hinzu, daß der Schnittdruck bei Gußeisen ganz nahe an der Schneidkante am größten ist und sehr leicht ein Abbröckeln der Kante verursacht (vgl. § 235) und das um so mehr, je spitzer der Winkel ist. Diese zwei Ursachen lassen bei Gußeisen eine höhere Schnittgeschwindigkeit bei stumpferem Meißelwinkel zu. Andererseits tritt der größte Schnittdruck bei weichem Stahl an einer der Schneidkante entfernteren Stelle auf und findet dort schon mehr Querschnitt zur Abführung der erzeugten Wärme, gefährdet auch nicht die äußerste Schneidkante bezüglich des Abbrechens. Daher wird bei ganz weichem Stahl die genau entgegengesetzte Wirkung erzielt als bei weichem Gußeisen, daß nämlich bei den mehr spitzen Winkeln herab bis zu 61⁰ die höchste Schnittgeschwindigkeit erreicht wird.

Verhältnis zwischen Seitenschleifwinkel und Hinterschleifwinkel.

§ 169. (376.) Wir haben uns bemüht, die Wahl eines kräftigen Meißelwinkels aus der Notwendigkeit zu rechtfertigen, die Gefahr des Abbrechens auszuschalten. Es bleibt weiter die Frage offen, ob der gegebene Meißelwinkel mehr in Seitenschleifwinkeln oder in Hinterschleifwinkeln oder ganz in einer der beiden Arten bestehen soll. Wie gewöhnlich treten hier die verschiedenen Rücksichten in Widerstreit. Diese mögen nach ihrer Wichtigkeit im folgenden aufgeführt sein:

    a) Leichter und billiger Anschliff und Einfluß der wiederholten Anschliffe auf die Haltbarkeit und Dauer des Stahles;

    b) Führung des Spanes auf einem die Arbeit erleichterndenWege;

    c) abbiegende Wirkung des Schnittdruckes auf den Stahl bei seitlicher oder rückwärtiger Neigung der Schleiffläche;

    d) die für den Vorschub nötige Kraft.

§ 170. (377.) Zugunsten eines steilen Seitenwinkels kann angeführt werden:

    a) Bei vorwiegendem Seitenschleifwinkel kann viele Male angeschliffen werden, ohne daß der Stahl geschwächt wird;

    b) die Späne gehen seitlich ab und stoßen nicht gegen das Stichelhaus oder gegen die Befestigungsbügel;

    c) es entsteht weniger seitlich abbiegende Kraft auf den Stahl, da ein steiler Seitenschleifwinkel die resultierende Kraft auf die Mitte der Grundfläche zu richten bestrebt ist. (§ 174.)

Gegen einen steilen Seitenschleifwinkel spricht die größere Gefahr des Eintreibens des Stahles in das Arbeitsstück.

§ 171. (378.) Zugunsten eines steilen Hinterschleifwinkels kann angeführt werden:

a) Es tritt nur ein geringer Druck des Arbeitsstückes gegen den Stahl auf.

Gegen einen steilen Hinterschleifwinkel spricht:

a) Die Notwendigkeit, in den Körper des Stahles hineinzuschleifen und dadurch den Stahl zu schwächen. Auf diese Weise sind weniger Anschliffe möglich;

b) beim Hacken des Stahles ist bei starkem Hinterschleifwinkel mehr Gefahr vorhanden, daß das Arbeitsstück ruiniert wird als bei steilem Seitenschleifwinkel, wo sich der Stahl mehr seitwärts verliert;

c) der Span läuft direkt gegen das Stichelhaus und die Befestigungsschrauben;

d) der Vorschubwiderstand wird größer.

§ 172. (379.) In Fig. 37a und b sind zwei Stähle in Seitenansicht gezeigt, welche beide 61° Meißelwinkel aufweisen. In Fig. 37b ist dieser

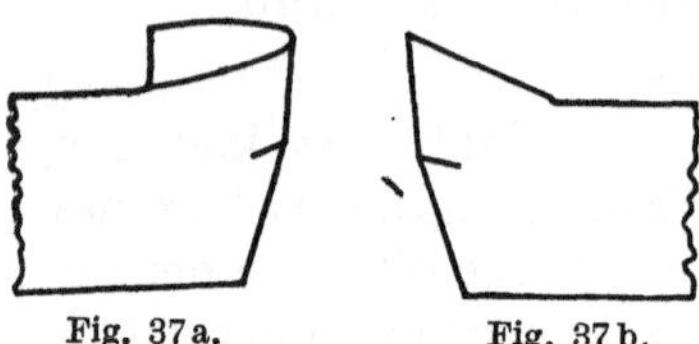

Fig. 37a.   Fig. 37b.

Winkel lediglich durch Hinterschleifung gebildet, während in Fig. 37a und Fig. 32 8° Hinterschleifwinkel und 22° Seitenschleifwinkel angewendet sind. Die Schneidkante liegt bei allen diesen Stählen in gleicher Höhe. Es geht aus den Figuren unmittelbar hervor, daß der Stahl mit Hinterschleifwinkel allein nur wenige Male angeschliffen werden kann, bis der Schleifstein in die obere Fläche des Stahlschafts eindringt. Dabei wird auch noch das Schleifen kostspieliger als bei mehr seitlicher Zuschleifung, wie das in §§ 194—196 erklärt ist.

Einfluß der Schleifwinkel auf den Weg des Spanes.

§ 173. (380—381.) Bei den Schnelldrehstählen muß für die richtige Führung des Spanes gesorgt werden, da er sich entweder zwischen der Schleiffläche und einem Teile des Drehstahles oder zwischen der Nase und dem Stichelhaus festklemmt.

Es leuchtet ein, daß ein steiler Hinterschleifwinkel den Span direkt auf das Stichelhaus leitet und dadurch zur Verklemmung des Spanes Veranlassung gibt, während ein steiler Seitenschleifwinkel den Span seitlich abführt und daher aus diesem Grunde schon vorzuziehen ist.

Abbiegende Wirkung des Schnittdruckes auf den Drehstahl.

§ 174. (382.) In den §§ 184—188 wird die Erforderlichkeit dargelegt werden, daß die Resultierende der auf den Stahl wirkenden Kräfte in die Bodenfläche des Stahles fällt. Nach den Versuchen von Dr. Nicolson wird der seitliche Druck auf den Stahl um so geringer, je spitzer der Schneidwinkel wird und erreicht sein Minimum bei 60^0. Daher hat ein steiler Seitenschleifwinkel die Wirkung, daß die Resultierende innerhalb der Bodenfläche bleibt.

Wirkung der Schleifwinkel auf die Vorschubkraft.

§ 175. (383—385.) Das Schaubild in Fig. 336 von Dr. Nicolsons Arbeit zeigt die günstige Wirkung des steilen Seitenschleifwinkels selbst bis zu 30^0 mittlerem Schleifwinkel herunter.

Der Vorschubwiderstand mit einem mittleren Schleifwinkel von 30^0 beträgt $1-10\,^0/_0$ vom Schnittdruck, dagegen $10-20\,^0/_0$ bei einem Schleifwinkel von 15^0.

Einfluß des Hinterschleifwinkels auf die Bearbeitungsfläche und Genauigkeit des Drehdurchmessers.

§ 176. (386.) Nach den bisherigen Betrachtungen sollte man nur seitliche Schleifung und gar keine Hinterschleifung anwenden; doch ist aus einem Grunde von einem Hinterschleifwinkel nicht abzusehen, weil nämlich dieser die abstoßende Kraft zwischen Stahl und Arbeitsstück vermindert, was besonders bei nicht genügend stark gebautem Support zur Erreichung eines genauen Durchmessers notwendig ist. Auch bei verschiedenen Schnittiefen und exzentrischen Stücken kann die abstoßende Kraft zwischen Stahl und Arbeitsstück die Ursache von unregelmäßiger Bearbeitungsfläche werden.

§ 177. (387.) In § 109 ist auf die Wichtigkeit der Verwendung möglichst stark und kräftig gebauter Drehbänke für Versuchszwecke hingewiesen. Einige weniger wichtige Punkte der Untersuchung können jedoch nur auf einer mehr nachgiebigen Bank studiert werden.

    a) Die Neigung des Hackens des Stahles in das Arbeitsstück;

    b) das Auseinandertreiben von Stahl und Arbeitsstück.

§ 178. (388.) Es ist klar, daß der Einfluß der Schärfe des Schneidwinkels in diesen zwei Fällen direkt entgegengesetzt ist. Je schärfer der Schneidwinkel ist, desto größer ist die Neigung zum Hacken und desto geringer die Neigung zum gegenseitigen Abstoßen von Arbeitsstück und Stahl. Man kann wohl sagen, daß in gut geleiteten Maschinenwerkstätten die Stichelhäuser und Supporte gut nachgestellt sind, so daß alle tote Bewegung vermieden und ein Hacken des Stahles in das Arbeitsstück hinein nicht zu befürchten ist. Wie die Verhältnisse nun aber liegen, müssen wir doch damit rechnen, daß in vielen Fällen der Nachstellung der Führungen des Supports nicht genügend Sorgfalt zugewendet ist; es sind uns viele Fälle bekannt, in denen die Supporte ganz erheblich federn. Wir haben mit verschiedenen solcher Drehbänke Versuche gemacht und haben trotzdem gefunden, daß bei guter Befestigung im Stichelhaus die Stähle mit unseren Normalschleifwinkeln, wie in Fig. 31 und 32 dargestellt, selten zum Hacken oder seitlichen Nachgeben neigen. Die Gefahr des Hackens begann erst bei einem größeren Hinterschleifwinkel als 8°.

§ 179. (389—390.) Die Neigung zum Abstoßen von Stahl und Werkstück tritt andererseits bei den nur mit seitlicher Schärfung geschliffenen Stählen sehr deutlich auf. Eine Reihe von Versuchen wurde mit einem Satz von Stählen angestellt, bei welchen in dem einen Falle 6°. Ansatzwinkel, 8° Hinterschleifwinkel, 14° Seitenschleifwinkel und in dem anderen Falle 6° Ansatzwinkel, —5° Hinterschleifwinkel und 25° Seitenschleifwinkel angeschliffen wurde. Der Meißelwinkel war in beiden Fällen ungefähr gleich, nämlich 68°. Der Hauptzweck für den Vergleich dieser Stahlsorten war die Untersuchung der Natur der abgedrehten Bearbeitungsflächen, da wie bekannt die Stähle mit negativen Schleifwinkeln eine ebenere Fläche zurücklassen.

Die Normalschnittgeschwindigkeiten der bezeichneten beiden Stahlsorten war bis auf 1% zugunsten der Sorte mit 8° Hinterschleifwinkel die gleiche. Allerdings war trotz außerordentlich kräftig konstruierten Supports und guter Befestigung des Stahles ein großer Unterschied bezüglich der Neigung wahrzunehmen, den Stahl vom Werkstück zu stoßen. Bei dickerer Spanstärke war eine viel glattere und bessere Oberfläche bei dem Stahl mit 8° Hinterschleifwinkel festzustellen. Es unterlag für alle Beobachter dieses Versuches keinem Zweifel, daß der Stahl mit Hinterschleifwinkel unter allen Umständen vorzuziehen sei. Ich füge noch hinzu, daß dieser besondere Versuch auf Ansuchen des Direktors und Werkstättenleiters einer großen Maschinenfabrik gemacht wurde, in welcher Stähle mit —5° Hinterschleifwinkel normal in Gebrauch waren. Diese Leute wurden durch die Versuche dann vollständig überzeugt, daß von der Anwendung eines negativen Hinterschleifwinkels abzusehen sei.

Das Schmieden und Schleifen der Stähle.

Form der Drehstähle mit Rücksicht auf das Schmieden und Schleifen.

§ 180. (391—401.) Die wichtigen Ergebnisse der Arbeiten über diesen Gegenstand sind:

A. Die bisher verwendeten Formen und Herstellungsweisen sind in hohem Maße unwirtschaftlich, hauptsächlich weil die Stähle nur wenige Male geschliffen werden können, bevor sie erneutes Anschmieden erforderlich machen. (Siehe §§ 191—196.)

B. Der für die Stichel verwendete Walzstahl sollte ein- bis anderthalbmal so hoch als breit sein. (Siehe § 186.) Die normale Länge für Drehstähle kann aus Tabelle 40 entnommen werden. (Siehe § 190 A.)

C. Der Neigung des Stahles, im Stichelhaus unter Wirkung des Schnittdruckes umzukippen, ist durch seitliche Verkröpfung der Nase entgegenzuwirken. (Siehe § 188.)

D. Werkzeugmaschinenkonstrukteure sollten Drehbänke, Bohr- und Fräswerke usw. so entwerfen, daß die Auflageflächen der Stichelhäuser tiefer unter der Mittellinie der Bank zu liegen kommen, als es bisher üblich war. (Siehe § 189.)

E. Die Form der Drehstähle sollte die größtmögliche Leistung bei gleichzeitig geringsten Kosten an Schmiede- und Schleifarbeit gestatten.

F. Schmieden ist viel teurer als Schleifen, daher sollten die Stähle so geformt sein, daß sie, wie folgt, geschliffen werden können:

    a) möglichst oft nach nur einer Schmiedung und

    b) mit dem geringsten Zeitaufwand. (Siehe § 191.)

G. Die beste Methode, einen Stahl zu schmieden, ist die, sein Ende hoch über den Schaft aufzubiegen. (Siehe § 197.) Die Stähle können auf diese Weise in zwei Erhitzungen hergestellt werden. Für die einzelnen Arbeiten beim Schmieden siehe:

    a) Erhitzen (§ 199 A—H);

    b) Biegen (§ 199 B);

    c) Stauchen der Nase (§ 199 D);

    d) Zurichten mit dem Meißel (§ 199 E);

    e) Abschlagen auf richtige Höhe und Schneidwinkel herstellen (§ 199 F);

    f) seitliches Verkröpfen der Nase (§ 199 G).

H. Wichtigkeit einer sorgfältigen Erhitzung des Stahles beim Zurichten. (Siehe § 199 A.)

J. Feuer- oder Hitzerisse in Stählen haben folgende Ursachen:

    a) Fugen oder innere Sprünge im Walzstahl (siehe § 200 A);

    b) Kerben oder Brüche in dem abgeschlagenen Stahlstück in kaltem Zustande (siehe §§ 198 und 200 B);

    c) Versäumnis durch ungenügendes Wenden des Stahles beim Erhitzen (siehe § 199 C);

    d) zu rasches anfängliches Erhitzen in starkem Feuer (siehe §§ 200 D—201).

K. Wesentlich ist eine richtige Abgrenzung der Zurichtearbeit in der Schmiede im Vergleich zur Schleifarbeit:

    a) Bei der Herstellung von Drehstählen wird in der Regel zuviel Arbeit aufgewendet für die Formgebung des Stahles in der Schmiede, besonders bei Verwendung automatischer Schleifmaschinen. (Siehe § 202.)

    b) Der Schmied sollte Grenzlehren benutzen, um das Verhältnis von Schmiede- und Schleifarbeit bei Anfertigung der Stähle richtig abzugrenzen.

Schleifwerkzeuge.

§ 181. (402—414.) Die ermittelten wichtigen Ergebnisse unserer Versuche über das Schleifen von Stählen sind die folgenden:

A. In jeder Maschinenwerkstatt werden mehr Werkzeuge durch Ausglühen beim Schleifen als aus anderen Ursachen ruiniert. (Siehe § 204.)

B. Die Hauptaufgabe ist demnach, die Stähle rasch zu schleifen, ohne sie auszuglühen. (Siehe § 204.)

C. Zur Vermeidung der Ausglühung sollte ein Wasserstrahl je nach der Stahlgröße bis 19 Liter Wassermenge in der Minute verwendet werden. Der Wasserstrahl soll mit geringer Geschwindigkeit direkt auf die Schleifstelle geleitet werden.

D. Zur Vermeidung des Ausglühens sollte der Stahl nie andauernd mit ganzer Fläche an den Schleifstein, sondern stets in Bewegung und mit Unterbrechungen angedrückt werden. (Siehe § 207.)

E. Um die Gefahr des Ausglühens an der Schmirgelscheibe zu vermindern und ein rasches Schleifen zu fördern, sollten die Stähle aus der Schmiede mit einem Ansatzwinkel von etwa 20° kommen. (Siehe § 205.)

F. Vollständig ebene Oberflächen an Drehstählen führen weit eher wie gekrümmte Oberflächen zur Erhitzung beim Schleifen. (Siehe § 207.)

G. Stähle mit scharfen Schneidwinkeln sind viel kostspieliger zu schleifen als solche mit stumpfen. (Siehe § 206.)

H. Es ist wirtschaftlich, selbst in einer kleinen Werkstätte eine automatische Schleifmaschine zu verwenden. (Siehe § 210.)

I. Die Verwendung einer automatischen Schleifmaschine bringt jedoch wenig Nutzen für eine Werkstätte, wenn keine Normalien für Stähle eingeführt sind und nicht ein großer Vorrat an Stählen stets in einer gut eingerichteten erstklassigen Werkzeugstube zur Hand gehalten wird. Gleiche Stähle sollen in großer Anzahl zugleich geschliffen werden können. (Siehe § 210.)

K. Aus einer Mischung von Sand hergestellte Korundscheiben, Nr. 24 und 30, leisten die zufriedenstellendsten Dienste für das Schleifen gewöhnlicher Werkzeugstähle. (Siehe § 208.)

L. Beim Schleifen vollständig ebener Oberflächen vermeiden geschickte Arbeiter durch häufiges Lüften die Erhitzung der Stähle. (Siehe § 207.)

Größenverhältnisse des Stahlschaftes.

§ 182. (415.) Vor 25 Jahren war in Amerika der quadratische Schaftquerschnitt allgemein gebräuchlich, welche Form noch heute in England und auf dem Kontinent überwiegt. In der Tat zeigen nach den Berichten der Manchester-Untersuchungen („Manchester experiments“

§ 77), bei denen Stähle von acht der bedeutendsten Firmen in Konkurrenz gestellt wurden, alle Stähle diese Form des Schaftes.

Auch James M. Gledhill berichtet in seiner hervorragenden Abhandlung über „The Developement and Use of High Speed Tool Steel" (im Jahre 1904 vor dem „Iron and Steel Institute" vorgetragen) über Stähle mit quadratischen Schäften als den in den Werken von Armstrong, Whitworth & Co. normal gebräuchlichen. Der allgemeinere Brauch heutigen Tages in Amerika ist der, die Höhe des Schaftes beträchtlich größer zu machen als seine Breite.

§ 183. (416.) Bei der Wahl des Verhältnisses der Schafthöhe zur Schaftbreite muß der Einfluß zweier Kräfte betrachtet werden, nämlich der nach unten auf die Nase des Stahles wirkende Schnittdruck und der rechtwinklig dazu auf den Stahl wirkende Druck, der teilweise von der Richtung abhängt, in der sich der Span über die Schleiffläche bewegt.

§ 184. (417.) Dr. Nicolson hat in seinen Untersuchungen gezeigt, daß in den weitaus meisten Fällen der Seitendruck auf den Stahl 20 % des abwärts gerichteten Druckes nicht übersteigt und daß er häufiger einen noch geringeren Prozentsatz des Schnittdruckes ausmacht. Andererseits werden Stähle, wenn sie richtig entworfen und richtig im Stichelhaus angebracht sind, in den meisten Fällen direkt unter der Schneidkante unterstützt und leisten so unmittelbar dem nach unten auf den Stahl wirkenden Druck wirksamen Widerstand; so wird der Stahl hauptsächlich auf Druck beansprucht und dadurch die starken, schräg nach unten wirkenden Biegungs- und Bruchbeanspruchungen sehr vermindert. Wenn dann die Stähle immer in günstiger Lage im Stichelhaus angebracht werden, mag die Methode, Stähle von quadratischem Querschnitt zu verwenden, nicht ganz falsch sein. Immerhin ist es bei Dreh- und Hobelbänken oft notwendig, den Stahl mit beträchtlichem Überhängen über die Werkzeugstütze anzubringen, und in diesen Fällen sollte die Höhe des Stahles über die Breite erheblich überwiegen, da das Widerstandsmoment eines rechteckigen Quadratschnittes gegen vertikalen Druck mit dem Quadrat der Höhe wächst.

§ 185. (418—419.) Da das Gewicht des Stahles sowohl für die leichtere Handhabung beim Anbringen und beim Abnehmen von seinem Halter als auch für das Schleifen und Schmieden möglichst gering gehalten werden muß, so leuchtet die Wichtigkeit der Ausnutzung des günstigsten Querschnittes ein.

Aus diesen Gründen haben einige große Maschinenwerkstätten in Amerika ein Verhältnis von 2 in der Höhe zu 1 in der Breite für den Querschnitt ihrer Normalstähle eingeführt.

§ 186. (420.) Für die Wirtschaftlichkeit des Schleifens und Schmiedens ist eine kräftige Aufbiegung der Stahlnase über die obere Fläche des Schaftes wünschenswert, wie das in den §§ 191 und 197 auseinandergesetzt ist. Mit Rücksicht hierauf und unter Berücksichtigung der Konstruktion der Stichelhäuser der meisten Bänke in Amerika (worüber später in § 189 gesprochen wird) ist ein so großes Verhältnis wie 2 : 1 nicht empfehlenswert. Nach gründlichem Studium dieser Frage haben wir einen Querschnitt von $1^1/_2$ in der Höhe zu 1 in der Breite für den Stahl als mustergültig erkannt.

§ 187. (421.) Auch die Gefahr des Umkippens muß in Rücksicht gezogen werden. Es ist klar, daß je höher die Nase des Stahles aufgebogen wird und je schmäler die Breite des Schaftes ist, um so größer die Gefahr des seitlichen Umkippens wird. Aus diesem Grunde scheint also die „englische“, „kontinentale“ oder „alte amerikanische“ Norm des quadratischen Querschnittes mit ihren in gleicher Höhe wie die obere Fläche des Stahles liegenden Schneidkanten weit größere Stabilität als unsere Normalquerschnittsform zu bieten.

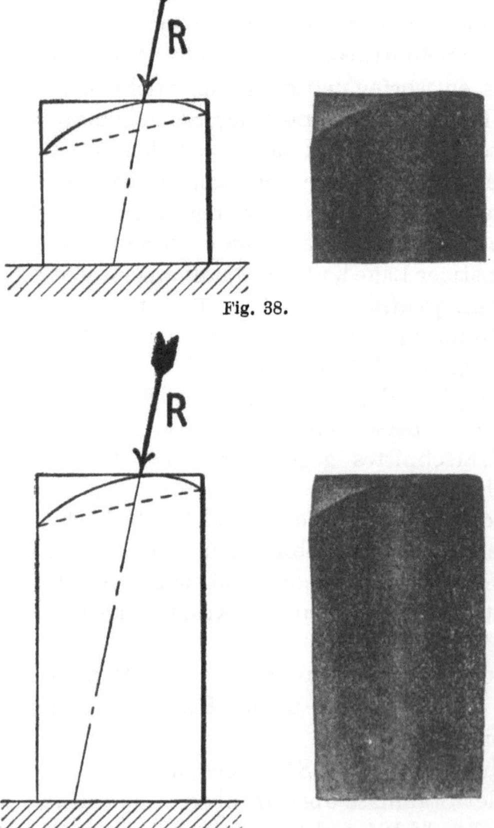

Fig. 38.

Fig. 39.

Notwendigkeit der seitlichen Verkröpfung der Stahlnase.

§ 188. (422—425.) Die Neigung zum Umkippen kann folgendermaßen erklärt werden: es fällt die Resultierende der zusammengesetzten vertikalen Schnitt- und seitlichen Vorschubkräfte außerhalb der Stützfläche des Stahles.

In Fig. 38, 39 und 16 haben wir drei Stähle in Ansicht gezeigt. Fig. 38 stellt den englischen Typ des Stahles dar, Fig. 39 den in Amerika allgemein gebräuchlichen Typ und Fig. 16 unseren Normalstahl. Bei allen gibt die von der Schneidkante nach unten links starkgezogene Linie die Resultierende des Schnittdruckes auf die Nase des Stahles an. Beim englischen Typ fällt die resultierende Linie innerhalb der Grundfläche des Stahles, während beim amerikanischen die Resultierende dicht an die äußere Kante der Grundfläche des Stahles herankommt. Bei unserem Normalstahle fällt die Resultierende des Druckes wieder gerade in die Mitte der Grundfläche des Stahles. Letzteres war unser hauptsächlicher Beweggrund, die Nase oder Schneidkante aller unserer Stähle von der Mittellinie des Schaftes weit nach der einen Seite zu verkröpfen, was auch aus allen Bildern unserer Normalstähle ersehen werden kann. Unser Stahl hat demnach alle Vorzüge des amerikanischen Typ vereinigt und dabei die gleiche Stabilität der englischen Form.

Die Methode des Verkröpfens der Stahlnase nach der einen Seite hat ebenso große Vorteile für ein billiges Schleifen wie für die Verminderung der Gefahr des Ausglühens der Schneidkante beim Schleifen. (Siehe § 205.)

Die richtige Art des Zurichtens ist demnach die unsrige mit der kräftigen seitlichen Verkröpfung der Stahlnase.

Lage der Aufspannfläche im Stichelhaus.

§ 189. (426.) Durch die wirtschaftlich absolut notwendige Aufbiegung der Stahlnase und die ebenso notwendige Wahl eines hohen Querschnittes für den Stahlschaft wird eine Tieferlegung der Grundfläche des Stichelhauses unter das jetzt übliche Maß wünschenswert, die wir allen Werkzeugmaschinen-Konstrukteuren empfehlen möchten. Glücklicherweise läßt sich dies in vielen Fällen ohne weiteres machen. In anderen Fällen mußte der Hauptschlitten umkonstruiert werden, um dieser Forderung gerecht zu werden.

Länge der Schäfte von Drehstählen.

§ 190. (427—430.) Bei der Wahl der geeigneten Längen für die Drehstähle gehen wir wieder von zwei einander entgegenstrebenden Betrachtungen aus:

A. Der Schaft eines Drehstahles muß eine gewisse Mindestlänge besitzen, um ihn im Stichelhaus zu befestigen. Wenn er kürzer wird, muß er weggeworfen werden, was besonders bei den modernen Schnelldrehstählen eine Vergeudung von teurem Metall bedeutet.

B. Auf der anderen Seite leuchtet ein: je länger der Schaft ist, um so unbeholfener und langsamer wird jede Arbeit bei der Handhabung des Stahles, also beim Schmieden, beim Schleifen, bei der Aufbewahrung und bei der Handhabung an der Drehbank.

Es ist ziemlich schwierig, die verschiedenen Rücksichten auf Bemessung der Schaftlänge richtig gegeneinander abzuwägen, so daß hierin die Faustregel der einzelnen Verbraucher sehr verschiedene Normen hat entstehen lassen. Wir geben auf Tabelle 40 für die verschiedenen Schaftquerschnitte die nach unseren Erfahrungen passenden Längen an

Tabelle 40.

Querschnitt des Drehstahles Zoll	Länge des Schaftes mm
$^1/_2 \times \ ^1/_4$	280
$^5/_8 \times 1$	325
$^3/_4 \times 1^1/_4$	370
$^7/_8 \times 1^3/_8$	415
$1 \ \ \times 1^1/_2$	460
$1^1/_4 \times 1^7/_8$	550
$1^1/_2 \times 2^1/_4$	640
$1^3/_4 \times 2^5/_8$	720
$2 \ \ \times 3$	800

Formgebung der Stähle zur Erzielung größter Leistung bei gleichzeitig geringsten Kosten an Schmiede- und Schleifarbeit.

§ 191. (431.) Die Form des Stahles muß der Forderung genügen, bei geringsten Kosten an Schmiede- und Schleifarbeit die größtmögliche Arbeit zu verrichten; das Schmieden ist bei weitem die teurere dieser beiden Arbeiten. Es ist daher von höchster Wichtigkeit, die Form der Stähle für häufigen und billigen Anschliff passend zu wählen.

§ 192. (432.) Wie in § 97 dargelegt, werden moderne Schnelldrehstähle, wenn sie mit wirtschaftlichen Geschwindigkeiten arbeiten, viel mehr auf der oberen Schleiffläche als an der Ansatzfläche beansprucht, was ein stärkeres Abschleifen von der erstgenannten Fläche bedingt. Da jedoch die Ansatzfläche unterhalb der Schneidkante meist mehr oder minder abgerieben oder abgekratzt wird, so ist ein einmaliges Schleifen beider Flächen für die Erreichung größter Wirtschaftlichkeit erforderlich.

§ 193. (433—434.) In Fig. 5 ist die typische Abnutzung an einem mit wirtschaftlicher Geschwindigkeit arbeitenden Stahl gezeigt. Der Stahl ist an seiner Schneidfläche ausgehöhlt und an der Ansatzfläche verrieben worden. Es liegt auf der Hand, daß viel mehr Material zur vollständigen Wiederherstellung weggeschliffen werden muß, wenn nur auf der Schneidfläche geschliffen werden sollte.

Auf der anderen Seite ist es klar, daß, wenn der Stahl auf seiner Ansatzfläche allein geschliffen worden wäre, eine noch größere Menge Material zur Wiederherstellung einer korrekten Schneidkante hätte weggeschliffen werden müssen. Dies zeigt also, daß aus wirtschaftlichen Gründen Stähle auf beiden Flächen (Schneid- und Ansatzflächen) geschliffen werden müssen.

§ 194. (435.) In vielen Werkstätten überwiegt noch die Methode, nur ein Stück von einer Stahlstange abzuschneiden und ohne Aufhöhung die Schneidkante anzuschleifen, wie Fig. 41 und 42 zeigt. Dies verursacht ein Minimum an Kosten für das Herrichten, macht aber das Schleifen ziemlich kostspielig, da ja die Schneidfläche in die massive Stahlstange hineingeschliffen werden muß; auf diese Weise wird die Kante des Schleifsteines stark in Anspruch genommen und rasch abgenutzt. Sowohl durch die Zeit der Wiederherstellung des Steines als durch Mehrverbrauch an Schleifsteinen tritt so eine Erhöhung der Kosten für das Schleifen ein.

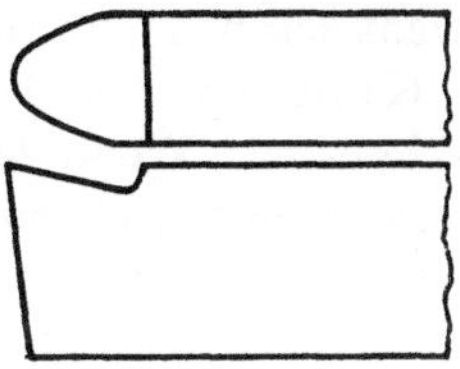

§ 195. (436—437.) Die Form der normalen Schneidstähle wähle man so, daß beim Schleifen die Kante des Schleifsteines geschont wird. Bei dem in Fig. 41 dargestellten Stahl ist nach ein paar Anschliffen ein kräftiger Einschnitt in den Stahlschaft verursacht, und zwar um so mehr, je steiler der Hinterschleifwinkel genommen wird. (Fig. 43.)

Fig. 41.

Um diese Übelstände zu vermeiden, haben gut geleitete Maschinenfabriken in Amerika ihre Stähle mit einer geringen Erhöhung des Vorderendes hergerichtet, wie es in Fig. 42 und 43 gezeigt ist.

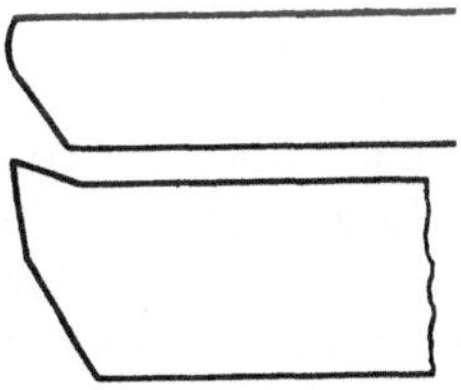

Fig. 42.

§ 196. (438—441.) Diese Stähle können auf einem der folgenden Wege hergerichtet werden.

A. Der Stahl wird auf die Seite gelegt und seine Nase ein wenig ausgestreckt und gleichzeitig ein wenig über die obere Kante aufgebogen. (Fig. 43.)

B. Die Ansatzfläche (vordere Fläche) des Stahles wird mit größerem Winkel abgeschnitten als für den Freigang erforderlich ist; dann durch Hämmern auf die Ansatzfläche die Schneidkante aufgerichtet (Fig. 42.)

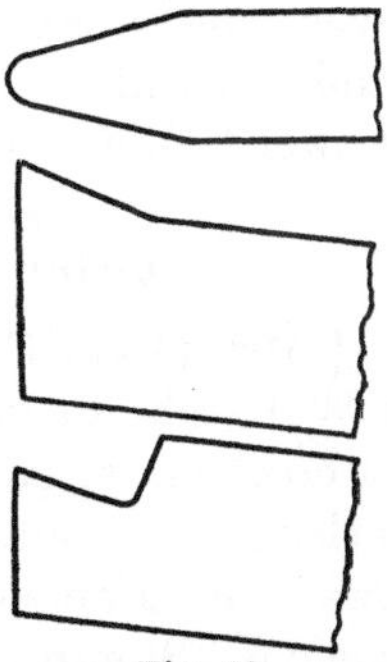

Fig. 43.

Der Erfolg dieser beiden Methoden ist der, daß die Stähle, nachdem sie verhältnismäßig wenige Male geschliffen sind, wieder hergerichtet werden müssen und daß nach der Wiederherrichtung in vielen Fällen die ganze Nase des Stahles weggeschnitten und weggeworfen wird.

Bei der erstgenannten Methode besteht die Gefahr, daß die Nase des Stahles zu dünn wird, da durch den geringen Krümmungsradius nur mit einer kleinen Schnittgeschwindigkeit gearbeitet werden kann (vgl. § 148). Es möge noch bemerkt werden, daß die beiden Herrichtungsmethoden mindestens eine, in den meisten Fällen zwei Erhitzungen des Stahles benötigen.

Herrichtungsmethode durch Aufwärtsbiegen des Vorderendes.

§ 197. (442—444.) Unter Berücksichtigung der Herrichtungs- und Schleifkosten ist unzweifelhaft die in Fig. 36 gezeigte Form eine der wirtschaftlichsten.

Bei Prüfung dieser Stähle mag bemerkt werden, daß z. B. beim $1^1/_2''$-Stahl die Schneidkante 30 mm über der Oberkante des Schaftes liegt. Bei Annahme von durchschnittlich 0,8 mm jedesmaliger Abschleifungsschicht kann ein Stahl von dieser Form 24 mal geschliffen werden, bis die Kante der Schmirgelscheibe anfängt in den Schaft des Stahles einzuschneiden. Wenn dann der Stahl noch weiter geschliffen wird, so kann dieses immer noch so oft geschehen wie bei den in Fig. 43 gezeigten Stählen, bevor die Scheibe ebenso tief in den Stahlschaft eingeschliffen haben wird. Es leuchtet ein, daß so die Normalstähle drei- bis fünfmal so viele Anschliffe vertragen können als ein Stahl nach der in Fig. 43 dargestellten Form.

Bei der Herstellung der Normalstähle wird das Ende des Stahlschaftes über die Amboßkante gebogen, wie dies in Fig. 44 und 45 im Bilde gezeigt ist. Diese Stähle können bis zu einem Schaftquerschnitt von $1'' \times 2^1/_2''$ leicht von einem guten Schmied und seinem Gehilfen und unter Zuhilfenahme eines kleinen Dampfhammers in zwei Hitzen hergerichtet werden. Ohne Dampfhammer kann jeder Stahl in drei Hitzen von einem Schmiede und einem Gehilfen schnell hergerichtet werden oder in zwei Hitzen von einem Schmiede mit zwei Gehilfen, wobei die zwei Gehilfen nur für den Bruchteil einer Minute erforderlich sind.

Fehler beim Abschlagen der Stahlschäfte.

§ 198. (445.) Die Gewohnheit, die Stahlschäfte mit einem Kaltmeißel am Walzstahl zu kerben und dann mit Hammerschlag auf dem Amboß abzubrechen, ist ganz und gar unklug, indem häufig kleine, beinahe unsichtbare Risse entstehen, die sich erst beim Gebrauch des Stahles ganz entwickeln. Man soll bei geringer Hitze warm abschlagen und die gleiche Hitze zur Stempelung des verbleibenden Teiles der Stahlstange verwenden.

§ 199. (446—460.) Die Herrichtungsarbeit gliedert sich in folgende Einzelarbeiten.

Erhitzen des Stahles.

A. Man erhitze den Stahl gleichförmig und bis zur Mitte des Schaftes und drehe ihn häufig im Schmiedefeuer um. Bei den heute gebräuchlichen Stahlsorten mit ihrem geringen Gehalte an Kohlenstoff und ihrem hohen Gehalte an Wolfram und Chrom muß die Hitze so hoch als irgend möglich sein; ohne daß ein Zerfließen oder Zerstückeln beim Schlagen mit dem Zuschlaghammer verursacht wird. Im Gegensatze zum früher gebräuchlichen Verfahren wird diese Stahlsorte über eine Kirschrotglut beim Herrichten hinaus nicht verletzt, wenn der Stahl schließlich bis nahe an den Schmelzpunkt erhitzt wird, wie es dem Taylor-White-Prozesse entspricht. Die geeignete Schmiedehitze schwankt je nach der chemischen Zusammensetzung des Stahles, liegt aber in den meisten Fällen zwischen einer Gelb- und Hellgelbglut, die einer Temperatur von 980⁰ bis 1040⁰ C entspricht.

Für einen am Schaft einzölligen Stahl sollte diese Gelbglut ca. 140 mm von der Spitze nach rückwärts reichen. Auf die genannte Stahlgröße beziehen sich auch die folgenden Beschreibungen.

Bei gleichzeitiger Herrichtung mehrerer Stähle von der gleichen Form erhitze man langsam in Gruppen von 4—6 Stählen, wobei die zu erhitzenden Teile der Stähle immer näher an die heißeste Stelle des Feuers zu bringen sind, während der eine Stahl, der zunächst geschmiedet werden soll, unmittelbar über die heißeste Stelle gehalten wird. Ein reines Koksfeuer, so hoch gehalten, daß es tunlichst der direkten Berührung der Gebläselust mit den Stählen vorbeugt, ist dem gewöhnlichen Kohlenfeuer durchaus vorzuziehen, weil sich mit Koks ein gleichmäßigeres Feuer erzielen läßt als mit gewöhnlicher Schmiedekohle. Die in § 356 wiedergegebenen Versuche zeigen klar, daß bei genügender Sorgfalt jedoch ein gutes Schmiedekohlenfeuer die Stähle weniger oxydiert und damit verdirbt, als ein gutes Koksfeuer.

Kröpfen oder Aufbiegen der Nase des Stahles.

B. Man lege den Stahl mit seiner Unterseite fest auf den Amboß (Fig. 44), indem man die Zwinge C mit Hilfe des Keiles W nach unten zieht. Der Stahl ist so festgemacht, daß er ca. 60 mm über die Kante des Ambosses hinausragt.

C. Das heiße Ende des Stahles wird nun nach unten, und zwar in die in Fig. 45 gezeigte Lage umgebogen.

An einer Lehre Fig. 46 prüft der Schmied jetzt rasch die Aufbiegung des Stahles. Diese Lehre besteht aus einer kleinen Platte mit einem Loch, welches nahe an der Kante gebohrt ist und in das eine Reihe Kegel von verschiedenen Winkeln gemäß den verschiedenen Formen der Stähle passen. Ohne die Zange zu lösen, wird der Stahl mit seiner Grundfläche auf die Platte und mit seiner Ansatzfläche gegen den spitz zulaufenden Kegel gelegt, so daß der Schmied mit einem Blicke den Winkel prüfen kann.

Eine ähnliche Lehre sollte auch fest auf dem Schleifstein montiert werden, so daß der Ansatzwinkel, den man beim Schleifen erreichen will, rasch und genau von dem Arbeiter gemessen werden kann.

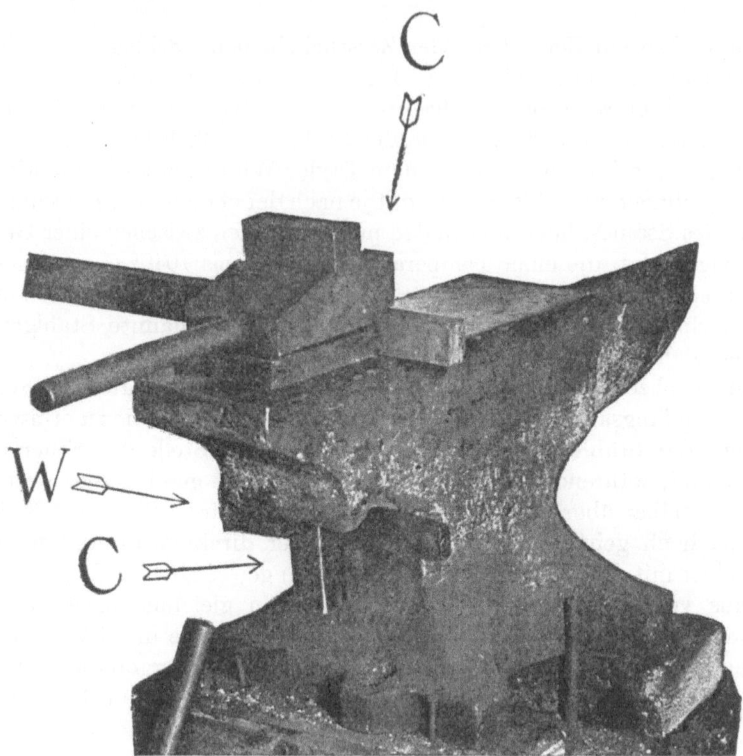

Fig. 44.

Fig. 45.

Fig. 46.

Schaffung einer Auflage des Stahles bis dicht unter die
Schneidkante.

D. Der Stahl wird nunmehr rasch zum Dampfhammer mit flacher
Matrize gebracht. Dort wird der aufgebogene Teil (Fig. 47) flach auf die
Kante der Matrize gelegt und mit ein paar Hammerschlägen nach unten,
keilförmig ausgestreckt. Dieses Ausstrecken bewirkt ein seitliches Aus-
weichen des Materiales, bis die bisher runde Ecke beinahe rechtwinkelig
geworden ist, und so wird die ebene Unterkante des Stahles weiter nach
vorne, beinahe bis unter die Schneidkante, ausgedehnt. (Fig. 48.)

Für den Fall, daß kein kleiner Dampfhammer verfügbar ist, geht das
Ausstrecken in ähnlicher Weise durch Schlagen auf dem Schmiedeamboß
vor sich.

Fig. 48.

Abschneiden der Ecken der Stahlnase zur Erleichterung d
Schleifarbeit.

E. Der Stahl wird nunmehr auf die Kante des Ambosses gelegt (Fig.
und seine beiden Ecken werden mit einem Meißel zur Herstellung der
wünschten Form abgeschlagen. Auch die Unterfläche des umgeboge

Teiles wird mit der Unterkante des Stahlschaftes in eine Flucht gebracht. Die Höhe wird dann mit Kreide- oder Meißelhieb auf der Nase des Stahles gemäß dem gewünschten Schneidwinkel angezeichnet; dann geht der Stahl in das Feuer zurück, um zum zweiten Male erhitzt zu werden.

Man muß beachten, daß die Arbeiten B, C, D und E alle mit nur einer Erhitzung vor sich gehen. Wenn aber trotzdem in irgend einem Stadium des Prozesses durch Ungeschicklichkeit oder ungewöhnliche Verzögerung der Stahl unter eine schwache Kirschrotglut (850° C) abgekühlt wird, so sollte man zunächst wieder erhitzen.

Zuschärfung nach dem gewünschten Meißelwinkel.

F. Nach einer langsamen und gründlichen Wiederanwärmung des Stahles wird der obere Teil der Nase abgeschlagen (Fig. 50), bis die ge-

Fig. 50.

eigneten Ansatz- und Schneidwinkel erreicht sind. Die Anwendung besonders entworfener Warmmeißel wird dem Schmied bei dieser Arbeit eine wertvolle Unterstützung bieten.

Seitliches Verkröpfen der Nase und letzte Handanlegung.

G. Die ganze Nase des Werkzeuges nach der Seite verkröpft. (Fig. 51.)

H. Der Stahl wird nun sorgfältig gerichtet, so daß er eine gesunde Auflagefläche erhält. Diese Auflage sollte sich, von der Vorderfläche gerechnet, mindestens auf die halbe Länge des Stahles erstrecken. Um die Genauigkeit der Arbeit jederzeit prüfen zu können, sollte eine Richtplatte dicht neben dem Amboß aufgestellt sein. Der Stahl muß an allen Punkten der Grundfläche entlang, bis dicht unter die Schneidkante aufliegen, um Biegungsbeanspruchungen und Abbrechen durch zu weites Überhängen zu vermeiden.

Fig. 51.

Ursachen der Feuer- oder Hitzerisse in den Stählen.

§ 200. (461—466.) A. Fugen oder innerliche Risse in dem Walzstahl sind in erster Linie eine Unvollkommenheit der Blöcke, oder sie rühren von zu raschem und ungleichem Erhitzen beim Schmieden her.

Die Schmiede sind im allgemeinen geneigt, alle Risse in ihren Stählen dem Werkzeugstahlfabrikanten in die Schuhe zu schieben. Nach unserer

Fig. 52.

Beobachtung jedoch sind 90 % eher auf schlechte Behandlung der Stähle in der Schmiede als auf Unvollkommenheiten der Blöcke zurückzuführen.

B. Die zweite Ursache der Risse ist das Abschlagen der Schäfte in kaltem Zustande, worüber schon in § 198 das Nötige gesagt ist.

C. Die dritte Ursache ist das ungleichmäßige Erhitzen der Schäfte dadurch, daß man sie während der ganzen Zeit des Heißmachens im Feuer in der gleichen Lage läßt.

D. Die vierte Ursache ist das ungleichmäßige Erhitzen der Stähle in zu starkem Feuer. Selbst wenn der Stahl gehörig um- und umgedreht wird, werden die äußeren Teile besonders bei größerem Querschnitt zu stark erwärmt, bevor die Mitte des Querschnittes ihre richtige Temperatur erreicht hat.

§ 201. (467—469.) Wenn nun in diesem Zustande gehämmert wird, so können leicht innere Sprünge entstehen, weil die Mitte des Stabes noch verhältnismäßig kalt und spröde bleibt; das Material erleidet in seiner

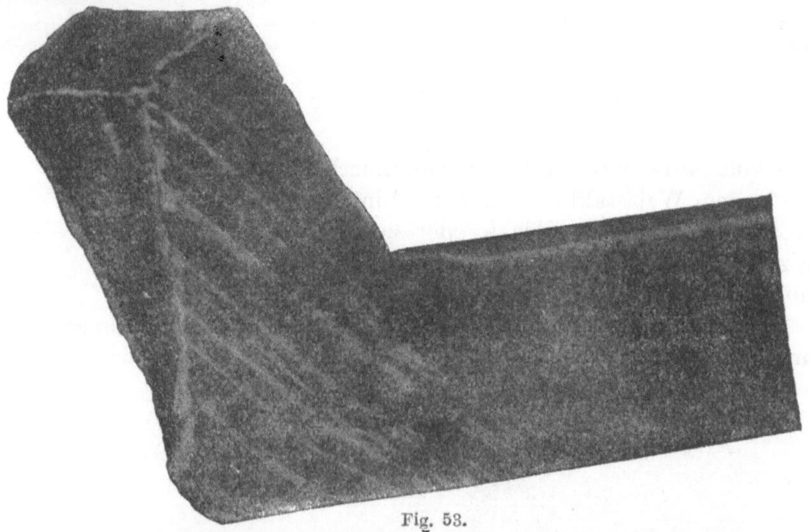

Fig. 53.

Unfähigkeit zu fließen Verschiebungen und so werden innere Sprünge herbeigeführt. Sie werden manchmal auch dadurch verursacht, daß die Außenseite mit zu leichten Hammerschlägen bearbeitet wird. Die Kraft eines Hammerschlages sollte so stark sein, um bis zur Mitte des Stahles durchzudringen und muß daher mit dem Querschnitt des Stahles zunehmen.

Am meisten rühren die Sprünge von der dritten und vierten Ursache her, und es kann daher das langsame Erhitzen und häufige Umdrehen des Stahles im Feuer besonders in den ersten Stadien der Erhitzung nur empfohlen werden. Wenn das Heißmachen beschleunigt werden muß, so verlege man das in die Periode des letzten Ansteigens der Temperatur von der Kirschrotglut an bis zur eigentlichen Schmiedehitze.

Die vorstehenden Bemerkungen beziehen sich natürlich auf Schnelldrehstähle, nicht auf die Anlaß- oder alten „selbsthärtenden" Stähle, deren Schmiedehitze eine leichte Kirschrotglut nicht übersteigen sollte

Verteilung der Arbeit auf Schmiedewerkstatt und Schleifmaschine.

§ 202. (470.) Es erfordert lange und sorgfältige Beobachtung (und zwar nicht in flüchtiger Weise, sondern mit der Stoppuhr), den Genauigkeitsgrad der Stahlherrichtung in der Schmiede zu bestimmen; mit andern Worten: zu bestimmen, welches Maß von Arbeit bei der Herrichtung in der Schmiede geleistet werden und wieviel dem Schleifer übrig bleiben soll. Natürlich hängt dies von der Arbeitsmethode und den für ein rasches und genaues Schleifen gebotenen Einrichtungen ab. Wird das Schleifen von Hand und auf dem Schleifstein oder auch auf einer guten Schmirgelscheibe vorgenommen, so wird es viel mehr Zeit in Anspruch nehmen und auch viel teurer sein, als wenn es auf einer automatischen Schleifmaschine unter Verwendung einer Korundscheibe mit bestimmtem Korn geschieht, auf welcher man mit größter Geschwindigkeit bei gleichzeitiger Erzielung genügender Glätte schleifen kann.

Je mehr ein gutes und glattes Schleifen erleichtert ist, um so geringer sollte der in der Schmiede geleistete Prozentsatz der Fertigstellungsarbeit sein, um so größer der Prozentsatz, der auf den Schleifer entfällt und umgekehrt.

Grenzlehren beim Fertigschmieden der Stähle.

§ 203. (471—472.) In Fig. 54 ist eine Lehre gezeigt, die für das Schmieden die wirtschaftlichen Grenzen gibt, wenn ein Stahl von der in

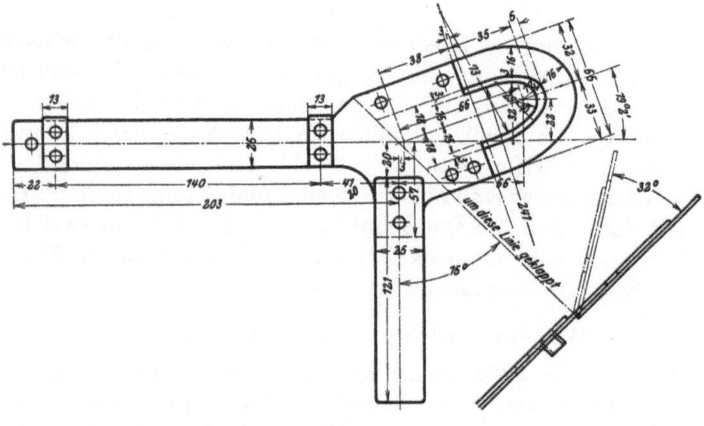

Fig. 54.

Fig. 55 gegebenen Größe in Werkstätten zu schmieden ist, in denen erstklassige, automatische Werkzeugschleifmaschinen zur Verwendung gelangen. In solchen Werkstätten, in denen die Stähle von Hand auf einer Schmirgelscheibe oder auf einem Schleifstein geschliffen werden, wird die Schmiedeherrichtung der Schneidkante des Stahles in genauerer Form, als durch die oben erwähnte Grenzlehre vorgezeichnet, wirtschaftlicher sein.

Die Grenzlehre wird mit ihrem Stiele oben auf den Stahl gelegt, während sich das fassonierte Loch unmittelbar über der Nase der Schneidkante befindet; von da ab wird der Stahl nach der Lehre geschmiedet und die Schneidkante erhält dadurch angenähert ihre Form. Vom Schmiede wird nur verlangt, daß jeder Punkt des Umfanges der Schneidkante innerhalb der Grenzen des fassonierten Loches zu liegen kommt. Beim Durchsehen durch das Loch der Lehre von oben nach unten soll der Schmied die ganze Außenlinie der Schneidkante sehen, wobei es ganz bedeutungslos ist, ob die Kurve unregelmäßig und zackig oder ob sie glatt ist. Der Schleifer kann die Unregelmäßigkeit billiger wegschleifen als der Schmied sie glattschmieden, der sich zu diesem Zwecke besondere Zeit nehmen muß. Jede in der mechanischen Werkstätte verwendete Stahlsorte sollte

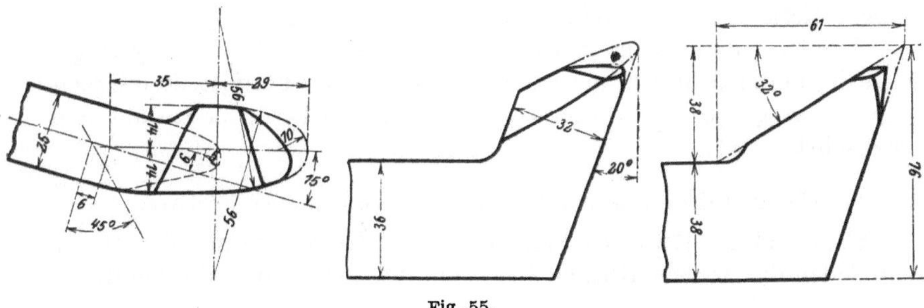

Fig. 55.

nach dem Umfang der Schmiedearbeit zur Festsetzung der wirtschaftlichsten Grenzen eingehend studiert werden und dadurch Grenzlehren von der Fig. 54 gezeigten Art für jede Sorte hergestellt werden.

Der Verfasser empfiehlt mit allem Nachdruck die beschriebene Art der Formgebung und Herrichtung der Stähle und insbesondere die Verteilung des Arbeitsbetrages zwischen Schleifer und Schmied; diese Arbeitsweise gipfelt darin, daß alle Querschnitte bis zu $1 \times 1^{1}/_{2}''$ in zwei Hitzen hergestellt werden und dennoch nur ein möglichst geringes Maß von Arbeit dem Schleifer überlassen.

Wasserkühlung beim Schleifen.

§ 204. (473.) In § 359 ist auf die große Gefahr der zu starken Erhitzung der Schneidkante beim Schleifen aufmerksam gemacht. Es ist deshalb beim Schleifen sehr wichtig, einerlei, ob eine selbsttätige Werkzeugschleifmaschine angewendet oder von Hand geschliffen wird, einen starken Wasserstrom auf die Nase des Stahles zu leiten, und zwar direkt an die Stelle, an der die Schmirgelscheibe oder der Schleifstein angreift. Die Methode, Wasser auf die Schmirgelscheibe oberhalb des Werkzeuges zu gießen und den Stein das Wasser mit sich führen zu lassen, sollte vermieden werden, da hierdurch eine zu geringe Wassermenge zur eigentlichen Werkzeugkühlung gelangt. Wir haben durch Versuche gefunden, daß ein Wasserstrom von 19 Liter in der Minute erforderlich ist, um die Ausglühung bei einem $1''$-Stahl am Schleifstein zu verhindern. Aber auch dann noch sollte man den Mann am Schleifstein überwachen, daß er die Arbeit nicht übereilt und damit die Stähle zum Verbrennen bringt. Man lasse das Wasser in breitem Strome mit geringer Geschwindigkeit auftreffen, damit ein Spritzen vermieden wird.

§ 205. (474—477.) Die Forderung, den Stahl beim Schleifen nicht zu überhitzen, beeinflußt auch dessen Form. Man schmiedet den Kopf mit einem Ansatzwinkel von etwa 20^0 (Fig. 56 und 57), während der

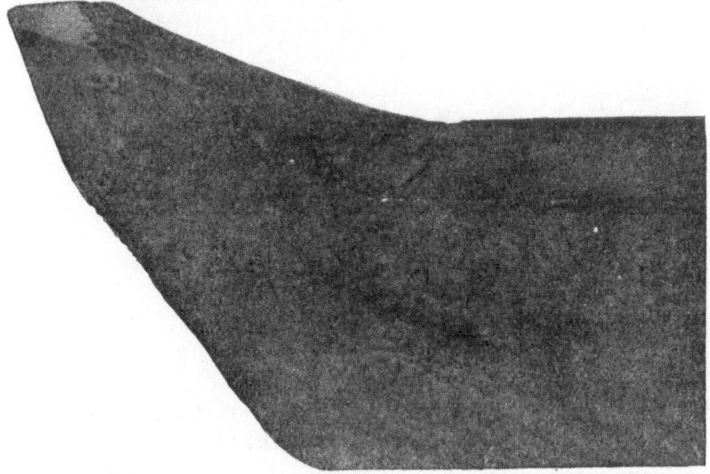

Fig. 56.

fertig geschliffene Stahl in der Werkstatt nur 6^0 aufweist. Der Zweck, der damit verfolgt wird, ist, den Teil unter der Schneidkante, der jedesmal beim Schärfen des Werkzeuges weggeschliffen werden muß, so gering wie möglich zu machen. Auf diese Weise genügt ein schwächerer Druck zwischen Stahl und Schleifstein; der Stahl kann in viel kürzerer Zeit geschliffen werden, der Schleifstein erzeugt eine geringere Hitze und die Gefahr des Ausglühens wird geringer.

Aus dem gleichen Grund wird die obere Schneidfläche der Normalstähle in der Schmiede mit viel steilerem Winkel hergestellt, als später die Schleiffläche erhält. Auch hier ist eine bedeutend geringere Fläche wegzuschleifen (Fig. 56 und 57). Dies erhellt mit Deutlichkeit aus einem Vergleich von Fig. 57 mit der Ansicht eines auf gewöhnliche Weise geschmiedeten und geschliffenen Stahles (Fig. 41, 42 und 43).

Auf der Zeichnung Fig. 55 ist in den gebrochenen Linien der Umriß zu erkennen, nach dem der Stahl geschmiedet wird, während die kräftigen Linien den fertiggeschliffenen Stahl darstellen.

Der Grund, daß noch so viel später wegzuschleifendes Metall an dem geschmiedeten Stahl stehen gelassen wird, ist folgender: die äußersten Teile des Stahles werden in einem zu langsamen Feuer mitunter etwas angegriffen, müssen also zunächst weggeschliffen werden, um gutes Material für das Schneiden zu bekommen.

Fig. 57.

Verhalten der Stähle beim Schleifen mit scharfen und stumpfen Schleifwinkeln.

§ 206. (478—480.) Je steiler der Seitenschleifwinkel der oberen Schleiffläche, um so breiter wird der Teil, der weggeschliffen werden muß. Fig. 31 und 32 lassen dieses deutlich erkennen.

Eine steile seitliche Neigung der Schleiffläche hat auch zur Folge, daß die Schneidkante beim Schleifen leichter ausgeglüht wird, denn bei ihr steht nur ein kleiner Metallquerschnitt zur Abführung der Wärme zur Verfügung, wie dies in § 230 erläutert ist.

Wenn nur auf Wirtschaftlichkeit des Schleifens Rücksicht genommen werden müßte, so wäre ein steiler Seitenschleifwinkel des Stahles auf alle Fälle zu vermeiden. Alle Arbeiter, die ihre Werkzeuge selbst schleifen, bevorzugen eher einen zu kleinen als einen zu großen Seitenschleifwinkel.

Verhalten der ebenen Flächen beim Schleifen.

§ 207. (481—482.) Ebene Flächen geben in hohem Maße Anlaß zur Erhitzung des Stahles, hauptsächlich weil sie bald genau und dicht gegen

die Oberfläche des Schleifsteines passen, derart, daß das Wasser zwischen
Stein und Stahl keinen Weg mehr finden und so den Stahl kühlen kann.
In der Absicht, dem Wasser zur ganzen Fläche des Stahles Zutritt zu ge-
währen, lassen die besten Schleifer beim Schleifen von Hand ohne Unterschied das Werkzeug auf der Fläche des Schleifsteines mehr oder minder
beim kräftigen Abschleifen wackeln. Nur während der letzten Periode
des Schleifens halten sie die ganze Fläche ruhig gegen den Stein, um genau
den verlangten Winkel zu erhalten. Bei der Wahl einer automatischen
Schleifmaschine sollte keine Maschine genommen werden, die dem Wasser
nicht freien Zutritt zu der ebenen Schleiffläche des Stahles während des
Schleifvorganges gewährt.

Aus dem gleichen Grunde müssen mit Rücksicht auf das Schleifen
auch Stähle mit rundgeschliffener Schneidkante solchen mit gerader
Kante vorgezogen werden. Die gerade Kante schließt immer eine gerade
Schleiffläche neben der Schneidkante in sich, und eine ebene Fläche ist
wegen der Gefahr der Erhitzung schwieriger zu schleifen, als wie eine
gekrümmte.

Wahl der Schmirgelscheibe.

§ 208. (483.) Der Wahl der geeigneten Schmirgelscheibe ist die
größte Bedeutung beizumessen. Es sollte nur das härteste Korn verwendet werden. Von den Sorten haben wir zum Schleifen gewöhnlicher
Werkstattstähle Korund als das beste gefunden. Rasches Schleifen wird
gefördert durch Anwendung eines groben Kornes in der Scheibe. Andererseits liefert zu grobes Korn eine unregelmäßige Schneidkante am Drehstahl. Wir haben mit den verschiedensten Korngrößen Versuche gemacht
und haben schließlich als Normalmuster eine Schmirgelscheibe gewählt,
die aus Korn von der Größe Nr. 24 und der Größe Nr. 30 gemischt ist.
Eine Schmirgelscheibe, die aus diesen beiden Korngrößen hergestellt ist,
schleift rasch und läßt eine genügend glatte Schleiffläche zurück.

Gesichtspunkte für automatische Schleifmaschinen.

§ 209. (484—485.) Stähle sollten niemals so geschliffen werden, daß
sie in einer Gleitbahn oder einem Werkzeughalter unverrückbar festgemacht werden, die dann mit einer Schraube unmittelbar gegen die
Schmirgelscheibe gedrückt werden. Da bald nach dem Beginn des
Schleifens die Schleiffläche genau gegen die Oberfläche des Schleifsteines
paßt, geht das Schleifen außerordentlich langsam vor sich und der Stahl
wird sehr schnell erhitzt. Man kann behaupten, daß in dem Augenblicke, in dem die Schleiffläche ganz fest gegen den Schleifstein paßt,
das Schleifen aufhört und die Erhitzung beginnt.

Viel rascher kann das Schleifen auf einer Schleifmaschine mit automatischer Einstellung des Schleifdruckes vor sich gehen. Jeder Korngröße

entspricht ein bestimmter Druck, der gerade genügt, um rasch zu schleifen, ohne daß die Gefahr einer übermäßigen Erhitzung besteht. Eine automatische Maschine dieser Art wird etwa doppelt so viel Arbeit leisten wie eine Maschine, bei der die Regelung des Druckes zwischen Stahl und Schmirgelscheibe dem Gutdünken des Arbeiters überlassen bleibt.

Vorrat an Drehstählen.

§ 210. (486—488.) In den §§ 45 u. f. haben wir betont, daß der größte Gewinn beim Drehen von Eisen und Stahl nur durch eine Reorganisation der Leitung in der Richtung erzielt werden kann, daß den Arbeitern tägliche Arbeitspensen zugewiesen werden. Wir haben weiter betont, daß hierzu jedem Arbeiter ein großer Vorrat an Stählen in die Hand gegeben werden muß, die nach normalen Formen angeschliffen gebrauchsfertig bereitliegen. Dies bedingt ein gut eingerichtetes Werkzeuglager. Aus wirtschaftlichen Gründen sollten selbst in kleinen Fabriken die Stähle in Sätzen geschliffen werden, d. h. es sollte stets ein so vollständiger Vorrat an Stählen in der Werkstätte vorhanden sein, daß man abgenutzte Stähle von gegebener Größe und Form immer serienweise ansammeln lassen kann, die für den Schmied und den Schleifer bereitliegen. Bei dieser Methode ist das Schleifen mit einer automatischen Schleifmaschine für eine kleine Werkstätte so wirtschaftlich wie für eine große.

Bei den Erfahrungen, die wir bei Reorganisation der Betriebsleitung von Maschinenfabriken gesammelt haben, sind wir überall auf Schwierigkeiten gestoßen, wenn wir die Eigentümer überreden wollten, sich den genannten großen Vorrat an Stählen zu halten. Wir weisen daher nochmals bezüglich der mit dem Stahlvorrat verknüpften Dinge auf ein genaues und rasches Schleifen ohne Verletzung der Stähle als den wichtigsten Punkt hin.

Eine Ersparnis mit der Verwendung automatischer Werkzeugschleifmaschinen kann nur dann erreicht werden, wenn normale Formen für alle Stähle eingeführt sind und ein großer Vorrat in einer wohlausgerüsteten Werkzeugstube aufbewahrt ist, von welcher sich jeder Arbeiter die Stähle holen muß. Kein Arbeiter darf die Stähle selbst anschleifen.

Schnittdruck.

§ 211. (489.) Trotzdem die meisten Untersuchungen über den Schnittdruck zu negativen oder widersprechenden Ergebnissen führen, soll in den folgenden §§ 212—259 dieses Kapitel doch ausführlich behandelt werden, um den Leser von der praktischen Unfruchtbarkeit dieser Untersuchungen zu überzeugen.

§ 212. (490.) Wie erwähnt (s. §§ 26 und 33), waren bisher Messungen des Schnittdruckes Hauptgegenstand aller Metallbearbeitungsversuche.

Diese schädigten und verzögerten die wissenschaftliche Erkenntnis über dieses Gebiet mehr, als sie dieselbe förderten; denn die Unzahl widersprechender Resultate verursachte bei vielen Forschern die irrige Ansicht, daß das Gebiet der Metallbearbeitung nur durch Faustregeln beherrscht werden könne. Zweck der vorliegenden Abhandlung soll es daher sein, die Aufmerksamkeit zukünftiger Forscher von den wertlosen Schnittdruckuntersuchungen abzuleiten und in nützlichere Bahnen zu lenken.

Zusammenfassung der Versuchsergebnisse englischer, deutscher und amerikanischer Forscher. (Tab. 58.)

§ 213. (491.) Die Angaben über die deutschen Versuche entstammen einem Aufsatze von $\mathfrak{Dr.}$ ing. Hermann Fischer. (Zeitschr. d. Ver. d. Ing. 1. Mai 1897.) Nach verschiedenen Versuchen kommt Fischer zu dem Ergebnis, daß der Schnittdruck zwischen den in der Tabelle gegebenen Werten je nach Materialbeschaffenheit des Arbeitsstückes, Form der Schneidkante, Ansatz- und Zuschärfungs-(Meißel)winkel, Schärfe des Stahles und Verhältnis des Vorschubes zur Schnittiefe schwankt. Für die Festigkeitsberechnung der Bänke empfiehlt Fischer stets die höheren Werte des Schnittdruckes als Grundlage zu wählen.

Tabelle 58.

Zusammenstellung der englischen, deutschen und amerikanischen Versuche über den Schnittdruck.

Versuchsort	Resultierender, spezifischer Schnittdruck in kg/qcm			Zum Vorschub nötige Kraft in %	Rückdruck auf den Stahl in %	Einfluß der Schnittgeschwindigkeit auf den Schnittdruck
	Guß-eisen	Schmie-deeisen	Stahl			
Manchester (Dr. Nicolson)	7 450 bis 13 200		17 000 bis 23 600	0% bis 20% des Schnittdruckes[1]	18% bis 78% des Schnittdruckes	Erhöhte Schnittgeschwindigkeit hat geringe Abnahme des Schnittdruckes zur Folge
Deutschland (Hermann Fischer)	7 000 bis 12 000	11 000 bis 16 900	15 900 bis 23 900	Gleich dem Schnittdruck		
Amerika (Taylor)	4 900 bis 13 900		16 900 bis 20 800	Gleich dem Schnittdruck		Kein erheblicher Einfluß bemerkbar, selbst bei verdoppelter Geschwindigkeit

[1]) Zweifellos für Bemessung des Getriebes zu wenig.

§ 214. (492.) Dr. Nicolson schließt aus den Versuchen, die in Manchester und später von ihm mit sehr vervollkommneten Meßeinrichtungen angestellt wurden, daß der totale Schnittdruck direkt proportional dem Spanquerschnitt (Querschnitt der abgetrennten Materialschicht) ist. Dieses Ergebnis steht sowohl mit den deutschen Versuchen als auch mit den Versuchen des Verfassers im Widerspruch. Letzterer wies nach, daß besonders bei Bearbeitung von Gußeisen der spezifische Schnittdruck (bezogen auf Flächeneinheit des Spanquerschnittes) mit abnehmender Spandicke zunimmt, und der totale Schnittdruck infolgedessen dem Spanquerschnitt nicht proportional ist. (Vgl. §§ 243—247.)

§ 215. (493.) Allerdings war bei den Versuchen in Manchester der geringste Vorschub 1,6 mm, während sich die Versuche des Verfassers auf bedeutend geringere Vorschübe erstreckten und sich gerade bei kleinen Vorschüben die Zunahme des spezifischen Schnittdruckes am deutlichsten zeigte. Die Grenzen, zwischen denen der Schnittdruck schwankte, sind gleichfalls in Tab. 58 angegeben.

§ 216. (494.) Sowohl bei den Versuchen des Verfassers als auch bei den Versuchen in Manchester wurde übereinstimmend gefunden, daß der Unterschied in den Schnittdrücken bei hoher und niedriger Schnittgeschwindigkeit verschwindend klein ist, daß aber die Gesamtenergie für die Zerspanung einer gewissen Metallmenge bei hohen Geschwindigkeiten infolge der Abnahme der Reibungsverluste kleiner wird.

§ 217. (495.) Dr. Nicolson fand, daß die horizontal nach außen, senkrecht zur Achse des Arbeitsstückes gerichtete Komponente des Schnittdruckes mit der Form der Schneidkante und dem Ansatz- und Zuschärfungswinkel in den Grenzen von $18\,\%$ bis $78\,\%$ der Vertikalkomponente schwankt, die axialgerichtete Komponente (Vorschubkraft) zwischen 0 und 20%.

§ 218. (496.) Dr. Nicolson benutzte für die Messungen der horizontalen und axialen Drücke eine außerordentlich sinnreiche Einrichtung. Trotzdem muß davor gewarnt werden, seine Versuchsergebnisse als Grundlage für die Festigkeitsberechnung der Werkzeugmaschinen zu benutzen, denn sowohl durch die deutschen Versuche als auch durch die Versuche des Verfassers wurde bewiesen, daß die Vorschubkraft unter Umständen dem Schnittdruck gleich werden kann, und zwar jedesmal dann, wenn der Stahl nicht rechtzeitig nachgeschliffen, sondern mit einem stumpfen Stahl weitergearbeitet wird. Dieser Fall tritt im praktischen Betriebe sehr häufig auf, so daß der vorsichtige Konstrukteur stets mit den äußersten Kräften rechnen wird. Dr. Nicolson wäre ohne Zweifel zu dem gleichen Resultat gekommen, wenn er bei seinen Versuchen die tatsächlichen Betriebsbedingungen in bezug auf die Schärfe der Stähle berücksichtigt hätte.

§ 219. (497—498.) Der Verfasser wiederholt seine Ansicht, daß die Schnittdruckversuche nichts zur Erkenntnis der Vorgänge bei der Metallbearbeitung beigetragen haben, sondern einen Zeitverlust bedeuteten, da viel wichtigere Punkte unberücksichtigt blieben.

§ 220. (499.) Im Jahre 1883 wurden von Wilfred Lewis und John Bancroft in den Werkstätten von Wm. Sellers & Co. in Philadelphia mehrere Versuche durchgeführt, um mittels eines Dynamometers den Schnittdruck zu messen. Aus diesen Versuchen ging hervor, daß es bei Bearbeitung von Stahlstücken verschiedener Härte und entsprechend verschiedener Normalschnittgeschwindigkeiten zwischen Härtegrad und Schnittdruck keine bestimmte Beziehung gibt. Weitere Untersuchungen ergaben, daß sich eine gegenseitige Abhängigkeit der Zug- oder Druckfestigkeit des Arbeitsstückes und der Schnittgeschwindigkeit ebenfalls nicht feststellen läßt. Diese Ergebnisse stimmten mit der Erfahrung des Verfassers überein, daß nämlich auf irgend einer Werkzeugmaschine gleichstarke Späne geschnitten werden können, gleichgültig, ob das Arbeitsstück hart oder weich ist, daß aber die zulässige Schnittgeschwindigkeit sich mit dem Härtegrad des Arbeitsstückes wesentlich ändert. Nachdem durch diese Versuche die wichtigsten Grundlagen für die Leistungs- und Festigkeitsberechnung der Werkzeugmaschinen einigermaßen gefunden waren, begnügte man sich mit diesen Ergebnissen. Erst im Jahre 1902 wurden die Versuche bei Wm. Sellers & Co. neuerdings wieder aufgenommen. Diese Versuche sind in späteren Paragraphen genauer beschrieben.

§ 221. (500.) Bei den in §§ 27—33 beschriebenen Versuchen in Manchester wurden die Schnittdrücke sorgfältig gemessen und aufgezeichnet. Ebenso wurden die Arbeitsstücke analysiert und auf Zerreißmaschinen geprüft. Eine Zusammenstellung der Versuche in Manchester und der Versuche bei Wm. Sellers & Co. in Philadelphia, die sich auf Messungen der Schnittdrücke und Normalschnittgeschwindigkeiten bezogen, ist in Tab. 59 und 60 wiedergegeben.

§ 222. (501.) Die wichtigsten Angaben sind fett gedruckt. Diese beziehen sich auf:

die Normalschnittgeschwindigkeit in m/Min.,
den spezifischen Schnittdruck, bezogen auf den qcm Spanquerschnitt
  in kg/qcm,
die Zugfestigkeit in kg/qcm,
die Druckfestigkeit in kg/qcm und
die Dehnung in %.

Beziehung zwischen der Normalschnittgeschwindigkeit
und dem Schnittdruck bei Bearbeitung von Stahl.

§ 223. (502.) Bekanntlich ist die Härte des Stahles durch den Kohlenstoff- und Mangangehalt bedingt, und nimmt die Normalschnittgeschwindigkeit bei zunehmender Härte des Arbeitsstückes ab.

Tabelle 59. Schnittdruck bei

Versuchsort	Material des Arbeitsstückes	Drehstahlsorte	Schnitt-tiefe in mm	Vor-schub in mm	Span-quer-schnitt in qcm
Manchester, 1900	Weiches Gußeisen	verschiedene Sorten moderner englischer Chrom - Wolfram- oder Molybdän-schnelldrehstähle, die bis zum Schmelz-punkt erhitzt wurden	4,76	1,59	0,08
	Mittleres „		4,76	1,59	0,0742
	Hartes „		4,76	1,59	0,0757
Wm. Sellers & Co. Philadelphia, 1902	Weiches Gußeisen, Durchmesser unter der äußeren Gußhaut 330 mm; voll gegossen	Chrom-Wolfram-Schnelldrehstahl, bis zum Schmelz-punkt erhitzt. Zusammensetzung dieser Stähle: Stahl Nr. 20, Tab. 110 Schaftbreite $^7/_8''$	4,76	1,59	
	Dieselbe Stange Guß-eisen, Schneiden der Gußhaut		4,76	1,59	
	Hartes Gußeisen; Durchmesser: 330 mm, $15\,^0/_0$ Stahlschrot ent-haltend; 50 mm hohl-gegossen		4,76	1,59	

Tabelle 60. Schnittdruck bei

Versuchsort	Material des Arbeitsstückes	Drehstahlsorte	Schnitt-tiefe in mm	Vorschub in mm
Manchester, 1903	Weicher Schmiedestahl	verschiedene Sorten moderner englischer Chrom-Wolfram- oder Molybdänschnelldreh-stähle, die bis zum Schmelzpunkt erhitzt wurden	4,76	1,59
	Mittlerer „		4,76	1,59
	Harter „		4,76	1,59
Wm. Sellers & Co. Philadelphia, 1902	Mittlerer Schmiedestahl (ausgeglüht)	Chrom - Wolfram-Schnelldrehstahl, der bis zum Schmelzpunkt erhitzt wurde	4,76	1,59
Wm. Sellers & Co. Philadelphia, 1883	Gußstahl, gewalzt	Stähle aus Tiegelguß-stahl, deren Schnitt-geschwindigkeiten aber so groß waren, wie die der modernen Chrom-Wolfram-Schnelldreh-stähle	25,4 ⎱ Stähle mit geradlinig. Schneide	1,3
	Schmiedestahl		66,7 ⎰	0,5
	Bandagen v. Stahlguß			

^{1}) Geschätzt.

Bearbeitung von Gußeisen.

Normal-schnitt-geschwin-digkeit in m/Min.	Spezifisch. Schnitt-druck in kg/qcm	Zug-festigkeit in kg/qcm	Druck-d. Materials in kg/qcm	Chemische Zusammensetzung in %				
				Gesamt-Kohlen-stoff	Gebunden. Kohlen-stoff	Graphit	Silicium	Mangan
30,5	7 450	890	4220	3,062	0,459	2,603	3,010	1,180
14,9	13 200	1760	6880	3,305	0,585	2,720	1,703	0,588
9,8	12 930	1250	6600	3,025	1;150	1,875	1,789	0,348
45,2	7 310						1,91	
23,2	7 310						1,91	
13,7	11 230	1690					1,19	

Bearbeitung von Stahl.

Span-quer-schnitt in qcm	Normal-schnitt-geschwin-digkeit in m/Min.	Spezifisch. Schnitt-druck in kg/qcm	Zug-festigkeit d. Materials in kg/qcm	Dehnung in %	Chemische Zusammensetzung in %		
					Gesamt-Kohlen-stoff	Silicium	Mangan
	33,8	18 000	4220	29	0,20	0,055	0,605
	24,4	17 000	4500	26	0,28	0,086	0,650
	12,5	23 600	7320	14	0,51	0,111	0,792
	19,5	19 500	4920	30	0,34	0,183	0,600
0,322	10,7	18 000	7170	8	0,55		
0,33	13,7	18 600	6050	14	0,75		
	6,7	12 900	6750[1]	3 [1]	0,82		

(Vgl. Tab. 60.) Man sollte auch erwarten, daß die Zugfestigkeit des Arbeitsstückes und die Normalschnittgeschwindigkeit im umgekehrten Verhältnisse stehen. Dies ist jedoch nicht der Fall, sondern es besteht eine auffallende, scheinbar unerklärliche Unregelmäßigkeit in der gegenseitigen Abhängigkeit dieser beiden Werte, und nur ganz allgemein läßt sich die Behauptung aufstellen, daß Stahlsorten von größerer Zugfestigkeit niedrigere Normalschnittgeschwindigkeiten zulassen, ohne daß jedoch diese Behauptung in jedem einzelnen Falle Gültigkeit hätte.

§ 224. (503.) Von großer Wichtigkeit ist die Beziehung zwischen spezifischem Schnittdruck und Normalschnittgeschwindigkeit. Eine gesetzmäßige Beziehung zwischen diesen beiden Werten läßt sich aus den Versuchen nicht ohne weiteres feststellen. Z. B. beträgt einmal bei einem spezifischen Schnittdruck von 18 000 kg/qcm die Normalschnittgeschwindigkeit 33,5 m/Min., ein zweites Mal bei gleichem Schnittdruck nur 10,7 m/Min., während ein drittes Mal bei einem Schnittdruck von 17 000 kg/qcm sich eine Normalschnittgeschwindigkeit von 24,4 m/Min. ergab. Ein ähnlicher Mangel an Gesetzmäßigkeit zeigt sich auch im Verhältnisse des spezifischen Schnittdruckes zur Zugfestigkeit. So wurde einmal bei einer Zugfestigkeit des Arbeitsstückes von 7300 kg/qcm ein spezifischer Schnittdruck von 23 000 kg/qcm gefunden, während ein zweites Mal bei einer Zugfestigkeit von 6750 kg/qcm der Schnittdruck nur 13 000 kg/qcm betrug.

§ 225. (504—507.) Aus diesen Versuchsergebnissen geht wohl zur Genüge hervor, daß ein bestimmtes Gesetz über den Einfluß des Schnittdruckes und der Zug- und Druckfestigkeit des Arbeitsstückes auf die Normalschnittgeschwindigkeit nicht aufgestellt werden kann.

Für die scheinbaren Widersprüche im § 224 soll im folgenden eine theoretische Erklärung gegeben werden, deren Zuverlässigkeit man, da sie auf Tatsachen beruht, Vertrauen entgegenbringen darf.

Trotz der geringeren Zugfestigkeit des weichen Stahles kann seine Zerreißarbeit größer sein als bei hartem Stahl, da diese nicht nur von der Zerreißkraft (Zugfestigkeit), sondern auch von der totalen Dehnung abhängt.

§ 226. (508—510.) In den §§ 71—79 wurde erörtert, daß sich die Moleküle während der Spanbildung an einem Arbeitsstück aus Stahl so weit aneinander verschieben, daß der abgetrennte Span die doppelte Dicke der ursprünglichen Metallschichte aufweist.

Je weicher nun das Material des Arbeitsstückes ist, desto stärker sind die molekularen Verschiebungen, d. h. desto stärker schwillt der Span an und desto größer wird auch die für die Abtrennung aufzuwendende Arbeit.

Infolge der größeren Verdickung des Spanes aus weichem Stahl im Vergleich zu hartem Stahl wird ein größerer Teil der oberen Schneidfläche unter Druck gesetzt. Infolgedessen kommt es vor, daß der totale Druck auf die Schneidfläche bei der Zerspanung von weichem Stahl größer wird, wenn auch der Druck auf die Flächeneinheit ein kleinerer ist.

Nach den Ausführungen in den vorigen Paragraphen sollte man annehmen, daß der Schnittdruck dem Produkte aus Zugfestigkeit und Dehnung proportional sei. Dies wäre der Fall, wenn bei der Spanbildung das Gefüge des abgetrennten Materials vollkommen zerstört würde, d. h. wenn alle Moleküle um den maximalen, der totalen Dehnung entsprechenden Betrag aneinander verschoben worden wären. Da aber der Span in Schuppen zerfällt, deren molekulares Gefüge intakt geblieben ist, kann von einer vollkommenen Zerstörung des zerspanten Materials nicht die Rede sein. Je härter aber der Stahl des Arbeitsstückes ist und in je feinere Schuppen der Span infolgedessen zerfällt, um so vollkommener wird verhältnismäßig das Gefüge des abgetrennten Materials zerstört werden. Demnach wird die Härte und mit ihr die Zugfestigkeit einen verhältnismäßig stärkeren Einfluß auf den Schnittdruck ausüben als die Dehnung.

§ 227. (511.) Ohne Zweifel ist der Schnittdruck um so größer, je hochwertiger die Qualität des Arbeitsstückes ist; es sind darunter solche Stahlsorten zu verstehen, welche hohe Zugfestigkeit mit großer Dehnung vereinen. Z. B. sorgfältig geschmiedeter, phosphorarmer oder in Öl angelassener, ausgeglühter Stahl, ferner hochwertiger Werkzeugstahl. In Anbetracht der hohen Schnittdrücke bei diesen Stahlsorten ist die Normalschnittgeschwindigkeit verhältnismäßig sehr hoch, während sich die niedrigsten Schnittgeschwindigkeiten bei Bearbeitung von Hartguß oder gehärtetem Stahl, trotz der geringen Schnittdrücke (wegen geringer Dehnung) ergeben. (Vgl. Tab. 60.)

§ 228. (512—514.) Aus dem Vergleiche der auf Tab. 60 gegebenen Versuchswerte der Schnittdrücke bei Bearbeitung von geschmiedetem Walzstahl und Stahlguß geht hervor, daß diese bei ungefähr gleicher Zugfestigkeit mit der Dehnung abnehmen.

Aus den Angaben in der gleichen Tabelle geht außerdem hervor, daß die Normalschnittgeschwindigkeit bei Stahlguß am niedrigsten ist, trotzdem der Schnittdruck den kleinsten Wert zeigt. Diese Tatsache beweist, daß hohe Härtegrade des Arbeitsstückes nur sehr geringe normale Schnittgeschwindigkeiten zulassen, ohne hohe Schnittdrücke zu verursachen. Ohne Zweifel ist die geringe Dehnung des Arbeitsstückes Ursache der niedrigen Schnittgeschwindigkeit. Die vollständige Erklärung für diese Erscheinung ist im folgenden gegeben:

§ 229. (515.) Ohne Zweifel ist das Maß der Erwärmung des Drehstahles direkt proportional:

    a) dem Schnittdruck,

    b) der Geschwindigkeit, mit welcher der Span auf der Schneidfläche des Stahles abgleitet und

c) dem Reibungskoeffizienten zwischen Drehstahl und Span; dieser ist von der Glätte der oberen Schneidfläche abhängig und wächst daher während der Bearbeitung.

§ 230. (516.) In Fig. 2 und 3 sind die Nasen zweier Stähle abgebildet, von denen einer weichen, der andere harten Stahl schneidet. Die Dicke der abzutrennenden Metallschicht ist in beiden Fällen gleich. Die Länge, auf die sich der Span an die Schneidfläche anlegt, ist bei weichem Stahl fast doppelt so groß als bei hartem Stahl, daher der Schnittdruckmittelpunkt bei weichem Stahl weiter von der Schneidkante entfernt als bei hartem Stahl. Ebenso wird auch die Reibungswärme, die durch das Gleiten des Spanes auf der Schneidfläche entsteht, wegen der größeren Oberfläche schneller abgeleitet werden, so daß auch im Falle höherer totaler Wärmeentwicklung die Schneidkante des Drehstahles nicht so heiß wird wie bei Bearbeitung von hartem Stahl.

§ 231. (517—518.) Deshalb ist bei Bearbeitung von hartem Stahl eine geringere Normalschnittgeschwindigkeit zulässig als bei Bearbeitung von weichem Stahl, wenn auch der totale Schnittdruck in beiden Fällen gleich groß ist. Der Inhalt der vorliegenden Auseinandersetzungen kurz zusammengefaßt lautet also:

Bei Bearbeitung von hartem Stahl ist gegenüber weichem Stahl:

a) der Druck des Spanes auf die Flächeneinheit der Schneidfläche größer,

b) der Druckmittelpunkt näher der Schneidkante und

c) die Ableitung der Reibungswärme unvollkommener.

Alle diese Umstände, die eine Verminderung der Normalschnittgeschwindigkeit zur Folge haben, sind weniger durch die Festigkeit des Materials des Arbeitsstückes bedingt als durch seine Dehnung.

§ 232. (519.) In den §§ 404—413 (Unterscheidung der Metalle nach ihrer Härte) ist eine Formel entwickelt, in der die gesetzmäßige Beziehung zwischen normaler Schnittgeschwindigkeit, der Zugfestigkeit und Dehnung des Arbeitsstückes festgelegt ist.

Beziehung zwischen der Normalschnittgeschwindigkeit und dem Schnittdruck bei Bearbeitung von Gußeisen.

§ 233. (520.) Aus dem Vergleich der Angaben auf Tab. 59 der Normalschnittgeschwindigkeit und des Schnittdruckes geht hervor, daß es auch bei der Bearbeitung von Gußeisen zwischen diesen Werten eine einfache, gesetzmäßige Beziehung nicht gibt. Z. B. ergab sich bei einem spezifischen Schnittdruck von 13 200 kg/qcm eine Normalschnittgeschwindigkeit von 14,9 m/Min., ein zweites Mal bei einem Schnittdruck von 12 950 kg/qcm eine Schnittgeschwindigkeit von nur 9,7 m/Min.

Beziehung zwischen der Normalschnittgeschwindigkeit und der Druckfestigkeit des Arbeitsstückes bei der Bearbeitung von Gußeisen.

§ 234. (521.) Im allgemeinen scheint es, daß zwischen der Normalschnittgeschwindigkeit und der Druckfestigkeit des Arbeitsstückes bei Gußeisen das Gesetz der verkehrten Proportionalität mit größerer Annäherung gilt, als dies bei Stahl der Fall war. Doch ergaben die Versuche folgende Anomalien: Bei einer Druckfestigkeit von 6870 kg/qcm eine Normalschnittgeschwindigkeit von 14,9 m/Min. und bei einer Druckfestigkeit von 6620 kg/qcm eine Schnittgeschwindigkeit von nur 9,7 m/Min.

Vergleich der Beziehungen zwischen dem Schnittdruck und der Normalschnittgeschwindigkeit für Stahl und Gußeisen.

§ 235. (522—524.) Im allgemeinen ist die Normalschnittgeschwindigkeit bei der Bearbeitung von Gußeisen geringer als bei der Bearbeitung von Stahl, trotzdem der spezifische Schnittdruck bei Gußeisen bedeutend geringer ist. (Vgl. §§ 325—332.)

Bekanntlich fehlt dem Gußeisen fast vollständig die Eigenschaft der Dehnbarkeit bzw. Zusammendrückbarkeit vor Eintritt des Bruches. Nach dem Vorhergesagten konzentriert sich daher der Schnittdruck sehr nahe an der Schneidkante, so daß dort der spezifische Druck wahrscheinlich ebenso groß wird wie bei Stahl.

Trotzdem die Gesamterwärmung des Stahles bei der Bearbeitung von Gußeisen bedeutend geringer ist als bei der Bearbeitung von Stahl, werden die Stähle wegen der an der Schneidkante stärker konzentrierten Erhitzung doch schneller unbrauchbar.

Schnittdruckmessungen.

§ 236. (525.) Verfasser führte zwei Versuchsreihen zum Zwecke der Bestimmung des Schnittdruckes durch. Zuerst im Jahre 1894 in den Midvale-Stahlwerken in Nicetown, Philadelphia lediglich zum Zwecke der Messung der Vorschubkraft und dann im Jahre 1902 in den Werkstätten von Wm. Sellers & Co. in Philadelphia, diesmal mit bedeutend größerer Sorgfalt und vollkommeneren Meßvorrichtungen. Die letzteren Versuche werden eingehender beschrieben werden.

§ 237. (526.) Zunächst soll eine Meßmethode, die vom Verfasser bald aufgegeben wurde, kurz beschrieben werden, um zukünftige Forscher vor ihrer Anwendung zu warnen.

§ 238. (527—530.) Für die Versuche wurde eine Drehbank mit 400 mm Spitzenhöhe benutzt, die von einem 20 PS.-Motor (220 Volt) mit einer einfachen Riemenübersetzung angetrieben wurde. (Fig. 61.)

Es wurde nun versucht, den Schnittdruck durch Subtraktion der Ablesungen am Amperemeter zuerst während des Schneidens und dann während des Leerlaufes zu messen.

Diese Methode führte zu ungenauen Resultaten, da infolge der starken Schwankungen des Amperemeterzeigers bei geringen Belastungen genaue Ablesungen unmöglich waren. Außerdem war die Wirkungsgradkurve des Motors nicht bekannt.

Dann wurde versucht, den Motor durch Ankuppelung einer Akkumulatorpumpe überhaupt stärker zu belasten; doch waren die Schwankungen in der Pumpenarbeit so groß, daß auch auf diesem Wege befriedigende Resultate nicht erzielt werden konnten.

Meßvorrichtungen.

§ 239. (531—534.) Schließlich wurde durch die im folgenden beschriebene Vorrichtung Genauigkeit der Messungen erzielt. Durch Wiederholung der Versuche wurden die Resultate geprüft und genau befunden.

Die Meßvorrichtung bestand aus einer Seilbremse (siehe Fig. 61), die an einer Stufe der Stufenscheibe der Drehbank angebracht werden konnte. Die beiden Enden des um die Scheibe gewickelten Doppelseiles waren an Federwagen befestigt. Auf einer Seite konnte das Ende des Doppelseiles mittels Handrad und Schraube gespannt werden. Der Schnittdruck wurde nun auf folgende Weise gemessen.

Nachdem der Beharrungszustand in der arbeitenden Bank eingetreten war, wurde das Amperemeter abgelesen, während die Drehbank unter Schnittbelastung stand. Dann wurde der Drehstahl entfernt, die Seilbremse an der Stufenscheibe angebracht und so lange gespannt, bis das Amperemeter wieder die gleiche Ablesung ergab, wie früher unter Schnittbelastung. Schließlich wurde aus dem Unterschied der Spannungen in den beiden Seilenden, die an den Federwagen abgelesen werden konnten, die Umfangskraft an der Bremsscheibe bestimmt. Diese Kraft, reduziert auf den mittleren Durchmesser des Arbeitsstückes, ergab den absoluten Schnittdruck. Auf diese Weise wurden die Reibungswiderstände im ganzen Antrieb, mit Ausnahme des Zahnradvorgeleges in der Bank, ausgeschaltet. Diese sind so gering, daß sie vernachlässigt werden können, um so mehr, da sie dem Schnittdruck proportional sind und deshalb die Vergleichsergebnisse verschiedener Versuche nicht beeinflussen.

Die Ablesungen am Amperemeter und an den Federwagen müssen sobald als möglich nach Anbringung der Bremse vorgenommen werden, da sonst infolge der Erhitzung der Bremsscheibe die Seilreibung zu stark schwankt.

Verhalten des spezifischen Schnittdruckes bei Änderungen
der Schnittiefe und des Vorschubes, für Bearbeitung von
Gußeisen mit normalen Drehstählen.

§ 240. (535—541.) Im folgenden sind die allgemeinen Ergebnisse
der Versuche darüber gegeben.

I. Der spezifische Schnittdruck schwankt zwischen den Grenzen
4950 kg/qcm und 13 900 kg/qcm, je nachdem weiches Gußeisen mit
starkem oder hartes Gußeisen mit geringem Vorschub bearbeitet wird.

II. Der spezifische Schnittdruck nimmt bei abnehmendem Vor-
schub schnell und bei abnehmender Schnittiefe langsam zu. Zwei ex-
treme Werte für den spezifischen Schnittdruck bei feinen und groben
Spänen sind im folgenden gegeben (Tab. 62):
Schnittiefe 3,2 mm; Vorschub 0,83 mm; spez. Schnittdruck 9000 kg/qcm
Schnittiefe 10,7 mm; Vorschub 3,30 mm; spez. Schnittdruck 5300 kg/qcm

III. Das Verhalten des spezifischen Schnittdruckes läßt sich durch
folgende Formel ausdrücken:

$$\frac{(100)\,P}{D\cdot F} = \frac{C}{D^{1\frac{1}{15}} \cdot F^{1\frac{1}{4}}},$$

darin bezeichnet:

D die Schnittiefe in mm,

F den Vorschub in mm,

P den absoluten Schnittdruck in kg,

$\dfrac{(100)\,P}{D\cdot F}$ den spezifischen Schnittdruck in kg/qcm und

C eine Materialkonstante, die je nach Härte des Gußeisens zwischen
88 und 138 schwankt.

IV. Der Härtegrad des Gußeisens beeinflußt in der obigen Formel
nur die Materialkonstante C. (Vgl. § 251.)

V. Bei gleicher Schnittiefe und gleichem Vorschub ist der spezifische
Schnittdruck um so größer, je größer der Krümmungsradius der Schneidkante ist. (Vgl. §§ 142 und 248.)

Zweck der Schnittdruckversuche.

§ 241. (542.) Der Hauptzweck der Schnittdruckversuche war die
Bestimmung der maximalen Schnittdrücke für alle normalen Stähle, sowohl bei Bearbeitung von weichem als auch von hartem Gußeisen, deren
Kenntnis für die richtige Konstruktion der Werkzeugmaschinen unbedingt erforderlich ist. Als Maximum kann für die Berechnung der
Bänke ein spezifischer Schnittdruck von 14 000 kg/qcm angenommen
werden. (Tab. 62.)

§ 242. (543.) Der zweite fast ebenso wichtige Zweck war die Bestimmung des Schnittdruckes für verschiedene Schnittiefen und Vor-

Tabelle 62.

Weiches Schaft-

Schnitttiefe mm	Schaftbreite $^1/_2''$				Schaftbreite $^3/_4''$				Schaft-	
	Versuch Nr.	Vorschub mm	Druck in kg Gesamt auf den Stahl	Druck in kg auf den cm²	Versuch Nr.	Vorschub mm	Druck in kg Gesamt auf den Stahl	Druck in kg auf den cm²	Versuch Nr.	Vorschub mm
3,2	930	0,64	268	13 200	483	0,42	216	16 300		
	931	0,81	387	15 000	484	0,73	250	10 800		
	932	1,15	328	9 000	485	1,12	327	9 900		
	933	1,54	440	8 950	486	1,61	410	8 000		
	934	2,32	529	7 200	487	2,28	505	6 950		
	935	3,26	574	5 600	488	3,56	676	6 200		
4,76	936	0,54	261	10 200	489	0,43	264	12 950		
	937	0,82	414	10 550	490	0,74	264	7 450		
	938	1,17	460	8 300	491	1,13	403	7 450		
	939	1,55	446	6 050	492	1,59	542	7 200		
	940	2,34	545	4 850	493	2,28	695	6 350		
	941	3,28	745	4 700	494	3,14	997	6 550		
7,15	942	0,54	359	9 300	512	0,44	310	9 800	469	0,43
	943	0,81	456	7 900	511	0,75	334	6 200	470	0,77
	944	1,17	637	7 600	510	1,15	528	6 400	471	1,13
	945	1,55	711	6 550	509	1,59	596	5 200	472	1,59
	946	2,28	854	5 200	508	2,30	884	5 350	473	2,30
	947	3,25	1192	5 050	507	3,26	1180	5 050	474	3,22
10,7	948	0,56	493	8 250	501	0,41	452	10 300	463	0,43
	949	0,82	912	10 500	502	0,67	571	7 950	464	0,77
	950	1,17	937	7 550	503	1,15	803	6 450	465	1,12
	951	1,58	1055	6 200	504	1,59	1064	6 200	466	1,59
	952	3,28	1334	5 400	505	2,36	1450	5 750	467	2,30
	953	3,37	1920	5 150	506	3,18	1738	5 050	468	3,13
16,1					500	0,40	706	11 050	457	
					499	0,71	949	8 250	458	0,77
					498	1,13	1370	7 550	459	1,12
					497	1,49	1830	7 650	460	1,59
					496	2,29	2300	6 250	461	2,30
					495	3,08	2815	5 700	462	3,10
25,05										

Schnittdruck bei Gußeisen.

Gußeisen						Hartes Gußeisen			
breite ³/₄''		Schaftbreite 1¹/₄''				Schaftbreite 1''			
Druck in kg		Ver-such Nr.	Vor-schub mm	Druck in kg		Ver-such Nr.	Vor-schub mm	Druck in kg	
Gesamt auf den Stahl	auf den cm²			Gesamt auf den Stahl	auf den cm²			Gesamt auf den Stahl	auf den cm²
		954	0,54	153	8 950				
		955	0,83	238	9 000				
		956	1,17	350	9 450				
		957	1,59	365	7 200	1153	1,63	649	12 500
		958	2,30	462	6 350	1154	2,36	825	11 000
		959	3,28	596	5 700	1155	3,30	1054	9 500
		960	4,67	789	5 400	1156	4,70	1439	9 850
		961	0,54	238	9 300				
		962	0,81	400	10 350				
		963	1,17	453	8 000	1157	1,17	554	9 900
		964	1,59	615	8 100	1158	1,65	805	10 200
		965	2,30	746	6 750	1159	2,36	1070	9 500
		966	3,28	958	6.300	1160	3,30	1299	8 250
		967	4,69	1185	5 250	1161	4,61	1845	8 400
391	12 800	968	0,54	340	8 850				
496	9 000	969	0,81	515	8 850	1162	0,82	700	11 900
617	7 650	970	1,17	665	7 950	1163	1,17	874	10 400
872	7 650	971	1,59	810	6 450	1164	1,59	1121	10 100
1030	6 250	972	2,32	1000	6 050	1165	2,30	1560	9 450
1305	5 600	973	3,28	1220	5 750	1166	3,18	2038	8 950
		974	4,64	1730	5 200	1167	4,57	2521	7 750
533	11 400	975	0,54	478	8 000	1168	0,52	447	8 000
565	6 800	976	0,81	796	8 450	1169	0,81	1021	11 700
832	6 950	977	1,17	949	7 550	1170	1,17	1305	10 400
1008	5 900	978	1,59	1167	6 400	1171	1,59	1698	10 200
1439	5 850	979	2,32	1530	6 100	1172	2,32	2250	9 000
1852	5 500	980	3,28	1865	5 250	1173	3,27	3105	8 850
619	8 850	981	0,54	900	10 000	1174	0,51	1220	14 900
949	11 000	982	0,81	1020	7 800	1175	0,79	1582	12 450
1210	6 750	983	1,15	1438	7 750	1176	1,17	2205	11 750
1565	6 100	984	1,63	1820	6 950	1177	1,59	2565	10 200
2055	5 500	985	2,28	2150	5 850	1178	2,28	3159	8 600
2579	5 150								
		986	0,54	1127	8 650				
		987	0,81	1480	7 550				
		988	1,15	1880	6 750				
		989	1,55	2437	6 450				

schübe, um mit Hilfe eines Rechenschiebers (vgl. § 423) für jede Bank sofort die richtigen Spandimensionen bestimmen zu können.

§ 243. (544—546.) In Tabelle 62 sind die Gesamtschnittdrücke, wie sie sich für verschiedene Schnittiefen und Vorschübe ergeben haben, zusammengestellt, und daneben diese absoluten Drücke auf die Flächen-

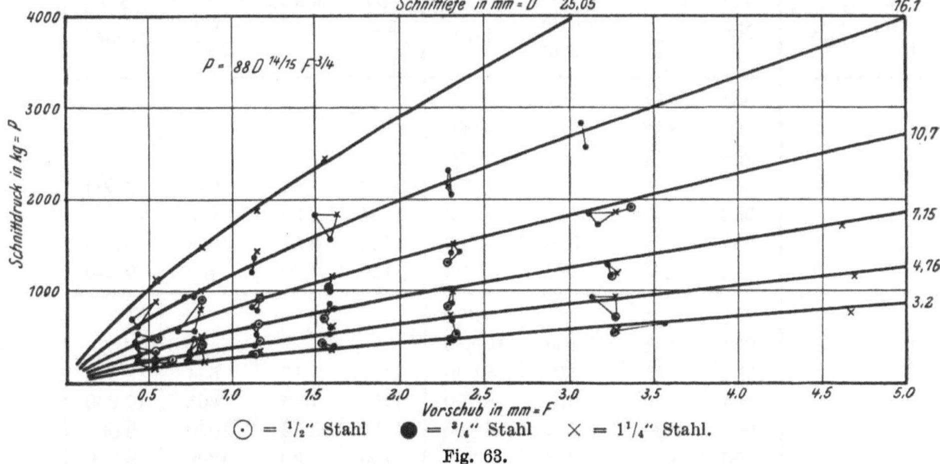

⊙ = ¹/₂″ Stahl   ● = ³/₄″ Stahl   × = 1¹/₄″ Stahl.
Fig. 63.

einheit des Spanquerschnittes reduziert. Außerdem sind die Gesamt-drücke in den Schaubildern auf Fig. 63—67 graphisch aufgetragen, und zwar die Schnittdrücke als Ordinaten, die Vorschübe als Abszissen.

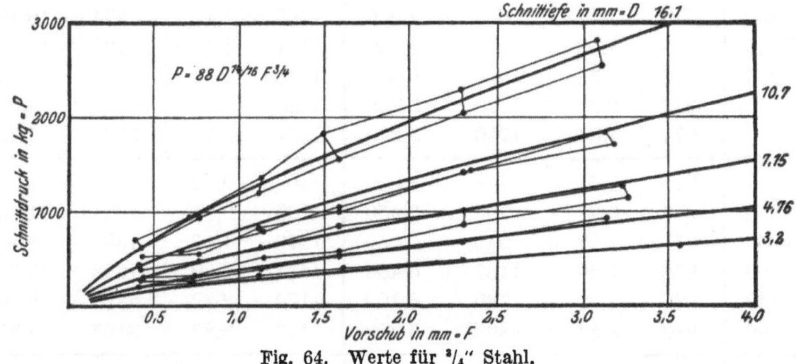

Fig. 64. Werte für ³/₄″ Stahl.

Die stark ausgezogenen Kurven entsprechen der Gleichung des Ge-samtschnittdruckes:

$$P = C \cdot D^{\frac{14}{15}} \cdot F^{\frac{3}{4}} \quad \text{(vgl. § 240)}.$$

§ 244. (547—548.) In Fig. 63 sind alle Versuche zusammengefaßt, die in den Schaubildern Fig. 64—66 nach der Stahlgröße geordnet wieder-gegeben sind.

Diese Versuche wurden voneinander vollständig unabhängig und zu verschiedenen Zeiten durchgeführt, so daß sowohl ihre gute Übereinstimmung untereinander als auch das geringe Maß der Abweichungen von der berechneten Kurve (Gleichung in § 243) auf große Zuverlässigkeit der Beobachtungen schließen lassen.

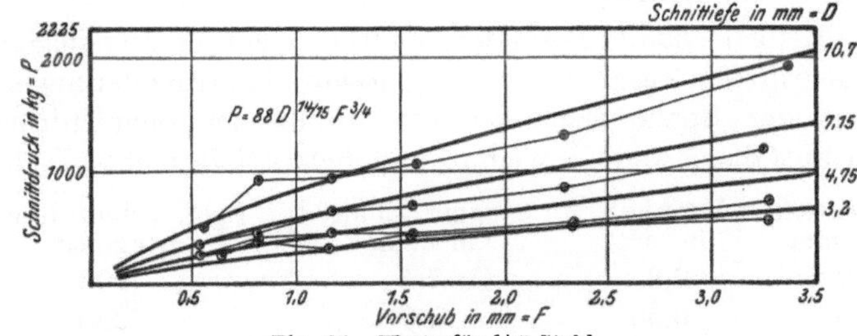

Fig. 65. Werte für ¹/₂″ Stahl.

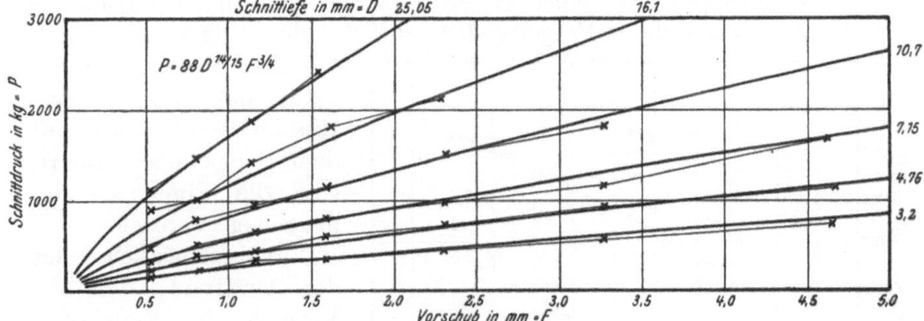

Fig. 66. Werte für 1¹/₄″ Stahl.

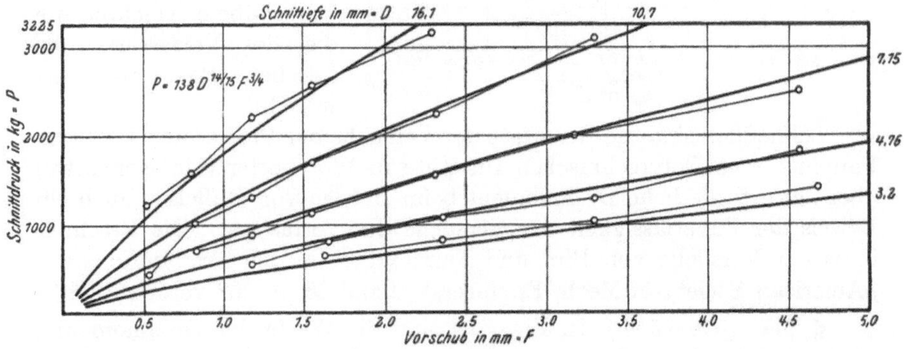

Fig. 67. Werte für 1″ Stahl.

§ 245. (549.) Aus den Versuchen in Manchester schien hervorzugehen, daß der Schnittdruck dem Spanquerschnitt direkt proportional ist, und daß der spezifische Schnittdruck sich mit dem Vorschub und der Schnittiefe nicht ändere. Dieses Ergebnis steht in Widerspruch mit der Formel in §§ 240 und 243. Wenn auch infolge der Vernachlässigung der Reibung im Zahnradvorgelege bei den Versuchen des Verfassers zu große

Schnittdrücke gemessen wurden, so kann doch dieser verschwindend kleine Fehler den Unterschied in den Ergebnissen der beiden Versuche nicht verursacht haben.

§ 246. (550—555.) Besonders deutlich geht es aus folgender aus Tab. 62 gegriffenen Zusammenstellung hervor, daß trotz der angenäherten Gleichheit der Spanquerschnitte die spezifischen Schnittdrücke verschieden ausfallen, wenn Vorschub und Schnittiefe nicht gleich sind.

Schnittiefe in mm	Vorschub in mm	Spanquerschnitt in qmm	Spez. Schnittdruck in kg/qcm
3,2	2,3	7,4	7200
10,7	0,56	6,0	8250

Bei derartigen Vergleichen ist der Fehler infolge Vernachlässigung der Reibungswiderstände im Vorgelege bekanntlich vollständig ausgeschaltet.

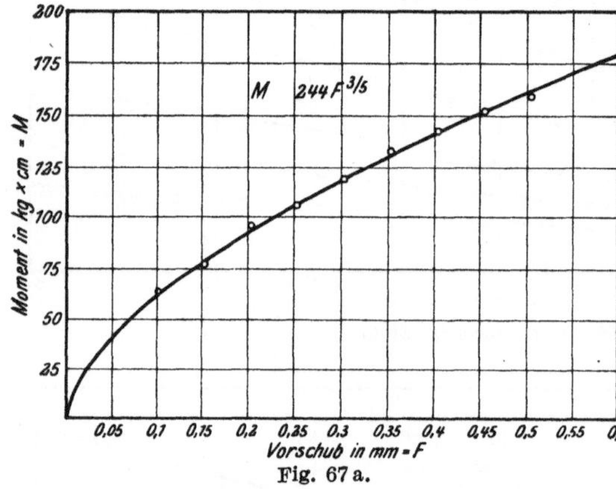

Fig. 67 a.

Ein weiterer Beweis dafür, daß sich der spezifische Schnittdruck mit dem Vorschube ändert, sind die Ergebnisse der deutschen Versuche.

Wahrscheinlich hat der Umstand, daß die Versuche in Manchester sich nicht auf so geringe Vorschübe erstreckten wie die des Verfassers, die falschen Resultate verursacht.

Schließlich sind die Resultate der Versuche der Professoren Bird und Fairchild vom Polytechnischen Institute in Worchester (Massachusetts) über das erforderliche Drehmoment beim Bohren von Gußeisen auch ein Beweis der Zuverlässigkeit der Versuche des Verfassers. (Die Beschreibung der Versuche von Bird und Fairchild ist in den Transactions der „American Society of Mech. Engineers", Band 26, S. 362 veröffentlicht.)

§ 247. (556—558.) In Fig. 67a sind die Werte der Drehmomente, wie sie bei den Versuchen gefunden wurden, in einer Kurve aufgetragen, deren Gleichung lautet:

$M = 244\ F^{\frac{3}{5}}$, darin bezeichnet:

M das Drehmoment in kg × cm,

F den Vorschub bei einer Umdrehung in mm.

Das Drehmoment ist dem Schnittdruck direkt proportional, daher ist auch der Schnittdruck dem Ausdruck $F^{\frac{3}{5}}$ proportional. Der Exponent von F in dieser Gleichung ist noch kleiner als der vom Verfasser gefundene, somit auch die Abnahme des Schnittdruckes bei zunehmendem Vorschub noch ausgeprägter.

Es ist also auch dieser Versuch ein klarer Beweis für die Unrichtigkeit der Beobachtungen bei den Versuchen in Manchester.

Einfluß der Drehstahlgröße auf den Schnittdruck.

§ 248. (559.) In Fig. 66 sind die Gesamtschnittdrücke eingetragen, wie sie bei der Bearbeitung von weichem Gußeisen mit einem $1^1/_4$ zölligen Drehstahl gefunden wurden und in Fig. 65 das gleiche für einen $^1/_2$ zölligen Drehstahl, beide mit runder Nase. Die beiden Versuchsreihen wurden an dem gleichen Arbeitsstück durchgeführt, um den Einfluß der Nasenbreite auf den Schnittdruck genau bestimmen zu können. Die Ergebnisse bestätigen wieder die Behauptung, daß der spezifische Schnittdruck zunimmt, wenn die Spandicke abnimmt.

§ 249. (560.) An einer früheren Stelle wurde besprochen, daß die senkrecht gemessene Spandicke um so kleiner wird, je breiter die Schneidnase des Stahles ist. Demgemäß liegen auch die durch die Versuche für die Schnittdrücke gefundenen Punkte in den Schaubildern Fig. 66 bei dem $1^1/_4''$-Stahl dicht an der Kurve, während sie in Fig. 65 für den $^1/_2''$-Stahl erheblich unter der Kurve zu liegen kommen.

§ 250. (561.) Da bei geringen Schnittiefen die Krümmung der Schneidkante die Dicke des Spanes verhältnismäßig weniger beeinflußt, ist auch der Unterschied der Schnittdrücke in diesem Falle für die verschiedenen Größen der Drehstähle annähernd gleich.

Einfluß des Härtegrades von Gußeisen auf die Materialkonstante der Formel in §§ 240 und 243.

§ 251. (562—565.) In Tab. 62 und Fig. 66 und 67 sind die Schnittdrücke für weiches und hartes Gußeisen bei verschieden starken Spänen aufgetragen.

Um den Einfluß des Härtegrades auf die Materialkonstante zu bestimmen, sollen folgende Werte aus Tab. 62 verglichen werden:

a) für weiches Gußeisen:

Schnittiefe in mm	Vorschub in mm	Spanquerschnitt in qmm	Spez. Schnittdruck in kg/qcm
3,2	1,6	5,12	8000
16,1	2,3	37,0	5500

b) für hartes Gußeisen:

Schnittiefe in mm	Vorschub in mm	Spanquerschnitt in qmm	Spez. Schnittdruck in kg/qcm
3,2	1,63	5,22	12 500
16,1	2,28	36,7	8 600

Tabelle 68. Schnittdruck bei Stahl.

Schnitt-tiefe mm	Schaftbreite ½" Schnittgeschwindigkeit etwa 20 m/Min.				Schaftbreite ¾" Schnittgeschwindigkeit etwa 10 m/Min.				Schaftbreite ¾" Schnittgeschwindigkeit etwa 20 m/Min.				Schaftbreite 1¼" Schnittgeschwindigkeit etwa 10 m/Min.			
	Versuch Nr.	Vorschub mm	Druck in kg Gesamt auf den Stahl	Auf den cm²	Versuch Nr.	Vorschub mm	Druck in kg Gesamt auf den Stahl	Auf den cm²	Versuch Nr.	Vorschub mm	Druck in kg Gesamt auf den Stahl	Auf den cm²	Versuch Nr.	Vorschub mm	Druck in kg Gesamt auf den Stahl	Auf den cm²
3,2	565	0,39	266	21 400					435	0,37	274	23 600	541	0,47	321	21 550
	566	0,77	472	19 200					434	0,71	411	18 150	542	0,75	510	21 400
	567	1,07	784	23 050	535	1,17	696	18 800	433	1,09	582	16 900	543	1,14	732	20 200
	568	1,59	960	19 050					432	1,54	874	17 900	544	1,54	875	17 800
	569	2,30	1290	17 600	534	2,30	1463	20 000	431	2,26	1440	20 100	545	2,36	1463	19 550
					534½	3,26	1873	18 000	430	3,24	1750	17 000	546	3,18	2043	20 200
4,76	570	0,42	450	22 400					415	0,29	334	24 000	552	0,40	392	20 800
	571	0,70	635	19 050	523	0,80	700	18 400	414	0,71	610	18 000	551	0,76	678	18 700
	572	1,07	1220	24 000					413	1,05	1015	20 200	550	1,12	900	16 950
	573	1,59	1404	18 650	520	1,59	1233	16 300	412	1,59	1368	18 150	549	1,60	1252	16 700
					521	2,24	1880	17 600	418	2,24	2215	20 800	548	2,30	2085	19 000
					522	3,18	3000	19 800	538	3,18	2340	15 500	547	3,18	2720	18 100
					539		2583	17 100								
7,15	574	0,38	590	24 000					429	0,36	537	21 200	553	0,38	558	20 800
	575	0,70	952	19 100	530	0,79	1010	17 900	428	0,73	1092	21 000	554	0,73	966	18 600
					531	1,15	1594	19 500	427	1,07	1503	19 550	555	1,02	1264	17 300
					532	1,54	2008	16 800	426	1,57	2120	18 850	556	1,64	2100	17 900
					533	2,30	3200	19 300	425	2,30	3040	18 400	557	2,30	3030	17 450
10,7	577	0,38	965	24 000					424	0,38	876	21 400	558	0,44	947	20 000
					529	0,76	1670	20 400	423	0,76	1660	20 400	559	0,72	1525	19 600
					527	1,14	2475	16 700	422	1,08	2235	19 200	560	1,03	2100	19 050
					528	1,59	3134	18 400	421	1,40	2810	18 700	561	1,54	2610	15 800
													576		3050	18 500
16,1					525	0,46	1935	26 050					562	0,39	1350	21 400
					524	0,78	2780	22 250					563	0,72	2610	23 000
					526	1,05	3540	20 850	420	1,08	3520	20 350	564	1,02	3490	21 400

Das Verhältnis der Schnittdrücke ist in beiden Fällen ungefähr gleich und entspricht dem Verhältnisse der beiden im § 240 C gegebenen Materialkonstanten:

$$\frac{12500}{8000} \backsim \frac{8600}{5500} \backsim \frac{138}{88} \backsim 1{,}56.$$

Verhalten des Schnittdruckes bei Änderungen der Schnitttiefe und des Vorschubes bei Bearbeitung von Stahl mit normalen Drehstählen.

§ 252. (566—575.) Im folgenden sind die allgemeinen Ergebnisse der Versuche darüber gegeben.

I. Der spezifische Schnittdruck schwankt zwischen den Grenzen von 13 000 kg/qcm und 23 700 kg/qcm. (Vgl. Tab. 60.)

II. Der spezifische Schnittdruck nimmt bei abnehmendem Vorschub langsam zu und bleibt bei Änderungen der Schnittiefe konstant. Zwei extreme Werte des spezifischen Schnittdruckes bei feinen und groben Spänen sind im folgenden gegeben. (Vgl. Tab. 68.)

Schnittiefe in mm	Vorschub in mm	Spez. Schnittdruck in kg/qcm
4,8	0,39	20 800
4,8	3,17	18 100

III. Das Verhalten des spezifischen Schnittdruckes läßt sich durch folgende Formel ausdrücken:

$$\frac{(100)\,P}{D\,.\,F} = \frac{C}{F^{\frac{1}{15}}}$$

oder für den gesamten Schnittdruck $P = C\,.\,D\,.\,F^{\frac{14}{15}}$, darin bezeichnet:

D die Schnittiefe in mm

F den Vorschub in mm

P den gesamten Schnittdruck in kg

$\dfrac{(100)\,P}{D\,.\,F}$ den spezifischen Schnittdruck in kg/qcm und

C eine Materialkonstante. (= 200 für mittelharten Stahl.)

IV. Die Schnittgeschwindigkeit beeinflußt innerhalb ihrer gewöhnlichen Grenzen den Schnittdruck nicht. (Vgl. § 253.)

V. Die Härte des Stahles beeinflußt den Schnittdruck nur in geringem Maße. Hochwertiger Stahl, gleichgültig ob weich oder hart, verursacht größere Schnittdrücke als minderwertiger. (Vgl. §§ 224 und 227.)

VI. Der spezifische Schnittdruck wächst sowohl mit der Zunahme der Festigkeit als auch mit der Zunahme der Dehnung des Arbeitsstückes. Von größerem Einflusse ist die Zunahme der Festigkeit. (Vgl. §§ 226 und 227, Tab. 60.)

Unabhängigkeit des Schnittdruckes von der Schnittgeschwindigkeit.

§ 253. (576—577.) In Tab. 68 sind die Ergebnisse zweier Versuchsreihen mit 9 und 18 m/Min. Schnittgeschwindigkeit angegeben und in den Fig. 69a—69d für zwei verschiedene Stahlsorten graphisch aufgetragen. Fig. 69e gibt die Summe aller Versuche über den Schnittdruck. Die übrigen Versuchsbedingungen waren beide Male die gleichen. Aus dem Vergleiche der Werte für den Schnittdruck geht hervor, daß die Schnittgeschwindigkeit ohne Einfluß auf den Schnittdruck bleibt.

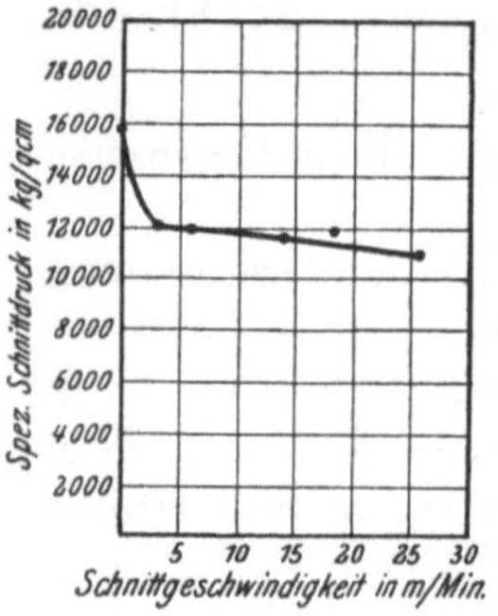

Im wesentlichen stimmen darin die Versuchsergebnisse des Verfassers und Dr. Nicolsons überein.

§ 254. (578.) In Fig. 69 ist ein Schaubild aus der Veröffentlichung des Dr. Nicolson wiedergegeben. (Vgl. Transactions of the American Society of Mech. Engineers, Band 25, S. 675, s. ferner Fig. 69a—69e.)

§ 255. (579.) Innerhalb der gewöhnlichen Grenzen der Schnittgeschwindigkeit ist die Abnahme des Schnittdruckes bei zunehmender Geschwindigkeit verschwindend klein, somit das oben ausgesprochene Gesetz für die in der

Fig. 69.

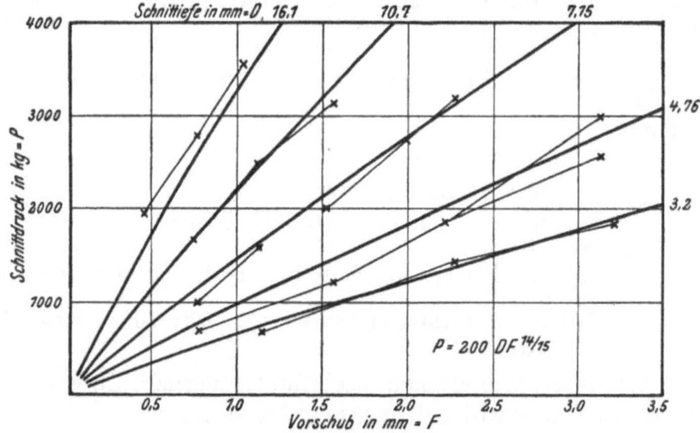

Fig. 69a. ³/₄" Stahl, 9 m Schnittgeschwindigkeit.

Praxis vorkommenden Grenzen bestätigt. Praktisch ohne jeden Wert ist es, das Verhalten des Schnittdruckes bei höheren Schnittgeschwindigkeiten als 18 m/Min. zu untersuchen, da dabei die Schnittdauer zu kurz wird.

§ 256. (580.) Es würde zu weit führen, die Vorgänge beim Bohren von Metallen auch im Rahmen des vorliegenden Werkes zu behandeln. Sehr sorgfältige Untersuchungen darüber wurden von M. Codron im

„Bulletin de la Société d'Encouragement pour l'Industrie Nationale, 1903" veröffentlicht. Diese Untersuchungen behandeln den Schnittdruck

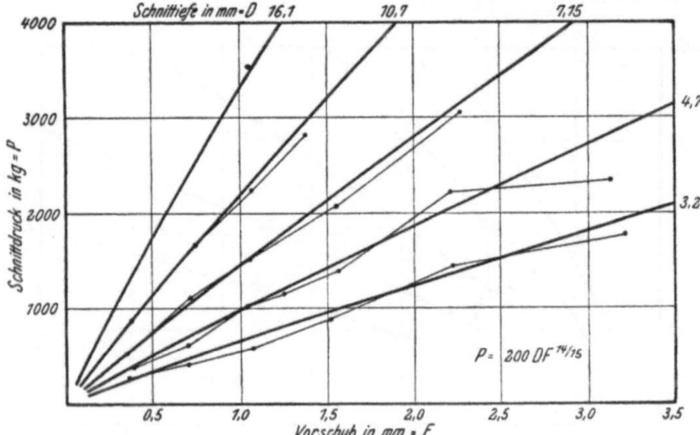

Fig. 69 b. ³/₄" Stahl, 18 m Schnittgeschwindigkeit.

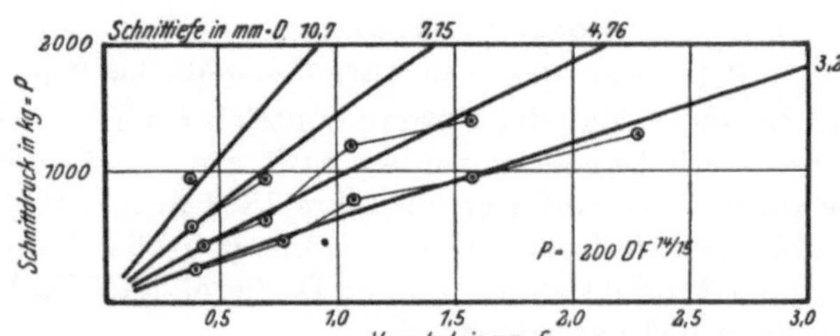

Fig. 69 c. ¹/₂" Stahl, 18 m Schnittgeschwindigkeit.

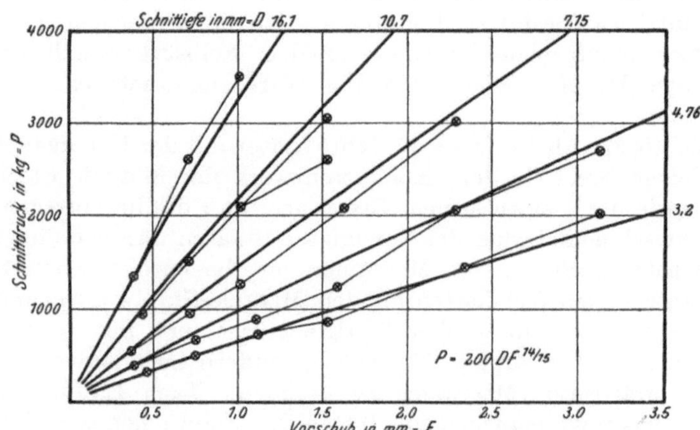

Fig. 69 d. 1¹/₄" Stahl, 9 m Schnittgeschwindigkeit.

beim Bohren von Stahl verschiedener Härte, Gußeisen, Bronze und anderer Metalle und sind mit jener Gründlichkeit durchgeführt, die französischen Forschern eigentümlich ist.

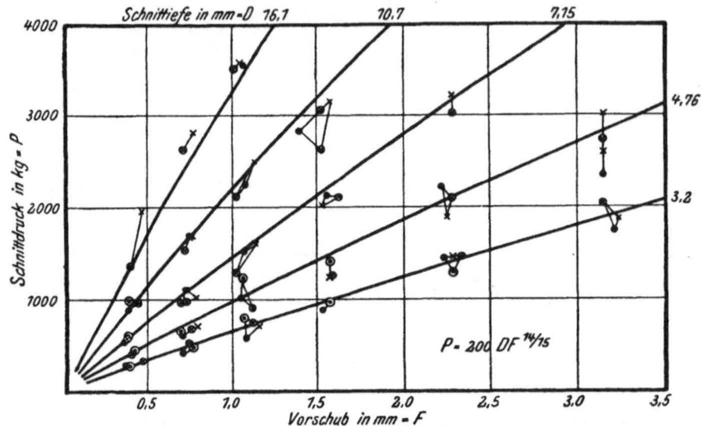

Fig. 69e.   Zusammenziehung der in Fig. 69a—69d dargestellten Versuchswerte.

Vorschubkraft.

§ 257. (581.) Bei weitem das wichtigste Ergebnis der Schnittdruckversuche ist der Nachweis, daß der Vorschubantrieb bei allen Werkzeugmaschinen ebenso stark bemessen werden muß wie der Hauptantrieb. Diese Tatsache wurde vom Verfasser im Jahre 1883 in den Werkstätten der Midvale-Stahlwerke entdeckt und hatte eine so große Tragweite auf die Verringerung der Produktionskosten der Dreherei, daß die Versuchskosten bald reichlich gedeckt waren.

§ 258. (582.) Alle Werkzeugmaschinen, welche nach dieser Zeit von den Midvale-Stahlwerken gekauft wurden, waren mit richtig bemessenem Vorschubantrieb ausgestattet. Dadurch wurden die zahlreichen Störungen und Zeitverluste infolge der Brüche vermieden. Selbstverständlich wurde auch strenge darauf gesehen, daß alle Werkzeugmaschinen voll ausgenutzt liefen.

§ 259. (583.) Als Verfasser 15 Jahre später mit der Neuorganisation der Bethlehem Steel Co. (ein Konkurrenzwerk der Midvale Steel Co.) betraut wurde, fand er zu seinem Erstaunen, daß die hervorragendsten Werkzeugmaschinenfabriken der Vereinigten Staaten während dieser Zeit an die Bethlehem-Stahlwerke Maschinen mit bedeutend schwächerem Vorschubantrieb geliefert hatten als den Midvale-Stahlwerken und daß erstere von der Existenz solcher Werkzeugmaschinen mit verstärktem Vorschubantrieb überhaupt nichts wußte, sondern im Glauben belassen wurde, die kräftigsten Maschinen zu besitzen. Nach Einführung des Pensumsystems (task management) traten ihre Schwächen sofort zutage.

Nur jene Bänke, welche nach den Angaben von John Fritz, einem der bedeutendsten Ingenieure der Vereinigten Staaten, mit reichlich bemessenem Vorschubantrieb für die Bethlehem-Stahlwerke ausgeführt worden waren, haben sich auch nach Einführung des Pensumsystems gut bewährt.

Vorrichtung zum Messen der Vorschubkraft.

§ 260. (585—588.)   An der Oberseite der Schlittenführung einer 2100 mm Vertikalbohrmaschine wurde ein hölzerner Hebel auf einer Schneide gelagert (siehe Fig. 70a). An seinem kurzen Ende war mittels einer Kette der Support und an seinem langen Ende eine Wagschale befestigt. Zuerst wurde die Vorschubkraft auf den Support in der gewöhnlichen

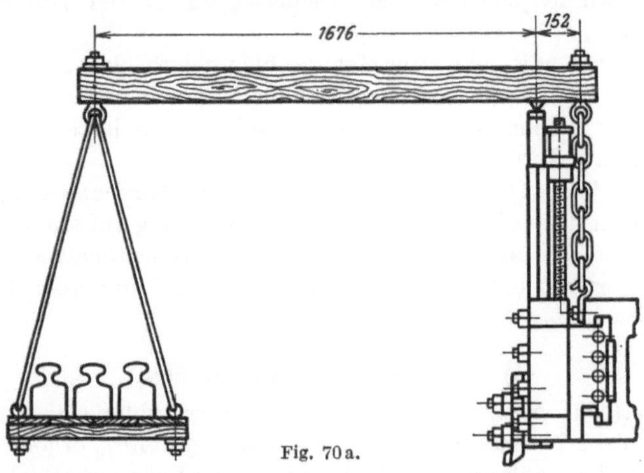

Fig. 70a.

Weise durch die Leitspindel übertragen. Dabei wurde eine lose Scheibe unter der Leitspindelmutter durch Reibung mitgenommen. Dann wurden so lange Gewichte auf die Wagschale aufgelegt, bis diese imstande waren, dem Support die nötige Vorschubkraft zu erteilen und daher Druckwechsel in der Leitspindel eintrat. In diesem Augenblicke hörte auch der Druck auf die lose Scheibe auf und sie blieb stehen. So konnte der Druckwechsel genau beobachtet und aus den Gewichten, die sich in diesem Augenblicke in der Wagschale befanden, die Vorschubkraft ermittelt werden.

Das Arbeitsstück für diese Versuche war ein Lokomotiv-Radkranz mit 0,59 % Kohlenstoff-, 0,68 % Mangangehalt, 8700 kg/qcm Zugfestigkeit und 14—16 % Dehnung.

Die Drehstähle, die bei diesen Versuchen benützt wurden, hatten sehr verschieden geformte Schneidkanten (vgl. Fig. 35). Die Schnittiefe schwankte zwischen 1,6 und 6,4 mm, der Vorschub zwischen 0,61 und 1,97 mm. Bei Drehstählen mit eckiger Schneidkante war die Vorschubkraft etwas geringer als bei normalen Drehstählen mit runder Nase. Sie betrug (abzüglich der Supportreibung) bei Verwendung mittelscharfer Stähle 45% des Schnittdruckes.

Der Begriff „mittelscharf" hat dabei jedoch eine etwas andere Bedeutung als in den gewöhnlichen Werkstätten. Infolge der hohen Schnittgeschwindigkeiten, die der Verfasser in seinen Werkstätten einführte, wurden die Stähle sehr bald stumpf, so daß im allgemeinen mit stumpferen Stählen gearbeitet wurde als in anderen Werkstätten.

§ 261. (589—591.) Unter allen Umständen wäre es falsch, die normale Vorschubkraft der Berechnung des Vorschubantriebes zugrunde zu legen. Es muß vielmehr mit der größten Kraft gerechnet werden, die auftreten kann, wenn mit unerlaubt stumpfen Stählen weitergeschnitten wird, sonst würde jede derartige Nachlässigkeit in der Bedienung zu Brüchen führen.

Ein Versuch mit sehr stumpfen Stählen zeigte, daß die Vorschubkraft die totale Antriebskraft der Maschine erreichen kann.

Nach dem Ergebnisse dieses einen rohen Versuches haben alle anderen kein praktisches Interesse mehr.

§ 262. (592.) Dr. Nicolson hat die Schnittdruckmessungen mit großer Sorgfalt durchgeführt, jedoch nicht weit genug auf stumpfe Stähle ausgedehnt, so daß die Ergebnisse trotz ihres wissenschaftlichen Interesses mit Vorsicht aufgenommen werden müssen und vom Praktiker besser unbeachtet gelassen werden.

Wasserkühlung der Drehstähle.

§ 263. (593—594.) Durch intensive Wasserkühlung an der Spanwurzel kann die Normalschnittgeschwindigkeit um 40% erhöht werden. Es ist erstaunlich, daß dieses einfache Mittel, die Leistungsfähigkeit einer Werkzeugmaschine zu erhöhen, bei allen bisherigen Versuchen übersehen wurde. Trotzdem in allen Werkstätten der Midvale-Stahlwerke schon im Jahre 1893 die Kühlung der Stähle durch Bespülung mit einer gesättigten Sodalösung (um Rosten zu verhindern) eingeführt wurde, hat sich dieses Verfahren in anderen Werkstätten erst vor kurzem eingebürgert.

Man war zufrieden, als Ergebnis langer Versuchsreihen über Schneidwinkel oder Schnittdrücke eine Erhöhung der Normalschnittgeschwindigkeit von 2 bis höchstens 5% einzuheimsen und läßt den so einfach zu erzielenden Gewinn von 40% unbeachtet!

§ 264. (595—606.) Im folgenden sind die wichtigsten Versuchsergebnisse über den Einfluß der Wasserkühlung auf die normale Schnittgeschwindigkeit zusammengefaßt:

I. S. Tab. 70. Die Versuche bezogen sich auf verschiedene Stahlsorten des Arbeitsstückes und auf verschiedene Drehstähle, und zwar auf Wolfram-Chrom-Schnelldrehstahl, naturharten Stahl und Tiegelgußstahl.

Tabelle 70. Einfluß der Wasserkühlung.

	Besonders harter Stahl			Mittelharter Maschinenstahl			Lokomotiv-Radkranzstahl			Hartes Gußeisen		
	Bei allen Versuchen: Schnittiefe 4,8 mm; Vorschub 1,6 mm											
Arbeitsstück	Schnitt-geschwindig-keit m/Min.		Gewinn bei Anwendung von Wasser in %	Schnitt-geschwindig-keit m/Min.		Gewinn bei Anwendung von Wasser in %	Schnitt-geschwindig-keit m/Min.		Gewinn bei Anwendung von Wasser in %	Schnitt-geschwindig-keit m/Min.		Gewinn bei Anwendung von Wasser in %
	trocken	naß		trocken	naß		trocken	naß		trocken	naß	
Schnell-drehstähle { Stahl H, Stahl B	4,85	6,75	41	18	25	39				14,2	16,5	16
Naturharter Stahl							5,9	7,8	32			
Tiegelgußstahl							4,68	5,86	25			

Eigenschaften und chem. Zusammensetzung des zerspanten Materials

	Kohlenstoff	Mangan	Silicium	Phosphor	Schwefel	Zugfestig-keit	Elastizitäts-grenze	Dehnung in %	Kontraktion in %
M	1,05	0,86	0,147	0,27	0,034	7200	5000	1,00	0,75
F	0,34	0,54	0,176	0,037	0,026	4000	2400	29,00	44,00
L	0,555	0,981	0,236	0,049	0,310	8100	4100	15,6	31,4
C {	3,32 Gesamt-C, 1,12 (Gebund.)	0,68	0,860	0,780	0,073				

Chem. Zusammensetzung des Werkzeugstahles.

Nummer des Stahls		Wolfram	Chrom	Kohlenstoff	Mangan	Silicium	Phosphor	Schwefel
26	Stahl H	8,00	3,9	1,9	0,300	0,2	—	—
2	Stahl B	16,19	3,86	0,736	0,060	0,21	—	—
70	Naturharter Stahl	7,723	1,83	1,143	0,180	0,246	0,023	0,009
84	Tiegelgußstahl		1,63	0,745	0,102	0,287	0,016	0,013

Davon ist nur der moderne Schnelldrehstahl von praktischem Interesse, da dieser in gutgeleiteten Werkstätten ausschließlich benutzt wird. Die Angaben über die anderen Drehstähle haben nur historisches Interesse.

II. Bei Benützung von Schnelldrehstählen ist durch geeignete Wasserkühlung des Drehstahles eine Steigerung der Normalschnittgeschwindigkeit um 40 % zu erreichen.

Doch empfiehlt es sich bei der Bemessung des täglichen Pensums nur 33 % anzunehmen, da es häufig vorkommt, daß der Arbeiter den Kühlwasserstrahl nicht an die richtige Stelle leitet.

III. Der Kühlwasserstrahl (12 Liter/Min. für einen $2-2\frac{1}{2}''$-Stahl, entsprechend geringere Mengen für kleinere Stähle) muß genau auf die Spanwurzel gerichtet werden. An allen anderen Stellen ist die Kühlwirkung schwächer.

IV. Die verhältnismäßige Steigerungsfähigkeit der Normalschnittgeschwindigkeit ist bei allen Härtegraden des stählernen Arbeitsstückes gleich. (Vgl. Tab. 70.)

V. Ebenso ist sie von der Spanstärke unabhängig. (Vgl. § 274.)

VI. Bei Bearbeitung von Gußeisen mit Schnelldrehstahl beträgt die Steigerungsfähigkeit der Normalschnittgeschwindigkeit nur 16 %. (Vgl. §§ 271—272.)

VII. Es empfiehlt sich, gleich bei Aufstellung der Werkzeugmaschinen auf die Kühlwasserzuführung Rücksicht zu nehmen.

VIII. Die verhältnismäßige Steigerungsfähigkeit der Normalschnittgeschwindigkeit ist um so größer, je besser die Qualität des Werkzeugstahles ist, und zwar beträgt sie bei:

modernem Schnelldrehstahl . . . . . . 40 %
naturhartem Stahl . . . . 33 % und
Tiegelgußstahl . . . . 25 %.

Oder mit anderen Worten: Je stärker die Nase des Stahles infolge höherer normaler Schnittgeschwindigkeit durch die Spanreibung erhitzt wird, um so größer ist verhältnismäßig der Einfluß der Kühlung.

Zweckmäßigste Kühlstelle.

§ 265. (607—609.) Durch Versuche stellte es sich heraus, daß es am zweckmäßigsten ist, den Kühlwasserstrahl außen an die Spanwurzel zu leiten.

Zuerst schien es außer Zweifel, daß durch einen nach oben in den Spalt zwischen Arbeitsstück und Drehstahl gerichteten Wasserstrahl die ausgiebigste Kühlung erzielt werden könne, da auf diese Weise das Kühlwasser mit der Schneidkante direkt in Berührung kommt (Fig. 71a). Verfasser war vom Vorzug dieser Kühlanordnung so sehr überzeugt, daß er andere Anordnungen anfangs überhaupt nicht in Erwägung zog. Erst nach mehreren Monaten wurde zufällig gefunden, daß die Kühlung von außen an der Spanwurzel viel intensiver wirkt und eine bedeutend höhere Geschwindigkeitssteigerung erlaubt. Durch diese Entdeckung wurden die früheren Versuche natürlich gegenstandslos.

Im allgemeinen ist es schwierig, die Arbeiter dazu zu bringen, daß sie den Kühlwasserstrom auch wirklich an die richtige Stelle leiten (s. Fig. 71 b), da das Wasser gerade an dieser Stelle am stärksten spritzt und der Arbeiter lieber langsamer schneidet, als sich durchnässen läßt. Doch kann stets durch das Pensumsystem und geeignete Beaufsichtigung strikte Befolgung der Vorschriften erreicht werden.

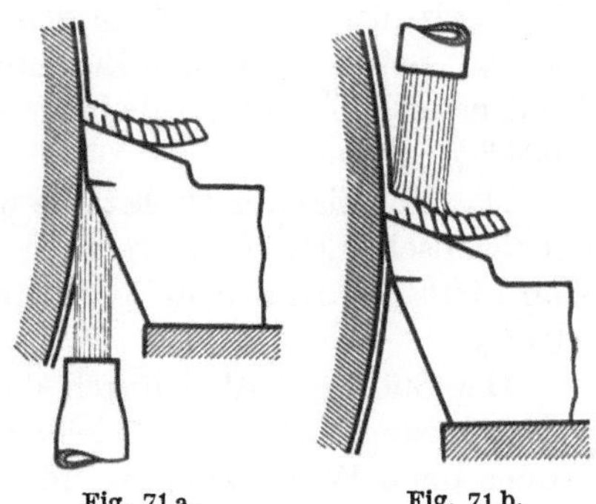

Fig. 71 a.   Fig. 71 b.

Steigerung der Normalschnittgeschwindigkeit durch intensive Wasserkühlung bei Bearbeitung von Stahl.

§ 266. (610—613.) Schon lange ist es besonders beim Schlichten gebräuchlich, die Drehstähle durch tropfenweise Wasserzufuhr zu kühlen. Zu diesem Zwecke wird über dem Drehstahl ein kleiner Wasserbehälter angebracht, der vom Dreher von Zeit zu Zeit nachgefüllt wird. Diese Art der Stahlkühlung ist vollständig wertlos.

Es muß ein tüchtiger Wasserstrahl mit geringer Geschwindigkeit an die Spanwurzel geleitet werden, um ausgiebige Kühlung zu erreichen.

Die Kühlwasserzufuhr muß so ausgebildet sein, daß die Ausströmöffnung schnell an jede beliebige Stelle gerichtet werden kann und bei der Arbeit nicht im Wege steht. Bei kurzen Bänken eignen sich Schläuche, bei langen müssen glattgezogene Teleskoprohre mit Stopfbüchsen vorgesehen werden.

Der Kühlwasserverbrauch beträgt 12 Liter/Min. bei $2-2^1/_2''$-Stählen und ist kleiner bei schwächeren Stählen.

§ 267. (614—616.) Um Rosten zu vermeiden, muß das Kühlwasser mit Soda gesättigt sein. Das ablaufende Kühlwasser sammelt sich zunächst in Vertiefungen, die im Fundamente gleich unterhalb der Bänke vorgesehen sein müssen. Alle diese Vertiefungen haben Abläufe, die in einen unter Flur aufgestellten Sammelbehälter münden. Aus diesen wird die Sodalösung mittels Pumpen in einen Hochbehälter gehoben, um von dort den Kreislauf von neuem zu beginnen.

· Durch Anbringung von Sieben vor die Abläufe in den Gruben unter den Bänken wird ein Eindringen der Späne in die Rohrleitungen einigermaßen vermieden, doch muß unter allen Umständen die Rohrleitung so angelegt sein, daß die Rohre schnell gereinigt werden können.

Versuche.

§ 268. (617—618.) Bei diesen Versuchen wurde besonders hartes Material verarbeitet, und zwar betrug die Zugfestigkeit 7200 kg/qcm, die Elastizitätsgrenze 5000 kg/qcm, die Dehnung 1% und die Kontraktion 0,75%. Seine chemische Zusammensetzung war die folgende: 1,05% Kohlenstoff, 0,147% Silicium, 0,86% Mangan, 0,027% Phosphor, 0,034% Schwefel.

Das Material der Drehstähle war aus Taylor-White-Stahl von folgender chemischer Zusammensetzung: Wolfram 8%, Chrom 3,90%, Kohlenstoff 1,90%, Mangan 0,30%, Silicium 0,20%, Phosphor 0,025%, Schwefel 0,03%.

Die Stähle wurden durch die Bezeichnungen: V_1, V_2, U_3, U_4, U_6 unterschieden. Um ihre Gleichwertigkeit zu prüfen, wurden Schnittproben ohne Wasserkühlung mit 4,8 mm Schnittiefe und 1,6 mm Vorschub vorgenommen. Die Normalschnittgeschwindigkeit ergab sich dabei wie erwartet zu rund 4,8 m/Min. Bei Anwendung von Wasserkühlung ergaben sich folgende Werte der Schnittgeschwindigkeit:

Tabelle 72.

Versuch:	Drehstahl:	Schnittgeschw. in m/Min.:	Schnittdauer in Min.	Aussehen des Stahles:
256 b	V_1	5,8	20	Mäßig abgerundet
257 b	V_2	6,1	20	„ „
258 b	V_3	6,4	20	„ „
259 b	U_4	6,7	20	Gut
260 b	U_6	7	20	Mäßig abgerundet
261 b	V_1	7,3	2	Ruiniert
262 b	U_3	7	1,5	„
263 b	U_4	7	15,5	„
264 b	V_2	6,7	7	„
265 b	U_3	6,7	20	Beinahe ruiniert
266 b	V_1	6,7	15	Ruiniert
267 b	V_1	6,4	17,5	„
268 b	V_2	6,4	20	Beinahe ruiniert
269 b	U_6	7,3	4	Ruiniert
270 b	U_8	6,1	2,25	„
271 b	V_1	6,1	20	Beinahe ruiniert

§ 269. (619—620.) Aus der obigen Tabelle sind in der folgenden jene Versuche herausgegriffen, bei denen bei einer Schnittdauer von 20 Minuten die höchsten Schnittgeschwindigkeiten erzielt werden konnten. Außerdem ist die Schnittdauer angegeben für eine um 0,3 m/Min. über den Maximalwert hinaus erhöhte Schnittgeschwindigkeit:

Tabelle 73.

Versuch:	Drehstahl:	Schnittgeschwindigkeit m/Min.:	Schnittdauer:
271 b	V_1	5,1	20
267 b		6,4	17,5
268 b	V_2	6,4	20
264 b		6,7	7
265 b	U_3	6,7	20
262 b		7,0	1,5
259 b	U_4	6,7	20
263 b		7,0	15,5
260 b	U_6	7,0	20
296 b		7,3	4

§ 270. (621—624.) Um zu sehen, ob die Wasserkühlung einen schädlichen Einfluß auf die Stähle hatte, wurde am folgenden Tage der Versuch ohne Wasserkühlung wiederholt und es zeigte sich, daß alle U-Stähle nicht im mindesten angegriffen waren, sie ergaben wieder eine Normalschnittgeschwindigkeit von rund 4,8 m/Min. Ihre mittlere Normalschnittgeschwindigkeit bei Wasserkühlung war rund 6,7 m/Min. im Durchschnitt. Die Steigerung der normalen Schnittgeschwindigkeit betrug mithin 1,9 m/Min., d. i. rund 40 %.

Ein ähnlicher Versuch wurde an einem Arbeitsstück von 0,34 % Kohlenstoff-, 0,54 Mangan-, 0,176 Silicium-, 0,026 Schwefel- und 0,037 Phosphorgehalt, ferner 4900 kg/qcm Zugfestigkeit, 2400 kg/qcm Elastizitätsgrenze, 29 % Dehnung und 44 % Kontraktion durchgeführt.

Als Drehstähle wurden wieder Taylor-White-Stähle benützt. Mit Wasserkühlung ergab sich eine normale Schnittgeschwindigkeit von 25 m/Min., ohne Wasserkühlung nur 18 m/Min. Die Steigerung der Schnittgeschwindigkeit betrug also wieder rund 40 %.

Steigerungsfähigkeit der Normalschnittgeschwindigkeit bei Bearbeitung von Gußeisen.

§ 271. (625.) Es ist eine stark verbreitete, jedoch vollständig irrige Ansicht, daß bei Bearbeitung von Gußeisen Wasserkühlung nicht angewendet werden kann.

§ 272. (626—627.) Um den Einfluß der Wasserkühlung auch bei Bearbeitung von Gußeisen genau studieren zu können, führte Verfasser an einem Arbeitsstück aus sehr hartem Gußeisen ähnliche Schnittversuche durch, wie früher an Stahl. (Chemische Zusammensetzung des Arbeitsstückes s. Tab. 70 „Hartes Gußeisen".)

Die chemische Zusammensetzung der drei $^7/_8''$-Drehstähle, die bei diesen Versuchen verwendet wurden, ist unter Nr. 2, 5 und 7 auf Tab. 110

gegeben. Die Schnittiefe betrug 4,8 mm, der Vorschub 1,6 mm, die Schnittdauer 20 Minuten.

Es ergab sich eine normale Schnittgeschwindigkeit von 14,2 m/Min. ohne Wasserkühlung und 16,5 m/Min. mit Wasserkühlung, mithin betrug ihre Steigerung 16 %.

§ 273. (628—629.) Nachdem der die Kühlung betreffende Teil des vorliegenden Aufsatzes schon abgeschlossen war, fand Verfasser folgende merkwürdige Anomalie: Bei Versuchen mit modernem Schnelldrehstahl (Nr. 1, Tab. 110) ergab sich bei der Bearbeitung eines harten Stahlstückes abweichend von den früheren Versuchen eine Steigerungsfähigkeit der normalen Schnittgeschwindigkeit von nur 15 %. Die Versuche hatten nämlich folgendes Ergebnis: Schnittiefe, Vorschub und Schnittdauer wie früher: normale Schnittgeschwindigkeit mit Wasserkühlung 14,4 m/Min., ohne Wasserkühlung 12,5, mithin eine Steigerung von nur 15 %.

Unabhängigkeit der Steigerung der Normalschnittgeschwindigkeit von der Spanstärke.

§ 274. (630.) Nachdem bei den Versuchen in den Midvale-Stahlwerken der günstige Einfluß der Wasserkühlung auf die normale Schnittgeschwindigkeit gefunden worden war, wurde aus eingehenden weiteren Versuchen festgestellt, daß die Spanstärke keinen Einfluß auf die Steigerung der Normalschnittgeschwindigkeit hat. An Schnelldrehstählen wurden diese Versuche allerdings nicht wiederholt; es ist daher nicht ausgeschlossen, daß dabei etwas andere Verhältnisse auftreten; doch haben sich die vom Verfasser eingeführten Rechenschieber, die auf der Grundlage der gleichen verhältnismäßigen Steigerungsfähigkeit der normalen Schnittgeschwindigkeit bei verschiedenen Spandicken eingeteilt waren, praktisch auch für Schnelldrehstähle gut bewährt, so daß man daraus wohl auf die Richtigkeit der Annahme rückschließen darf. Immerhin erscheint es wünschenswert, sich auch darüber durch eingehende Versuche zu vergewissern.

§ 275. (631—632.) Im Jahre 1894—95 wurden Kühlversuche mit Tiegelgußstählen mit 1,6 % Chromgehalt und mit naturharten Midvale-Stählen von folgender chemischer Zusammensetzung gemacht: Kohlenstoff 1,143 %, Silicium 0,246 %, Phosphor 0,023 %, Schwefel 0,008 %, Mangan 0,18 %, Chrom 1,83 %, Wolfram 7,723 %.

Dabei ergab sich eine Steigerung der Schnittgeschwindigkeit bei Tiegelgußstählen von 25 %, bei Bearbeitung von hartem Stahl (Lokomotiv-Radkranz) von 8100 kg/qcm Zugfestigkeit, 4100 kg/qcm Elastizitätsgrenze, 15,6 % Dehnung und 31,4 % Kontraktion, ferner 0,555 % Kohlenstoff, 0,236 % Silicium, 0,049 % Phosphor, 0,031 % Schwefel, 0,981 % Mangan, 0,058 % Kupfer.

Mushet- und naturharte Midvale-Stähle ließen bei Wasserkühlung eine Steigerung der normalen Schnittgeschwindigkeit um 30 % zu. Es nimmt also die Steigerung der Normalschnittgeschwindigkeit in % mit der Normalschnittgeschwindigkeit, die ein Stahl zuläßt, zu. Die Ursache dieser Erscheinung liegt ohne Zweifel darin, daß infolge der größeren Erhitzung der Schneidkante bei hohen Schnittgeschwindigkeiten der Einfluß der Wasserkühlung verhältnismäßig größer ist.

Vibrationserscheinungen.

§ 276. (633—648.) Die Versuche darüber ergaben folgendes:

Das Arbeitsstück als Ursache der Erschütterungen.

I. Es ist ganz unmöglich, bestimmte Regeln darüber aufzustellen, wie starke Späne bei verschiedenen Formen des Arbeitsstückes unter Vermeidung der Erschütterungen zugelassen werden dürfen.

II. Es empfiehlt sich beim Abdrehen von Wellen, deren Länge zwölfmal so groß als der Durchmesser ist, solide Hilfslager anzuwenden. (Vgl. § 287.)

Fehlerhafter Antrieb als Ursache der Vibrationen.

III. Zu schwach bemessene Mitnehmer oder zu loses Einspannen des Arbeitsstückes.

Fehlerhafte Drehstähle als Ursachen der Erschütterungen.

IV. Die Schneidkante des Stahles muß gerundet sein, und zwar muß der Krümmungsradius um so kleiner sein, je kleiner der Durchmesser des Arbeitsstückes ist. Die Vibrationen werden nämlich um so heftiger, je gleichmäßiger die Spanstärke ist. (Vgl. § 283.)

V. Auch bei Stählen mit gerader Schneidkante können Vibrationen dadurch vermieden werden, daß man gleichzeitig mit zwei oder mehreren Stählen arbeitet. (Vgl. § 285.)

VI. Der Stahl muß kräftig und möglichst nahe an der Schneidkante eingespannt werden. (Vgl. § 283.)

VII. Der Schaft des Drehstahles muß hochkantig liegen. (Vgl. § 283.)

Vibrationen infolge von Fehlern in der Maschine.

Die Ursachen können folgende sein:
VIII. Schlechte Verzahnung der Antriebräder.
IX. Zu schwache Wellen.
X. Spiel in den Lagern und Führungen.
XI. Zu leichte Massen. (Vgl. § 279.)

Einfluß der Vibrationen auf die Normalschnitt-
geschwindigkeit.

XII. Treten Vibrationen ein, so muß die Normalschnittgeschwindigkeit um $10-15\,\%$ reduziert werden, sowohl mit Wasserkühlung als auch
ohne Wasserkühlung. (Vgl. § 290.)

XIII. Bei aussetzender Bearbeitung sind höhere Schnittgeschwindigkeiten zulässig als bei ununterbrochener.

Häufig sind jedoch die Ursachen der Erschütterungen nicht so einfach festzustellen und können nur nach langem Probieren gefunden und
behoben werden.

§ 277. (649.) Der vorliegende Aufsatz soll sich hauptsächlich mit
jenen Vibrationen beschäftigen, die von den Stählen herrühren. Die
anderen Ursachen können daher nur kurz behandelt werden. Sie zerfallen
in folgende fünf Gruppen:

A. Fehler in der Maschine,

B. Form des Arbeitsstückes,

C. Ungenügende Nachstellung von Lagern und Führungen,

D. Fehlerhaftes Einspannen der Arbeitsstücke,

E. Unrichtige Form der Schneidkante, unrichtige Befestigung des
Stahles im Stahlhalter und unrichtige Schnittgeschwindigkeit.

Für die Ursachen A und B kann der Arbeiter nicht verantwortlich
gemacht werden.

Die Ursachen C, D und E können durch geeignete Beaufsichtigung
vermieden werden.

§ 278. (650—655.) Die Fehler in der Maschine können folgende sein:

1. Unrichtige Verzahnung. Evolventenverzahnung eignet sich besser,
da bei dieser richtiger Eingriff von der Achsenentfernung unabhängig ist.
Die Zykloidenverzahnung ist in dieser Beziehung empfindlich und kann
heftiges Geräusch verursachen.

2. Zu schwache Antriebswellen. Bei Bemessung der Wellen muß auf
Verdrehungswinkel Rücksicht genommen werden.

3. Mangelhafte Passungen in den Lagern und Führungen.

4. Ungenügende Verankerung auf dem Fundamente.

5. Zu leichte Rahmen. Diese müssen bedeutend stärker bemessen
werden, als es den normalen Beanspruchungen entspräche.

Notwendigkeit schwerer Werkzeugmaschinen für hohe
Schnittgeschwindigkeiten.

§ 279. (656.) Hohe Schnittgeschwindigkeiten verursachen in allen
Teilen der Werkzeugmaschinen starke Erschütterungen, denen man mit
schweren Massen in der Maschine am wirksamsten begegnen kann. Aus
diesem Grunde müssen alle Werkzeugmaschinen für hohe Schnittgeschwindigkeiten möglichst schwer gebaut werden.

§ 280. (657.) Die unter C angeführte Ursache der Erschütterungen: Ungenügende Nachstellung in Lagern und Führungen, kann bei zweckmäßiger Beaufsichtigung der Werkstätte dadurch vermieden werden, daß in bestimmten Zeitabständen systematisch alle Lager und Führungen nachgesehen und nachgestellt werden. Besonders in größeren Werkstätten wird es sich daher empfehlen, einen geeigneten Mann eigens zu diesem Zwecke anzustellen, da erfahrungsgemäß Nachstellungsarbeiten dem Dreher nicht überlassen werden dürfen.

§ 281. (658.) Die Ursache D: Fehlerhaftes Einspannen und fehlerhafter Antrieb der Arbeitsstücke kann in den meisten Fällen vom Dreher selbst vermieden werden.

§ 282. (659—660.) Sehr häufig liegt die Ursache in der Nachgiebigkeit der Mitnehmer und in zu schwachen Herzstücken. Darum sollte bei Schrupparbeit das Herzstück an zwei entgegengesetzten Stellen mitgenommen werden. Recht gut bewährt sich auch ein Stück Leder oder Blei, welches zwischen Mitnehmerstift und Herzstück eingelegt die Vibrationen stark dämpft.

Außerdem ist zu loses Einspannen des Arbeitsstückes oft der Anlaß der Vibrationen.

§ 283. (661—663.) Ungeeignete Form der Schneidkante (Ursache E), fehlerhaftes Einspannen des Stahles in den Support und ungeeignete Schnittgeschwindigkeit. In den §§ 144—145 wurde der schädliche Einfluß der gleichmäßigen Spandicke auf die Vibrationen auseinandergesetzt und daraus der Schluß gezogen, daß das einfachste Mittel dagegen in der Rundung der Schneidkante besteht.

Es empfiehlt sich, den Stahl hochkantig und kurz zu fassen, um Vibrationen infolge von Durchbiegungen zu vermeiden. (Vgl. §§ 182—188.)

Die Bodenfläche der Stähle muß so weit als möglich bis unter die Schneidkante fortgeführt werden. Zu diesem Zwecke empfiehlt es sich, beim Schmieden Richtplatten zu verwenden.

§ 284. (664.) Die Notwendigkeit, Vibrationen unter allen Umständen zu vermeiden, war dafür maßgebend, daß die Normaldrehstähle runde Nasen erhielten. Nach § 144 ist die normale Schnittgeschwindigkeit bei Stählen mit gerader Schneidkante zwar bedeutend höher, aber trotzdem mußte wegen der Vibrationen ihre weitere Verwendung unterbleiben. Nur dann, wenn mit zwei oder mehreren Stählen mit gerader Schneidkante gleichzeitig geschnitten wird, lassen sich auch bei diesen Erschütterungen vermeiden.

§ 285. (665.) Unter Leitung des Verfassers wurde in den Midvale-Stahlwerken eine schwere Drehbank für das Abschruppen von Geschützrohren gebaut und bei ihr die Möglichkeit vorgesehen, mit drei Stählen gleichzeitig zu arbeiten. Zu diesem Zwecke wurden drei kräftige Stähle mit gerader Schneidkante derart eingespannt, daß jeder von ihnen gleichzeitig die gleichbemessenen Späne nahm. Trotz der gleichmäßigen Dicke dieser drei Späne kamen Erschütterungen nicht vor. ‚Offenbar glichen sich die Druckschwankungen jedes einzelnen Spanes derart aus, daß die Bank unter nahezu konstanter Belastung lief.

§ 286. (666—667.) Die Ursache B: Form und Beschaffenheit des Arbeitsstückes:

Bei Bemessung des Arbeitspensums verursacht es oft Schwierigkeiten, sofort die maximale Spanstärke anzugeben, die bei einem mehr oder weniger nachgiebigen Arbeitsstück eben noch zulässig ist, ohne daß Vibrationen eintreten. Die Aufstellung einer exakten Formel dafür ist unmöglich, da die Einflüsse, besonders bei einem unregelmäßigen Gußstücke, sehr verschieden sein können. Man ist in diesem Punkte auf rohe Schätzung angewiesen.

§ 287. (668—670.) Folgende Faustregel wurde vom Verfasser nach eingehenden Beobachtungen aufgestellt:

Man verwende Hilfslager bei langen Arbeitsstücken, deren Länge das Zwölffache vom Durchmesser überschreitet.

Bei diesem Längenverhältnis des Arbeitsstückes müßte, um Vibrieren zu vermeiden, ein so dünner Span genommen werden, daß der Produktionsverlust größer ist als der durch den Einbau eines Hilfslagers verursachte Zeitverlust.

Treten jedoch Vibrationen infolge Schwingungsresonanz des Stahles, Arbeitsstückes oder der Maschine ein, ein Fall, der nie vorausgesehen werden kann, dann müssen die Schnittbedingungen vollständig geändert werden. Derartige Resonanzerscheinungen treten meistens bei hohen Schnittgeschwindigkeiten ein, so daß dann immer zunächst die Schnittgeschwindigkeit reduziert werden muß.

Einfluß der Vibrationen auf die Schnittgeschwindigkeit.

§ 288. (671—676.) Vibrationen vermindern die Normalschnittgeschwindigkeit.

Bei den Versuchen darüber diente als Arbeitsstück eine Welle von 117 mm Durchmesser und 4200 mm Länge. Die Welle wurde einmal ohne und ein andermal mit Hilfslager in die Bank eingespannt. Auf diese Weise konnten die Normalschnittgeschwindigkeiten, die sich ergaben, unmittelbar verglichen werden. Es wurden normale $^7/_8''$-Drehstähle bei 4,8 mm Schnittiefe und 1,6 mm Vorschub benutzt. Die Stähle wurden vorher auf Gleichwertigkeit geprüft, ebenso überzeugte man sich auch von der Gleichmäßigkeit des Wellenmaterials.

Die Versuche wurden einmal mit, einmal ohne Wasserkühlung durchgeführt. (Vgl. § 288.)

Es ergab sich infolge der Vibrationen eine Verminderung der normalen Schnittgeschwindigkeit, die zwischen 10 und 15 % schwankte.

Ergebnis der Versuche:

Ohne Wasserkühlung:

Versuch:	Stahl:	Schnittgeschw. m/Min.:	Schnittdauer:	Aussehen des Stuhles:	Anmerk.:	
124b	U_6	4,55	20	Gut	Keine Vibration	
125b	U_6	5,3	14,5	Ruiniert	,,	,,
126b	U_6	4,55	4,75	,,	Heftige	,,
127b	U_8	4,55	9,75	,,	,,	,,

Mit Wasserkühlung:

| 128b | U_{10} | 5,75 | 5,5 | Ruiniert | Heftige Vibrat. | |
| 129b | U_{10} | 5,75 | 20 | Mäßig abger. | Keine | ,, |

Aus den Versuchen 124b und 125b geht deutlich hervor, daß sowohl Werkzeugstahl als auch Arbeitsstück von guter Gleichmäßigkeit waren.

§ 289. (677.) Genaue Versuche über den Einfluß der Vibrationen bieten große Schwierigkeiten, da das Arbeitsstück einerseits dünn sein muß, um Vibrationen auch wirklich eintreten zu lassen, andererseits doch eine Schnittdauer von mindestens 20 Minuten gestatten muß. Aus diesem Grunde wurden bei diesem Versuche Wellen von außerordentlich hoher Härte geschruppt.

Steigerung der Normalschnittgeschwindigkeit bei aussetzender Bearbeitung.

§ 290. (678—680.) Bei aussetzender Bearbeitung von Stahl kann die Schnittgeschwindigkeit bedeutend höher gewählt werden, da in dem Augenblick, in dem nicht geschnitten wird, das Kühlwasser die Schneidkante unmittelbar erreichen kann.

Beispiele aussetzender Bearbeitung sind folgende:
1. Abdrehen des äußeren Durchmessers eines Zahnrades, wobei nur ungefähr die Hälfte der Zeit geschnitten wird.
2. Abdrehen kleinerer Stücke, die nicht volle Rotationskörper sind.
3. Hobeln und Stoßen bei kurzen Schneidlängen.

Man sollte meinen, daß gerade bei aussetzender Bearbeitung die Stähle infolge der raschen Aufeinanderfolge von Stößen schneller unbrauchbar werden. Dies ist jedoch nicht der Fall, denn es ist ja bekannt, daß beim

Hobeln die Stähle häufiger während des Leerhubes beschädigt werden und nur höchst selten beim Ansetzen, zu Beginn des Schnitthubes.

Das oben Gesagte gilt jedoch nicht für aussetzende Bearbeitung eines Gußstückes mit sehr harter sandiger Gußhaut.

Schnittdauer.

Einfluß der Schnittdauer auf die Normalschnittgeschwindigkeit.

§ 291. (681—692.) Im folgenden sind die wichtigsten Ergebnisse der Versuche über Schnittdauer wiedergegeben.

I. Eine Tabelle der wirtschaftlichen Schnittdauer auf Tab. 79. (Vgl. auch §§ 302—304.)

II. Gründe für die Wahl der verschiedenen Schnittdauer auf Tab. 79. (Vgl. §§ 302—303.)

Das Verhältnis zwischen Schnittgeschwindigkeit und Schnittdauer ist durch folgende Gleichung gegeben:

$$V = \frac{C}{T^{\frac{1}{8}}}, \text{ worin } \begin{array}{l} T \text{ die Schnittdauer in Minuten,} \\ V \text{ die Schnittgeschwindigkeit in m/Min. bezeichnet.} \end{array}$$

Diese Gleichung ist in Fig. 75 graphisch aufgetragen.

III. Die Gleichung gilt für alle Härtegrade des Arbeitsstückes. (Vgl. § 298.)

IV. Für eine Schnittdauer von weniger als 20 Minuten ergeben die Versuche keine brauchbaren Resultate. (Vgl. § 294.)

V. Es gelang nicht, ein bestimmtes Verhältnis der Schnittdauer und Schnittgeschwindigkeit bei der Bearbeitung von Gußeisen festzustellen. Doch wäre die Auffindung dieses Gesetzes von großer Wichtigkeit. (Vgl. § 301.)

VI. Die Beziehung zwischen Schnittdauer und Schnittgeschwindigkeit bei Benützung von Tiegelgußstählen ist auf Tab. 77 und Fig. 78 gegeben. (Vgl. § 299.)

VII. Moderner Schnelldrehstahl ist bei weitem leistungsfähiger als Tiegelgußstahl. (Vgl. § 300.)

§ 292. (693.) In § 67 wurde erörtert, daß sich die Angabe der Schnittdauer als Maßstab für den Wert des Werkzeugstahles nicht eignet. In §§ 85—89 wurde die grundsätzlich verschiedene Abnutzung der Stähle bei kurzer und bei langer Schnittdauer auseinandergesetzt.

§ 293. (694.) Will man eine lange Schnittdauer erzielen, so muß die Schnittgeschwindigkeit so niedrig gewählt werden, daß der Verlust durch Produktionsentgang die geringen Ersparnisse an Schleifer-, Schmiedelöhnen und Material bei weitem überwiegt. Wegen völliger Unkenntnis dieses Umstandes ist man fast in allen Werkstätten nur darauf bedacht,

Tabelle 74. Einfluß der Schnittdauer auf die Schnittgeschwindigkeit,

Vorschub $= 1,6$ mm; Schnittiefe $= 4,8$ mm; Formel: $V = \dfrac{27,4}{T^{\frac{1}{8}}}$

10 Min. Schnittdauer					20 Min. Schnittdauer					40 Min. Schnittdauer					80 Min. Schnittdauer				
Experiment-Nummer	Bezeichnung des Drehstahls	Schnittgeschwindigkeit in m/Min.	Schnittdauer in Min.	Beschaffenheit des Drehstahls	Experiment-Nummer	Bezeichnung des Drehstahls	Schnittgeschwindigkeit in m/Min.	Schnittdauer in Min.	Beschaffenheit des Drehstahls	Experiment-Nummer	Bezeichnung des Drehstahls	Schnittgeschwindigkeit in m/Min.	Schnittdauer in Min.	Beschaffenheit des Drehstahls	Experiment-Nummer	Bezeichnung des Drehstahls	Schnittgeschwindigkeit in m/Min.	Schnittdauer in Min.	Beschaffenheit des Drehstahls
14 835	2 PRL	17,9	10,0	G	14 858	2709 ME	18,4	20,0	G	14 865	106 PRL	15,2	40,0	G	14 928	1945 ME	14,2	49,0	R
14 836	C 1939 ME	18,2	10,0	G	14 859	196 PRL	18,7	20,0	G	14 866	128 PRL	16,2	40,0	G	14 931	C 2739 ME	15,7	80,0	G
14 837	C 1903 ME	19,3	10,0	G	14 860	170 PRL	18,4	20,0	G	14 867	102 PRL	16,9	22,7	R	14 933	C 2092 ME	15,2	80,0	G
14 838	C 2685 ME	20,0	10,0	G	14 861	106 PRL	18,4	20,0	G	14 868	115 PRL	16,2	40,0	G	14 935	C 2757 ME	16,0	80,0	G
18 839	C 2721 ME	20,2	10,0	G	14 862	C 1945 ME	18,6	20,0	G	14 872	C 1959 ME	16,0	40,0	G	14 936	128 PRL	16,3	46,3	R
14 840	C 2709 ME	21,6	10,0	G	14 863	2709 ME	19,3	9,0	R	14 877	106 PRL	17,2	40,0	G					
14 841	C 1939 ME	22,1	4,8	R	14 864	170 PRL	19,0	18,1	R	14 878	128 PRL	17,2	40,0	G					
18 842	C 1903 ME	21,4	5,5	R						14 882	106 PRL	16,8	14,4	R					
14 843	C 2721 ME	21,4	3,8	R						14 883	115 PRL	16,8	40,0	G					
14 844	C 2685 ME	20,6	1,8	R						14 886	156 PRL	16,6	12,1	R					
14 845	C 2709 ME	21,4	2,0	R						14 887	C 1945 ME	16,8	40,4	G					
Ergebnis		20,4	10,0	G	Ergebnis		18,9	20,0	G	Ergebnis		17,2	40,0	G	Ergebnis		15,7	80,0	G

baldiges Nachschleifen zu vermeiden und arbeitet mit viel zu langsamen, unwirtschaftlichen Schnittgeschwindigkeiten. Die Verhältnisse, die die günstigste Schnittgeschwindigkeit bestimmen, sind nicht einfach und können nur mit Hilfe eines eigenen Rechenschiebers entwirrt werden. Doch kann der Rechenschieber allein nichts nützen, wenn nicht gleichzeitig das Pensumsystem mit der nötigen Überwachung eingeführt wird.

§ 294. (695.) Verfasser führte mehrere Versuchsreihen mit großer Sorgfalt durch, um den genauen Einfluß der Schnittdauer auf die Schnittgeschwindigkeit zu finden. Die ersten Versuche wurden im Jahre 1883 in den Midvale-Stahlwerken mit Tiegelgußstählen sowohl mit als auch ohne Wasserkühlung angestellt. Die Ergebnisse dieser Versuche sind in dem § 299 zusammengestellt.

Einfluß der Schnittdauer auf die Schnittgeschwindigkeit bei Benützung moderner Schnelldrehstähle.

§ 295. (696—699.) Von allen Versuchen über Schnittdauer sind die mit modernem Schnelldrehstahl von größtem praktischen Interesse.

Auf Tab. 74 sind die Ergebnisse einer dieser Versuchsreihen zusammengestellt. Die Drehstähle hatten folgende chemische Zusammensetzung: Wolfram 8,50 %, Chrom 2,00 %, Kohlenstoff 1,85 %, Mangan 0,15 %, Silicium 0,15 %.

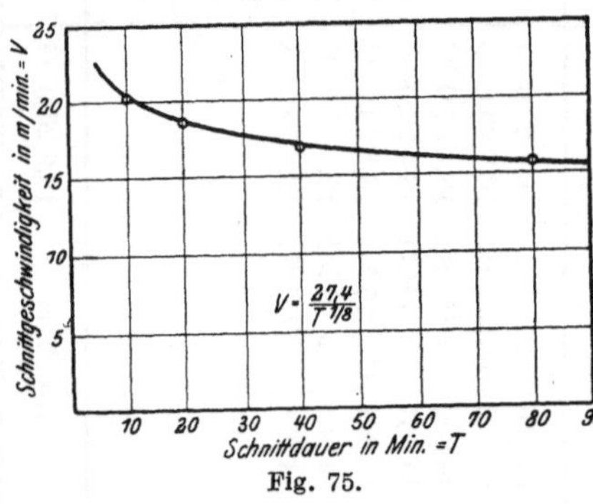

Fig. 75.

Die Stähle hatten die auf Fig. 35 gegebene Form und waren nach folgenden Winkeln zugeschliffen:

Ansatzwinkel 6°, Hinterschleifwinkel 8°, Seitenschleifwinkel 14°.

Jeder Stahl wurde vor dem Versuche auf seine normale Schnittgeschwindigkeit geprüft. Als Arbeitsstück diente eine möglichst homogene Welle von 600 mm Durchmesser und 3 m Länge. Das Material hatte folgende chemische Zusammensetzung und Beschaffenheit: Kohlenstoff 0,34 %, Mangan 0,60 %, Silicium 0,183 %, Phosphor 0,035 %, Schwefel 0,032 %; Zugfestigkeit 5000 kg/qcm, Elastizitätsgrenze 2300 kg/qcm; Dehnung 29 %, Kontraktion 49,57 %.

§ 296. (700.) In Tab. 74 sind die Versuchsergebnisse zusammengestellt und im Schaubild Fig. 75 zu einer Kurve verbunden. Diese Kurve folgt dem Gesetz:

$$V = \frac{27,4}{T^{\frac{1}{8}}}, \text{ worin}$$

V die Schnittgeschwindigkeit in m/Min., T die Schnittdauer in Min. bezeichnet.

§ 297. (701—704.) Die Schnittgeschwindigkeit nimmt bei Abnahme der Schnittdauer schnell zu.

Die Angaben in der Tabelle 76 reichen herunter bis zu einer Schnittdauer von 20 Minuten. Als die kürzeste Schnittdauer, bei welcher die Versuchsergebnisse noch Anspruch auf Zuverlässigkeit haben, muß 20 Minuten bezeichnet werden. (Vgl. §§ 85—89.)

Nur um ungefähre Anhaltspunkte für den Wert der Schnittgeschwindigkeit bei sehr kurzer Schnittdauer zu gewinnen, wurden auch Versuche mit 10 Minuten Schnittdauer durchgeführt.

<h2 style="text-align:center">Tabelle 76.</h2>

Wenn die Geschwindigkeit bekannt ist für eine Schnittdauer von:	so findet man die Schnittgeschwindigkeit für eine Schnittdauer von:	durch Multiplikation mit:
20 Minuten	40 Minuten	0,92
40 „	80 „	0,92
20 „	80 „	0,84
40 „	20 „	1,09
80 „	40 „	1,09
80 „	20 „	1,19

§ 298. (705.) Außerdem fand Verfasser aus einer Reihe von weiteren Versuchen, daß der Einfluß der Schnittgeschwindigkeit auf die Schnittdauer vom Härtegrad des stählernen Arbeitsstückes fast unabhängig ist. Anders verhält es sich bei Gußeisen. (Vgl. § 301.)

Einfluß der Schnittdauer auf die Schnittgeschwindigkeit
bei Benutzung von angelassenen Tiegelgußstählen.

§ 299. (706—707.) In Tab. 78 und Fig. 77 sind die Ergebnisse ähnlicher Versuche wie die früheren zusammengestellt.

Die Gleichung für die Schnittgeschwindigkeit lautet jetzt:

$$V = \frac{2,8}{T^{\frac{1}{5}} \cdot F^{0,65}},$$

worin

V die Schnittgeschwindigkeit in m/Min.,

T die Schnittdauer,

F den Vorschub in mm bezeichnet.

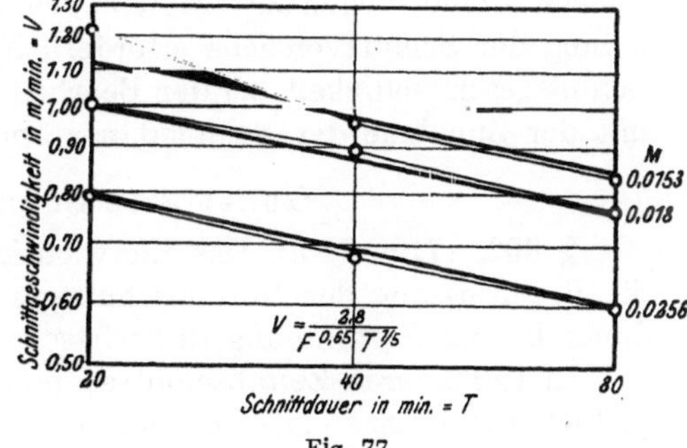

Fig. 77.

Tabelle 78.

Schnittdauer in Minuten	Vorschub in mm	Schnittgeschwindigkeit in m/Min.	Schnittgeschwindigkeit nach der Formel $V = \dfrac{2,8}{F^{0,65}\,T^{0,2}}$
20	1,3	1,40	1,31
	1,5	1,18	1,17
	2,1	0,93	0,93
40	1,3	1,12	1,14
	1,5	1,05	0,02
	2,1	0,80	0,81
80	1,3	0,98	0,99
	1,5	0,9	0,89
	2,1	0,75	0,71

Vergleich des Einflusses der Schnittdauer auf die Schnittgeschwindigkeit bei Benutzung von modernen Schnelldrehstählen und ausgelassenen Tiegelgußstählen.

§ 300. (708.) Bei Benutzung von Schnelldrehstählen fällt die Schnitt-
geschwindigkeitskurve weniger rasch mit der Zunahme der Schnittdauer
ab als bei Benützung von Tiegelgußstählen. Vgl. folgende Tabelle:

Stahl	Schnittgeschwindigkeit bei einer Schnittdauer von		Verringerung der Schnittgeschwindigkeit
	20 Min.	80 Min.	
Schnelldrehstahl	30	25,2	16 %
Tiegelgußstahl	4,8	3,65	24 %

Einfluß der Schnittdauer auf die Schnittgeschwindigkeit
bei Bearbeitung von Gußeisen.

§ 301. (709.) Alle Versuche darüber scheiterten daran, daß es nicht
möglich war, ein vollkommen homogenes gußeisernes Arbeitsstück von
solchen Abmessungen zu erhalten, wie sie für die mehrmalige Wiederholung der Schnittversuche erforderlich sind. Es scheint aber, daß die
Schnittgeschwindigkeit bei der Bearbeitung von Gußeisen weniger stark
mit der Zunahme der Schnittdauer abfällt wie der Stahl.

Günstigste Schnittdauer.

§ 302. (710—715.) Das allerwichtigste Ergebnis der Versuche über
die Beeinflussung der Normalschnittgeschwindigkeit durch die Schnittdauer ist die Bestimmung der wirtschaftlich günstigsten Schnittdauer.

In je kürzeren Zeitabschnitten man das Nachschleifen des Stahles
gestatten will, um so größer kann die Schnittgeschwindigkeit sein, um so

Tabelle 79.

Angaben zur Ermittlung der wirtschaftlich günstigsten Schnittdauer.

Querschnitt des Drehstahlschaftes in Zoll	$\tfrac{1}{2} \times \tfrac{3}{4}$	$\tfrac{5}{8} \times 1$	$\tfrac{3}{4} \times 1\tfrac{1}{8}$	$\tfrac{7}{8} \times 1\tfrac{3}{8}$	$1 \times 1\tfrac{1}{2}$	$1\tfrac{1}{4} \times 1\tfrac{7}{8}$	$1\tfrac{1}{2} \times 2\tfrac{1}{4}$	$1\tfrac{3}{4} \times 2\tfrac{3}{4}$	2×3
Desgl. in Stunden und Minuten	1—15	1—15	1—15	1—30	1—30	1—45	2—00	2—30	2—45
Von uns empfohlene Schnittdauer bis zum Wiedernachschleifen in Minuten. 10 t.	77	70	77	82	87	102	123	150	158
Wirtschaftlich günstigste Schnittdauer bis zum Nachschleifen in Minuten, d. h. 7 t.	54	49	54	57	61	71	86	105	110
Summe der Kosten auf Minuten umgerechnet	7,7	7,0	7,7	8,2	8,7	10,2	12,3	15,0	15,8
Beim Stahlwechsel verlorene Zeit in Minuten	1,5	1,6	1,7	2,8	3,0	3,3	3,6	4,0	4,5
Aufwand an Werkzeugstahl bei jedem Nachschleifen, bezogen auf die gleichwertige Zeit an der Maschine	1,38	1,69	2,11	2,61	3,16	4,57	6,44	8,66	8,96
Aufwand an Werkzeugstahl bei jedem Nachschleifen, in Pf.	2,93	4,81	7,48	11,09	15,62	29,10	50,20	79,65	94,85
Aufwand an Werkzeugstahl, der bei jedem Herrichten verloren geht, in Pf.	38	72	172	200	298	582	1000	1593	1905
Dauer des Schleifens, bezogen auf die gleichwertige Zeit an der Maschine	3,67	3,00	2,60	2,33	2,14	2,00	1,95	1,96	2,00
Dauer des Stahlschleifens in Minuten	2,2	2,4	2,6	2,8	3,0	3,6	4,3	5,1	6,0
Auf jedes Nachschleifen entfallende Zeit des Herrichtens, bezogen auf die gleichwertige Zeit an der Maschine	1,130	0,766	0,571	0,477	0,414	0,353	0,336	0,331	0,333
Zeit des Herrichtens auf einmaliges Nachschleifen bezogen	0,677	0,613	0,571	0,572	0,579	0,635	0,740	0,860	1,000
Zahl der Schliffe vor jedem Herrichten	13	15	17	18	19	20	20	20	20
Zeit für das Herrichten	8,8	9,2	9,7	10,3	11,0	12,7	14,8	17,2	20,0
Querschnitt des Drehstahlschaftes in Zoll	$\tfrac{1}{2} \times \tfrac{3}{4}$	$\tfrac{5}{8} \times 1$	$\tfrac{3}{4} \times 1\tfrac{1}{8}$	$\tfrac{7}{8} \times 1\tfrac{3}{8}$	$1 \times 1\tfrac{1}{2}$	$1\tfrac{1}{4} \times 1\tfrac{7}{8}$	$1\tfrac{1}{2} \times 2\tfrac{1}{4}$	$1\tfrac{3}{4} \times 2\tfrac{3}{4}$	2×3

größer wird auch die Produktion der Bank; andererseits sprechen aber vier Gründe dagegen, das Nachschleifen der Stähle zu oft vorzunehmen. Diese vier Gründe sind:

1. Der Zeitverlust durch die Entfernung des verbrauchten Stahles, das Herbeiholen eines neuen Stahles, sein Einspannen und Ansetzen und schließlich durch das Anfahren der Maschine.
2. Die Mehrausgaben für Schleifarbeit, Anschaffung von Schleifmaschinen und für Mehrverbrauch an Schmirgelscheiben.
3. Die Mehrausgaben für Schmiedeherrichtarbeiten, für Brennmaterial, Wind usw.
4. Der Materialverlust durch den Abfall beim Nachschleifen.

§ 303. (716—718.) Um eine übersichtliche Grundlage für die Berechnung der wirtschaftlich günstigsten Schnittdauer zu erhalten, müssen zunächst die Gesamtkosten für Schleifen, Herrichten und Materialabfall für jedes Nachschleifen berechnet und auf Drehbankzeit bezogen werden. Diese so berechnete Zeit, vermehrt um die für das Auswechseln des Stahles erforderliche Zeit, kann als unproduktive Zeit (t) mit der produktiven Zeit der Schnittdauer (T) verglichen werden. Für die Beziehung der Schleifkosten auf Drehbankzeit kann angenommen werden, daß für Stähle mittlerer Größe Schleifmaschinenzeit und Drehbankzeit gleichwertig und für stärkere Stähle erstere entsprechend minderwertig einzusetzen ist.

Die Zeiten für die einzelnen Operationen sind sorgfältig gemessen worden und in Tab. 79 für Stähle verschiedener Größe zusammengestellt.

Nach § 296 ist:

$$V = \frac{C}{T^{\frac{1}{8}}}$$

für jeden Härtegrad des stählernen Arbeitsstückes.

§ 304. (719—728.) Es bezeichne t die unproduktive und T die produktive Zeit der Drehbank (vgl. § 303), G das Gewicht des zerspanten Materials. Dasselbe ist direkt proportional der Schnittgeschwindigkeit und der Schnittdauer und hängt außerdem von der Beschaffenheit des Materials des Arbeitsstückes ab. C, C_1, C_2 bezeichnen Materialkonstanten. Es ist also:

$$G = C_1 \cdot V \cdot T.$$

Ausschlaggebend für die Wirtschaftlichkeit ist jedoch das Gewicht G des per laufende Minute zerspanten Materials:

$$g = \frac{G}{T + t} = C_1 \cdot \frac{V \cdot T}{T + t};$$

$V = \dfrac{C}{T^{\frac{1}{8}}}$ in diese Gleichung eingesetzt, gibt:

$$g = C_2 \frac{T^{\frac{7}{8}}}{T + t}.$$

Wird für $T = n \cdot t$ gesetzt und t als eine für einen bestimmten Drehstahl gegebene Konstante vorausgesetzt, so ergibt sich, wenn der noch verbleibende Wert von t mit in die Const. C_3 einbezogen wird:

$$g = \frac{n^{\frac{7}{8}}}{n+1} \cdot C_3 ;$$

g wird ein Maximum, wenn $\dfrac{n^{\frac{7}{8}} + 1}{n+1}$ ein Maximum wird. Dies tritt ein für $n = 7$. Die wirtschaftlich günstigste Schnittdauer wird demnach $= 7 \cdot t$. In Fig. 80 sind die verschiedenen Werte für die in der Zeiteinheit zerspante Menge Metall (g) für die wachsenden Werte von n graphisch aufgetragen.

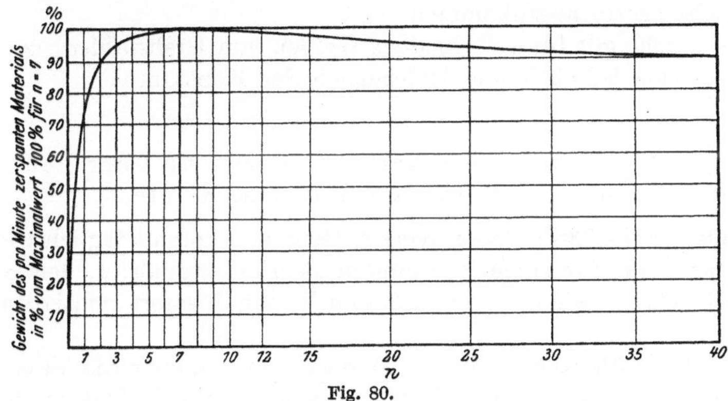

Fig. 80.

Einfluß des Vorschubes und der Schnittiefe auf die Normalschnittgeschwindigkeit.

§ 305. (729—736.) In folgendem sind die wichtigsten Ergebnisse der Versuche darüber gegeben.

I. Bei einer bestimmten Schnittiefe kann mehr Material in der gleichen Zeit zerspant werden, wenn dicke Späne genommen werden und die Schnittgeschwindigkeit entsprechend niedrig gehalten wird als umgekehrt.

Aus irgend einer der in §§ 308—314 beschriebenen Versuchsreihen kann die Bestätigung des oben Gesagten gefunden werden. Z. B. wurden an einem Arbeitsstück aus Stahl mit 4,8 mm Schnittiefe und 0,4 mm Vorschub 45 kg per Stunde zerspant. Wird der Vorschub jedoch auf 3,2 mm erhöht, so können per Stunde 115 kg Späne erzeugt werden. In vielen Fällen erlaubt es die Werkzeugmaschine oder ihr Antrieb nicht, so grobe Späne zu nehmen.

II. Die Spanstärke beeinflußt die Normalschnittgeschwindigkeit in stärkerem Maße als die Schnittiefe; wird beispielsweise der Vorschub auf ein Drittel reduziert, so kann dadurch die Normalschnittgeschwindigkeit auf das 1,8fache, dagegen nur auf das 1,27fache erhöht werden, wenn die Schnittiefe auf ein Drittel reduziert wird. (Vgl. §§ 139—141.)

III. Die Normalschnittgeschwindigkeit ist bei Benützung normal geformter Drehstähle der Quadratwurzel aus dem Maße des Vorschubes proportional. (Vgl. §§ 314—317.)

IV. Dieses Gesetz wird bei Verwendung von erstklassigem Schnelldrehstahl vom Härtegrad des Arbeitsstückes nicht beeinflußt. (Vgl. §§ 379 und 326—327.)

Unterschiede kommen nur durch die Änderung der Materialkonstante zum Ausdruck. (Vgl. § 314.) Dies ermöglicht, mit nur einem Rechenschieber für die Bestimmung der richtigen Kombination von Schnittiefe, Vorschub und Normalschnittgeschwindigkeit bei Verarbeitung einer beliebigen Stahlsorte auszukommen.

Das gleiche gilt für verschiedene Größen von Drehstählen; auch da handelt es sich lediglich um Änderungen der Konstante.

Wichtigkeit und Schwierigkeit der Versuche über den Einfluß von Vorschub und Schnittiefe.

§ 306. (737—738.) Jeder Werkstättenmann kommt täglich wiederholt in die Lage, für einen bestimmten Bearbeitungsfall: 1. den Stahl, 2. die Schnittgeschwindigkeit und 3. den Vorschub sofort richtig wählen zu müssen.

Sind die Stähle normalisiert, so bleibt noch immer die Frage der Schnittgeschwindigkeit und des Vorschubes offen. Die Wahl der richtigen Schnittgeschwindigkeit kann aber nur bei gleichzeitiger voller Berücksichtigung der Schnittiefe und des Vorschubes getroffen werden.

§ 307. (739—742.) Versuche über diesen letzten Punkt können erst dann angestellt werden, wenn alle anderen fraglichen Punkte über wirtschaftliche Metallbearbeitung klargelegt und normalisiert sind. Zuerst muß die Materialfrage der Stähle gelöst, die richtigen Schneid- und Zuschärfwinkel gefunden, ferner der Einfluß der Beschaffenheit des Arbeitsstückes auf den Schnittdruck und der totale Widerstand der Maschine bekannt sein, erst dann können die Versuche über Einfluß des Vorschubes und der Schnittiefe auf die Normalschnittgeschwindigkeit einsetzen.

Diese letzten Versuche erfordern den größten Zeitaufwand und die allergrößte Sorgfalt.

Besondere Schwierigkeiten ergaben sich aus der Beschaffenheit vollkommen homogener Arbeitsstücke genügender Abmessung. Diese Schwierigkeiten wuchsen, je vollkommener auf Grund der vorhergegangenen Versuche die Drehstähle wurden, denn mit der Verbesserung der Drehstähle wuchs die Schnittgeschwindigkeit und um so schneller wurde das Arbeitsstück verspant.

Außerdem mußte bei jeder Änderung der vorher aufgestellten Normalien schließlich wieder eine ganz neue Untersuchung darüber an-

gestellt werden, in welcher Weise unter diesen veränderten Grund-
bedingungen Vorschub und Schnittiefe die Normalschnittgeschwindigkeit beeinflussen. Die Kosten solcher Versuche sind enorm. Verfasser
ist der Ansicht, daß trotz seiner Erfahrung eine neue abgeschlossene Versuchsreihe den Aufwand von 5000 Dollars verursachen würde.

Dies ist ein Beweis dafür, wie vorsichtig man bei der Aufstellung
von Normalien zu Werke gehen muß. Sind diese einmal aufgestellt, so
dürfen sie nur im Falle unbedingter Notwendigkeit umgestoßen werden.

Praktische Schnittgeschwindigkeitstabellen für verschiedene Schnittiefen und Vorschübe bei Verwendung moderner Schnelldrehstähle und Bearbeitung von hartem, mittelhartem und weichem Gußeisen und Stahl.

§ 308. (743—747.) Ehe auf die Besprechung der Versuche und ihrer
Ergebnisse eingegangen werden soll, möge folgendes festgestellt werden:

Die Tabellen Nr. 81—92 haben den Zweck, dem Werkstättenmann die Bestimmung der richtigen Schnittgeschwindigkeit für verschiedene, gewöhnlich vorliegende Fälle zu ermöglichen. Die Werte der
normalen Schnittgeschwindigkeiten, die in diesen Tabellen angegeben
sind, beziehen sich auf die Bearbeitung von hartem Stahl und Gußeisen
mit Normalstählen nach Fig. 35 und 55 und auf die Bearbeitung von
mittelhartem Stahl und Gußeisen mit Normalstählen nach Fig. 32, 33 und
35. Außerdem wurde Schnelldrehstahl Nr. 1 (Tabelle 110) berücksichtigt.
Es wurden durchwegs $7/_8{}''$-Normalstähle benützt und Späne von 4,8 mm
$\times$ 1,6 mm geschnitten.

Die Beschaffenheit des Materials der Arbeitsstücke ist im folgenden
gegeben, ebenso die normalen Schnittgeschwindigkeiten:

Harter Stahl (Lokomotiv-Radkranz): normale Schnittgeschwindigkeit 13,5 m/Min. (Klasse Nr. $21^1/_4$ s. § 405), Kohlenstoff 0,64 %, Mangan
0,70 %, Silicium 0,21 %, Phosphor 0,044 %, Zugfestigkeit 8300 kg/qcm,
Elastizitätsgrenze 4900 kg/qcm, Dehnung 14 %.

Mittelharter Stahl (Klasse Nr. 13): Normale Schnittgeschwindigkeit
30 m/Min., Kohlenstoff 0,34 %, Mangan 0,60 %, Silicium 0,183 %,
Schwefel 0,032 %, Phosphor 0,035 %, Ausglühhitze 690° C, Zugfestigkeit 5100 kg/qcm, Elastizitätsgrenze 2400 kg/qcm, Dehnung 30 %, Kontraktion 48,73 %.

Weicher Stahl (Klasse Nr. $5^3/_4$): Normale Schnittgeschwindigkeit
35 m/Min., Kohlenstoff 0,22 %, Mangan 0,42 %, Silicium 0,07 %, Schwefel
0,025 %, Phosphor 0,022 %, Ausglühhitze 650° C, Zugfestigkeit 3950
kg/qcm, Elastizitätsgrenze 1850 kg/qcm, Dehnung 35,5 %, Kontraktion
56,26 %.

§ 309. (751—752.) Die Tabellen für Bearbeitung von Gußeisen gelten für drei verschiedene Härtegrade des Arbeitsstückes, wie sie durchschnittlich in den Werkstätten der Vereinigten Staaten vorkommen. Doch sollte eine jede Werkstätte für ihre Gußeisensorten besondere Versuche über die zuverlässige Schnittgeschwindigkeit anstellen. Die Schnittgeschwindigkeit in den Tabellen bezieht sich auf die wirtschaftlichste Schnittdauer (vgl. Tab. 79).

Ohne Zweifel ermöglichen Rechenschieber genauere Angaben, mithin größere Produktion als die vorliegenden Tabellen, doch sind diese immerhin auch von Interesse und praktischem Wert.

§ 310. (753—754, 758—760.) Wenn auch in der Aufschrift dieses Absatzes von dem Einflusse des Vorschubes auf die Schnittgeschwindigkeit die Rede ist, so darf doch nicht außer acht gelassen werden, daß eigentlich nicht das Maß des Vorschubes, sondern die senkrecht gemessene Stärke des Spanes die Normalschnittgeschwindigkeit beeinflußt. (Vgl. §§ 137—138.)

Tatsächlich hängt die Spanstärke nicht nur vom Maße des Vorschubes ab, sondern auch:

a) von der Form der Schneidkante des Drehstahles und
b) von dem Winkel, welchen die Schneidkante mit der Achse des Arbeitsstückes einschließt.

In §§ 142—143 wurde auseinandergesetzt, daß bei gekrümmter Schneidkante des Drehstahles der Span seiner ganzen Länge nach verschiedene Dicken aufweist, und nur bei gerader Form der Schneidkante der Span gleichmäßig dick ist.

Bei Benützung von Drehstählen mit gekrümmter Schneidkante ändert sich also die maßgebende Spanstärke sowohl mit dem Vorschub als auch mit der Schnittiefe. Werden für die Untersuchungen über Einfluß der Spanstärke auf die Schnittgeschwindigkeit derartige Drehstähle benützt, so muß natürlich Vorschub und Schnittiefe gleichzeitig berücksichtigt werden.

Für die ersten, grundlegenden Versuche über Einfluß der Spanstärke auf Schnittgeschwindigkeit wurden der Einfachheit halber Drehstähle mit gerader Schneidkante benützt und die Spanstärke nur von dem Vorschub abhängig gemacht. Diese Versuche sollen zunächst erörtert werden

Praktische Schnittgeschwindigkeitstabellen.

Arbeitszeit bis zum Wiederanschleifen: $1\frac{1}{2}$ Stunden.

Tabellen 81—86.

Schnittgeschwindigkeiten für verschiedene Normalstähle, auf Stahl arbeitend.

Schaftbreite $1\frac{1}{4}''$.   Tabelle 81.

Schnittiefe in mm	Vorschub in mm	Schnittgeschwindigkeit in m/Min.		
		Weicher Stahl	Mittlerer Stahl	Harter Stahl
2,38	0,4	158	78,8	36
	0,79	112,5	55,8	25,3
	1,59	78,5	39,3	17,8
	2,38	63,7	32	14,5
3,18	0,4	137	68,5	31,1
	0,79	96,5	48,2	21,9
	1,59	68	34,2	15,4
	2,38	55,5	27,7	12,6
	3,18	47,8	23,9	10,9
4,76	0,40	113	56,4	25,6
	0,79	79,2	39,6	18
	1,59	55,7	27,9	12,7
	2,38	45,4	22,7	10,3
	3,18	39,3	19,7	8,9
	4,76	32	16	7,3
6,35	0,40	98	49,1	22,3
	0,79	69,2	34,5	15,7
	1,59	48,5	24,3	11
	2,38	39,6	19,8	9
	3,18	34,2	17,1	7,8
	4,76	27,8	13,9	6,3
9,52	0,4	80,5	40,2	18,3
	0,79	56,7	28,4	12,9
	1,59	39,9	20	9,1
	2,38	32,6	16,3	7,3
	3,18	28,1	14,1	6,3
12,7	0,4	70,1	35,1	15,9
	0,79	49,4	24,7	11,2
	1,59	34,8	17,3	7,9
	2,38	28,2	14,1	6,4

Schaftbreite 1″.   Tabelle 82.

Schnittiefe in mm	Vorschub in mm	Schnittgeschwindigkeit in m/Min.		
		Weicher Stahl	Mittlerer Stahl	Harter Stahl
2,38	0,4	149	74,6	33,8
	0,79	103	51,5	23,4
	1,59	71,6	35,7	16,3
	2,38	57,6	28,8	13,1
3,18	0,40	130	65,2	29,6
	0,79	90	45,1	20,5
	1,59	62,5	31,1	14,2
	2,38	50,3	25,3	11,4
	3,18	43,3	21,6	9,8
4,76	0,4	109	54,6	24,8
	0,79	75,3	37,8	17,1
	1,59	52,1	26,1	11,8
	2,38	42,1	21	9,5
	3,18	36	18	8,2
	4,76	29	14,5	6,6
6,35	0,4	96	47,8	21,8
	0,79	66,4	33,2	15,1
	1,59	45,7	22,9	10,4
	2,38	36,9	18,4	8,3
	3,18	31,7	15,8	7,7
9,52	0,4	80	40,2	18,2
	0,79	55,4	27,7	12,6
	1,59	38,4	19,2	8,7
	2,38	30,8	15,4	7
12,7	0,4	70,6	35,4	16,1
	0,79	49	24,5	11,2
	1,59	33,8	17	7,7

Schaftbreite ⁷/₈″.   **Tabelle 83.**

Schnittiefe in mm	Vorschub in mm	Schnittgeschwindigkeit in m/Min.		
		Weicher Stahl	Mittlerer Stahl	Harter Stahl
2,38	0,4	145	72,6	32,9
	0,79	99	49,4	22,5
	1,59	67,7	33,9	15,4
	2,38	54	26,9	12,2
3,18	0,4	128	64,1	29,1
	0,79	87,3	43,7	19,8
	1,59	59,5	29,8	13,5
	2,38	47,6	23,7	10,8
	3,18	40,6	20,2	9,2
4,76	0,4	107	53,7	24,4
	0,79	73,3	36,6	16,6
	1,59	50	25	11,4
	2,38	40	20	9,1
	3,18	34,2	17,1	7,8
6,35	0,4	95,2	47,6	21,6
	0,79	65	32,6	14,7
	1,59	44,3	22,1	10,1
	2,38	35,4	17,7	8,1
9,52	0,4	80,6	40,3	18,3
	0,79	54,9	27,5	12,5
	1,59	37,2	18,6	8,5
12,7	0,4	72,4	36	16,4
	0,79	49,4	24,6	11,2

Schaftbreite ³/₄″.   **Tabelle 84.**

Schnittiefe in mm	Vorschub in mm	Schnittgeschwindigkeit in m/Min.		
		Weicher Stahl	Mittlerer Stahl	Harter Stahl
2,38	0,4	147	73,5	33,6
	0,79	98,6	49,2	22,4
	1,59	66,2	33	15
	2,38	52,5	26,2	11,9
3,18	0,4	129	64,7	29,3
	0,79	86,5	43,3	19,7
	1,59	58	29	13,2
	2,38	46,1	23	10,4
	3,18	39,1	19,5	8,9
4,76	0,4	109	54,6	24,8
	0,79	73,3	36,6	16,6
	1,59	49,1	24,5	11,2
	2,38	38,8	19,4	8,8
6,35	0,4	97,6	48,8	22,2
	0,79	65,6	32,7	14,9
	1,59	43,9	21,9	10
9,52	0,4	84,1	42,1	19,1
	0,79	56,5	28,2	12,8

Taylor-Wallichs, Dreharbeit.   10

Schaftbreite $\frac{5}{8}''$. **Tabelle 85.**

Schnittiefe in mm	Vorschub in mm	Schnittgeschwindigkeit in m/Min.		
		Weicher Stahl	Mittlerer Stahl	Harter Stahl
1,59	0,4	167	83,6	38,2
	0,79	109	54,6	24,9
	1,59	71,7	35,7	16,2
2,38	0,4	142	71,4	32,3
	0,79	93,4	46,7	21,2
	1,59	61	30,5	13,9
	2,38	47,6	23,8	10,8
3,18	0,4	127	63,8	28,9
	0,79	83,3	41,5	18,9
	1,59	54,6	27,2	12,4
	2,38	42,7	21,3	9,7
4,76	0,4	110	55,2	25
	0,79	72	36	16,4
	1,59	47,3	23,6	10,7
6,35	0,4	100	50	22,7
	0,79	65,6	32,6	14,9
19,52	0,4	87,2	43,7	19,8

Schaftbreite $\frac{1}{2}''$. **Tabelle 86.**

Schnittiefe in mm	Vorschub in mm	Schnittgeschwindigkeit in m/Min.		
		Weicher Stahl	Mittlerer Stahl	Harter Stahl
1,59	0,4	155	77,7	35,4
	0,79	98,1	49,1	22,3
	1,59	62	31,1	14,1
2,38	0,4	136	68	30,8
	0,79	85,6	43	19,5
	1,59	54	27	12,2
	2,38	41,2	20,5	9,4
3,18	0,4	123	61,6	28
	0,79	77,7	39,1	17,6
	1,59	49,1	24,7	11,2
4,76	0,4	109	54,6	24,9
	0,79	69	34,5	15,7
6,35	0,4	101	50,4	7,6

Tabellen 87—92.

Schnittgeschwindigkeiten für verschiedene Normalstähle, auf Gußeisen arbeitend.

Schaftbreite $1\frac{1}{4}''$.   **Tabelle 87.**

Schnittiefe in mm	Vorschub in mm	Schnittgeschwindigkeit in m/Min.		
		Weiches Gußeisen	Mittleres Gußeisen	Hartes Gußeisen
2,38	0,4	73	36,5	21,3
	0,79	58,2	29	17
	1,59	43,3	21,6	12,6
	2,38	36	18	10,5
	3,18	31,4	15,7	9,2
	4,76	25,9	13	7,6
3,18	0,4	65,8	33	19,2
	0,79	52,5	26,3	15,3
	1,59	39,1	19,5	11,3
	2,38	32,6	16,3	9,5
	3,18	28,5	14,2	8,3
	4,76	23,4	11,7	6,8
4,76	0,4	57	28,5	16,7
	0,79	45,4	22,8	13,3
	1,59	33,8	16,9	10
	2,38	28,2	14,1	8,2
	3,18	22,3	11,1	6,5
	4,76	20,2	10,1	5,9
6,35	0,4	51,2	25,7	14,9
	0,79	40,8	20,5	11,9
	1,59	30,4	15,2	8,9
	2,38	25,4	12,7	7,4
	3,18	22,3	11,1	6,5
	4,76	18,2	9	5,3
9,52	0,4	43,8	21,9	12,8
	0,79	35,1	17,5	10,2
	1,59	25,9	13	7,6
	2,38	21,6	10,8	6,3
	3,18	18,9	9,5	5,5
	4,76	15,5	7,8	4,5
12,7	0,4	40	17	11,7
	0,79	32	16	9,3
	1,59	23,6	11,8	6,9
	2,38	19,7	9,9	5,8
	3,18	17,3	8,6	5
	4,76	14,2	7,1	4,1
19,05	0,4	34,2	17,1	10
	0,79	27,2	13,6	7,9
	1,59	20,2	10,1	5,9
	2,38	16,8	8,4	4,9
	3,18	14,7	7,4	4,3
	4,76	12,1	6	3,5

Schaftbreite 1″.   **Tabelle 88.**

Schnittiefe in mm	Vorschub in mm	Schnittgeschwindigkeit in m/Min.		
		Weiches Gußeisen	Mittleres Gußeisen	Hartes Gußeisen
2,38	0,4	68,9	34,5	20,1
	0,79	54	26,9	15,7
	1,59	39,6	19,8	11,5
	2,38	32,6	16,3	9,5
	3,18	28,3	14,1	8,3
	4,76	23	11,5	6,7
3,18	0,4	62,5	31,1	18,2
	0,79	48,8	26	14,3
	1,59	36	17,9	10,5
	2,38	29,6	14,8	7,1
	3,18	25,6	12,8	7,5
	4,76	20,9	10,5	6,1
4,76	0,4	55,2	27,6	16,1
	0,79	43,3	21,6	12,6
	1,59	31,7	15,8	9,2
	2,38	26,2	13,1	7,6
	3,18	22,6	11,3	6,6
	4,76	18,5	9,2	5,4
6,35	0,4	50,3	25,1	14,7
	0,79	39,4	19,6	11,4
	1,59	28,8	14,4	8,4
	2,38	23,7	11,9	6,9
	3,18	20,6	10,3	6
	4,76	16,8	8,4	4,9
9,52	0,4	43,6	21,8	12,8
	0,79	34,2	17,1	9,9
	1,59	25	12,5	7,3
	2,38	20,6	10,3	6
	3,18	17,9	8,9	5,2
	4,76	17,5	8,8	5,1
12,7	0,4	40,3	20,2	11,8
	0,79	31,7	15,7	9,2
	1,59	23,1	11,6	6,7
	2,38	19,1	9,5	5,6
	3,18	16,5	8,3	4,8
	4,76	13,5	6,7	3,9

Schaftbreite ⁷/₈″.   **Tabelle 89.**

Schnittiefe in mm	Vorschub in mm	Schnittgeschwindigkeit in m/Min.		
		Weiches Gußeisen	Mittleres Gußeisen	Hartes Gußeisen
2,38	0,4	67,1	33,6	19,6
	0,79	51,5	25,8	15,1
	1,59	37,2	18,7	10,9
	2,38	30,4	15,2	8,9
	3,18	26,3	13,2	7,7
	4,76	21,4	10,7	6,3
3,18	0,4	61,6	30,8	18
	0,79	47,6	23,7	13,8
	1,59	34,2	17,1	10
	2,38	28	14	8,2
	3,18	24,2	12,1	7,1
	4,76	19,6	9,8	5,7
4,76	0,4	54,3	27,1	15,9
	0,79	41,8	20,9	12,2
	1,59	30,3	15,2	8,8
	2,38	24,7	12,3	7,2
	3,18	21,4	10,7	6,2
	4,76	17,3	8,7	5,1
6,35	0,4	49,7	24,8	14,5
	0,79	38,4	19,2	11,2
	1,59	27,7	13,8	8,1
	2,38	22,6	11,3	6,6
	3,18	19,6	9,8	5,7
	4,76	15,9	7,9	4,6
9 52	0,4	43,9	21,9	12,8
	0,79	33,8	16,9	9,8
	1,59	24,4	12,2	7,1
	2,38	19,9	9,9	5,8
	3,18	17,2	8,6	5
	4,76	14	7	4,1
12,7	0,4	41,2	20,6	12
	0,79	31,7	15,9	9,3
	1,59	22,9	11,5	6,7
	2,38	18,7	9,4	5,5
	3,18	13,1	6,6	3,8

Schaftbreite ³/₄″.

Tabelle 90.

Schnittiefe in mm	Vorschub in mm	Schnittgeschwindigkeit in m/Min.		
		Weiches Gußeisen	Mittleres Gußeisen	Hartes Gußeisen
2,38	0,4	67,6	33,9	19,8
	0,79	51,6	25,7	15
	1,59	36,6	18,2	10,6
	2,38	29,6	14,8	8,6
	3,18	25,4	12,7	7,4
	4,76	20,2	10,1	5,9
3,18	0,4	61,9	31,1	18,1
	0,79	47,6	23,8	13,9
	1,59	33,5	16,8	9,8
	2,38	27,1	13,5	7,9
	3,18	23,2	11,6	6,8
	4,76	18,6	9,3	5,4
4,76	0,4	55,2	27,6	16,1
	0,79	41,7	20,9	12,2
	1,59	29,8	14,9	8,7
	2,38	23,8	11,9	7
	3,18	20,6	10,3	6
	4,76	16,5	8,3	4,8
6,35	0,4	50,9	25,5	14,9
	0,79	38,4	19,3	11,2
	1,59	27,7	13,8	8
	2,38	22,2	11,1	6,5
	3,18	19,1	9,5	5,6
9,52	0,4	45,7	22,9	13,4
	0,79	34,5	17,3	10,1
	1,59	24,7	12,3	7,2
	2,38	20	10	5,8

Schaftbreite $^5/_8''$. **Tabelle 91.**

Schnittiefe in mm	Vorschub in mm	Schnittgeschwindigkeit in m/Min.		
		Weiches Gußeisen	Mittleres Gußeisen	Hartes Gußeisen
2,38	0,4	65,8	32,9	19,2
	0,79	48,8	24,4	14,2
	1,59	33,6	16,8	9,8
	2,38	26,9	13,5	7,9
	3,18	23	11,5	6,7
3,18	0,4	61	30,5	17,9
	0,79	45,1	22,6	13,2
	1,59	31,7	15,8	9,2
	2,38	25,2	12,6	7,3
	3,18	21,2	10,6	6,2
4,76	0,4	55,8	27,9	20,7
	0,79	41,2	20,6	12
	1,59	28,7	14,3	8,4
	2,38	23	11,5	6,7
	3,18	19,6	9,8	5,7
6,35	0,4	52,1	26,1	15,3
	0,79	38,4	19,3	11,2
	1,59	26,8	13,4	7,8
	2,38	21,5	10,7	6,3
9,52	0,4	47,6	23,7	13,8
	0,79	35,4	17,6	10,3
	1,59	24,3	12,2	7,1

Schaftbreite $^1/_2''$. **Tabelle 92.**

Schnittiefe in mm	Vorschub in mm	Schnittgeschwindigkeit in m/Min.		
		Weiches Gußeisen	Mittleres Gußeisen	Hartes Gußeisen
2,38	0,4	62,8	31,4	18,3
	0,79	44,8	22,4	13,1
	1,59	29,7	14,9	8,7
	2,38	23,2	11,6	6,8
	3,18	19,5	9,8	5,7
3,18	0,4	59,2	29,6	17,3
	0,79	42,1	21,1	12,3
	1,59	28,4	14,2	8,3
	2,38	22	11	6,5
	3,18	12,7	6,4	3,7
4,76	0,4	55,5	27,7	16,2
	0,79	39	19,5	11,5
	1,59	26,2	13,1	7,7
	2,38	20,6	10,3	6
6,35	0,4	52,7	26,3	15,4
	0,79	37,2	18,6	10,9
	1,59	25	12,5	7,3

Versuche über den Einfluß der Spanstärke auf die Normalschnittgeschwindigkeit, für Späne von 25 mm Breite.

§ 311. (761—764.) Die Versuche des Verfassers mit Drehstählen gerader Schneidkante (Späne gleichmäßiger Stärke) sind in den §§ 137—138
beschrieben. Im folgenden soll diese Beschreibung vervollständigt
werden.

Die Werte der normalen Schnittgeschwindigkeit, die bei den Versuchen gefunden wurden, sind in zwei Diagrammen aufgetragen (s. Fig. 18
(92a) und 19 (92b)). In Fig. 18 in gewöhnlichem Koordinatensystem, in
Fig. 19 in einem Koordinatensystem mit logarithmischer Einteilung. Die
Auftragung der Logarithmen hat bekanntlich den Vorteil, daß der Exponent der Kurve, der für die Aufstellung der mathematischen Formel und

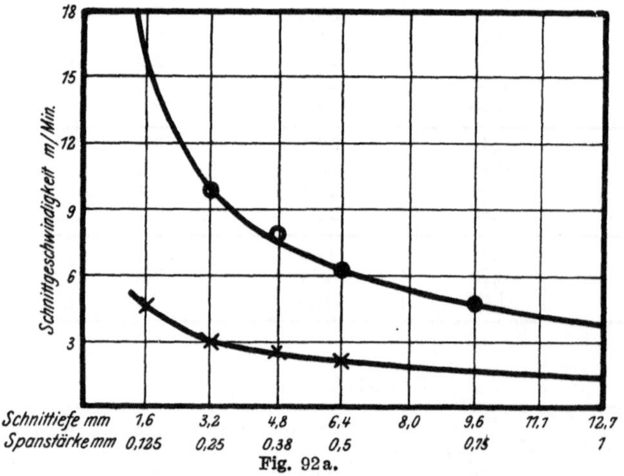

Fig. 92a.

für die Einteilung des Rechenschiebers bekannt sein muß, aus der Tan-
gente des Neigungswinkels der Kurve gegen die Abszissenachse sofort
bestimmt werden kann. Aus dem angenähert geradlinigen Verlauf der
logarithmischen Kurven in Fig. 19 geht hervor, daß der Exponent
innerhalb der Versuchsgrenzen konstant ist.

Jede Angabe in den Tabellen und jeder Punkt der Kurven ergab sich
aus der Zusammenfassung vieler Versuche mit sorgfältig auf Gleichmäßigkeit geprüften Drehstählen und möglichst gleichmäßigen und
homogenen Arbeitsstücken.

In Anbetracht der ungeheuer großen Zahl von Versuchen (zwischen
30 000 und 50 000) ist es ausgeschlossen, in der vorliegenden Veröffentlichung Angaben über jeden einzelnen Versuch aufzunehmen, sondern
man mußte sich damit begnügen, die fortlaufenden Versuchsprotokolle
(Fig. 77) zusammenzustellen (Tab. 15, 93 und 94), aus diesen Zusammen-

stellungen die mittleren Werte zu bestimmen und aus diesen schließlich die endgültigen Schlüsse zu ziehen, so daß jeder einzelne Punkt der Kurven sowie jede Angabe in den Tabellen das Resultat einer großen Anzahl von Versuchen bildet und daher als zuverlässig gelten kann.

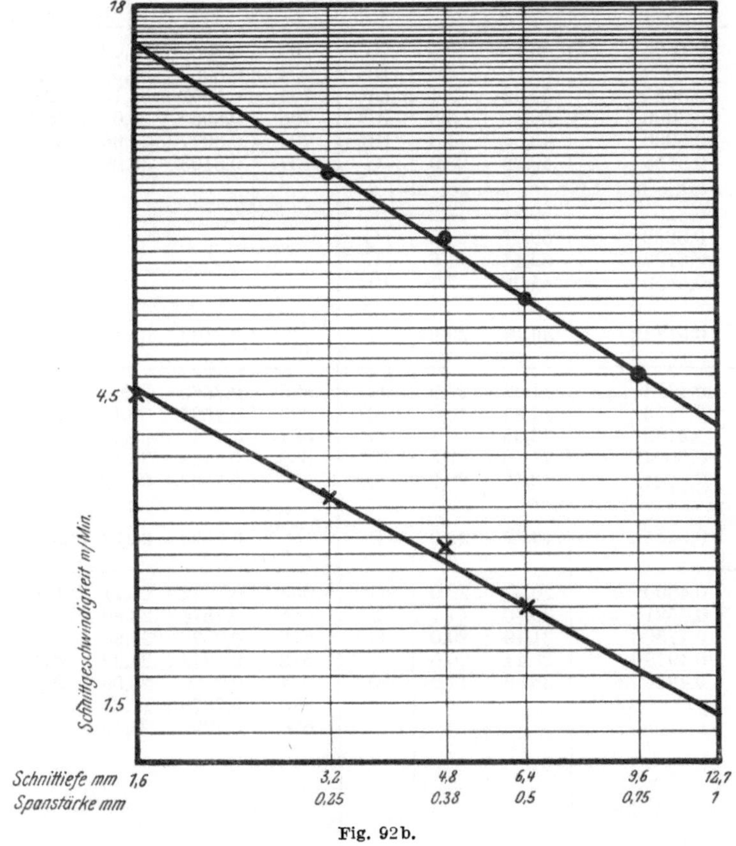

Fig. 92b.

Versuche über den Einfluß der Schnittiefe für Späne von 0,75 mm gleichmäßiger Stärke.

§ 312. (765—766.) Die Beschreibung dieser Versuche ist in § 139 gegeben. Weitere Angaben der Versuchsergebnisse gehen aus den Schaubildern auf Fig. 22 und 23 hervor.

Alle Versuche mit Stählen gerader Schneidkante wurden im Jahre 1886 mit angelassenen Tiegelgußstählen durchgeführt. Da diese Versuche jedoch nur den Zweck hatten, eine gewisse Übersicht zu schaffen und ohne direkten praktischen Wert waren, wurden sie seitdem nicht wiederholt. Doch wären die gleichen Versuche mit Schnelldrehstahl immerhin von großem Interesse.

Tabelle 93. Einfluß der Veränderung von Schnittiefe und von Stahl. (Schlecht

Schnittiefe	Versuchs-nummer	Vorschub in mm		Schnitt-geschwindig-keit in m/Min.	Schnittdauer	Güte des Stahles	Versuchs-nummer	Vorschub in mm	Schnitt-geschwindig-keit in m/Min.	Schnittdauer	Güte des Stahles
2,1	708	0,5004		48,73	20,4	G	702	0,7950	38,00	17,0	G
	709	0,5029		53,20	5,6	BR	703	0,8052	39,37	5,8	BR
	710	0,5055		50,52	3,4	BR	704	0,8052	38,15	2,6	BR
	711	0,5080		50,52	3,8	BR	705	0,8052	38,61	18,1	BR
	712	0,5080		49,55	4,3	BR	706	0,8077	37,06	20,0	G
	713	0,5156		49,22	20,0	G	707	0,8103	38,09	20,0	G
	Alle Stähle um 1,6 mm nachgeschliffen										
	719	0,5207		50,31	14,2	BR					
	720	0,5232		50,07	20,0	G					
	721	0,5105		52,14	11,6	G					
	722	0,5156		54,08	7,7	BR					
	Ergeb-nis	**0,5182**		**50,16**	**20,0**	**G**	Ergeb-nis	**0,8103**	**38,15**	**20,0**	**G**
3,2	690	0,4673		41,04	20,0	G	685	0,7569	31,74	10,3	BR
	691	0,4773		44,84	12,8	BR	686	0,7595	30,49	20,0	G
	692	0,5182		43,05	16,4	G	687	0,7442	33,32	20,0	G
	693	0,5004		44,08	7,3	BR	688	0,7468	36,15	8,0	BR
	694	0,5004		43,47	20,0	G	689	0,7468	34,23	18,2	BR
	Ergeb-nis	**0,5004**		**43,47**	**20,0**	**G**	Ergeb-nis	**0,7493**	**33,74**	**20,0**	**G**
4,8	665	0,4800		26,87	20,0	G	663	0,7772	21,71	20,0	G
	666	0,4521		30,70	14,1	F	664	0,7874	23,89	13,9	BR
	667	0,4750		31,19	20,0	G	672	0,7874	22,86	20,0	G
	668	0,4978		33,44	20,0	F	673	0,7849	24,32	20,0	F
	669	0,4826		36,66	14,9	BR	674	0,7696	25,96	20,0	G
							675	0,7676	27,24	9,7	BR
							676	0,7796	27,30	7,0	BR
	Ergeb-nis	**0,4826**		**34,66**	**20,0**	**G**	Ergeb-nis	**0,7696**	**25,99**	**20,0**	**G**
7,1	735	0,5080		29,61	15,2	BR	730	0,8179	22,80	18,7	B
	736	0,5182		29,49	8,1	BR	731	0,8204	22,80	20,0	GR
	737	0,5258		29,43	13,8	BR	732	0,8280	25,35	20,0	G
	738	0,5232		27,72	20,0	G	733	0,8306	27,84	12,2	BR
	739	0,5232		29,12	20,0	G	734	0,8179	27,97	5,8	BR
	740	0,5232		30,43	20,0	G					
	741	0,4978		33,08	20,0	G					
	742	0,5232		36,15	14,3	G					
	743	0,5182		39,72	6,7	BR					
	Ergeb-nis	**0,5080**		**34,66**	**20,0**	**G**	Ergeb-nis	**0,8128**	**25,84**	**20,0**	**G**

Vorschub auf die Schnittgeschwindigkeit bei Bearbeitung gelungene Versuchsreihe.)

Versuchs-nummer	Vorschub in mm	Schnitt-geschwindig-keit in m/Min.	Schnittdauer	Güte des Stahles	Versuchs-nummer	Vorschub in mm	Schnitt-geschwindig-keit in m/Min.	Schnittdauer	Güte des Stahles
698	1,1760	27,97	23,7	G	695	1,6205	22,19	17,9	BR
699	1,1557	30,34	20,0	G	696	1,6281	21,46	20,0	G
700	1,1430	33,32	5,1	BR	697	1,6154	23,60	10,3	BR
701	1,1709	31,79	10,5	BR					
Ergeb-nis	**1,1532**	**30,40**	**20,0**	**G**	Ergeb-nis	**1,6256**	**21,58**	**20,0**	**G**
680	1,1557	24,17	15,5	BR	677	1,6180	18,54	20,0	G
681	1,1557	25,81	7,6	BR	678	1,6154	20,88	13,8	BR
682	1,1735	22,13	20,0	G	679	1,6154	19,82	19,5	BR
683	1,1582	23,13	20,0	G					
684	1,1684	24,44	16,5	BR					
Ergeb-nis	**1,1532**	**23,71**	**20,0**	**G**	Ergeb-nis	**1,6154**	**19,61**	**20,0**	**G**
661	1,1532	18,70	20,0	G	660	1,6408	16,20	12,0	BR
662	1,1836	20,37	14,1	BR	Versuche am Schmiedestück Nr. 6				
670	1,1836	19,64	20,0	G	609	1,5875	15,38	12,1	G
671	1,1684	21,31	12,0	BR	610	1,5875	15,17	16,5	G
					613	1,5875	15,60	13,2	BR
					748	1,6611	16,78	9,9	G
					749	1,6662	16,93	15,5	BR
					750	1,6713	16,96	10,9	G
					751	1,6611	16,96	14,5	BR
					752	1,6611	16,84	15,2	BR
					753	1,6205	16,84	16,0	F
					754	1,6205	16,57	10,7	BR
Ergeb-nis	**1,1836**	**19,64**	**20,0**	**G**	Ergeb-nis	**1,6002**	**16,42**	**20,0**	**G**
723	1,1735	16,66	8,4	BR					
724	1,1532	15,32	20,0	G					
725	1,1862	16,66	20,0	G					
726	1,1887	18,24	20,0	G					
727	1,1862	19,76	18,1	BR					
728	1,1811	19,88	11,2	BR					
729	1,1735	16,72	13,1	BR					
Ergeb-nis	**1,1836**	**19,46**	**20,0**	**G**					

Tabelle 94. Einfluß der Veränderung von Schnittiefe und Vorschub auf die Schnittgeschwindigkeit bei Bearbeitung von Gußeisen. (Bestgelungene Versuchsreihe.)

Schnittiefe in mm	Vorschub: 0,396 mm				Vorschub: 0,802 mm				Vorschub: 1,605 mm				Vorschub: 3,225 mm			
	Versuchs-nummer	Schnittgeschwindigkeit in m/Min.	Schnittdauer in Minuten	Güte des Stahles	Versuchs-nummer	Schnittgeschwindigkeit in m/Min.	Schnittdauer in Minuten	Güte des Stahles	Versuchs-nummer	Schnittgeschwindigkeit in m/Min.	Schnittdauer in Minuten	Güte des Stahles	Versuchs-nummer	Schnittgeschwindigkeit in m/Min.	Schnittdauer in Minuten	Güte des Stahles
2,38	1475	37,0	7,2	BR	1472	27,6	14,0	BR	1467	18,7	20,0	G	1481	13,9	12,2	F
	1476	34,3	6,5	BR					1469	20,0	10,2	BR	1482	14,5	12,4	BR
	1477	34,3	6,8	BR					1470	19,3	6,3	BR				
	1478	32,0	21,4	G					1474	23,5	7,7	BR				
	1479	34,2	22,2	G												
	Ergebnis	34,2	20	G	Ergebnis	26,5	20	G	Ergebnis	18,6	20	G	Ergebnis	13,1	20	G
4,76	1446	27,4	20,7	G	1443	21,4	20,0	F	1436	13,7	20,0	G	1423	10,8	4,7	BR
	1447	27,4	20,0	G	1444	21,4	12,4	BR	1437	15,3	12,3	BR	1424	9,2	20,0	F
	1448	27,4	10,4	BR	1445	21,4	9,0	BR	1438	15,4	25,0	G	1426	9,1	20,0	G
	1450	27,6	19,8	G					1439	16,9	5,3	BR	1427	9,7	13,0	BR
	1451	29,0	10,4	BR					1440	16,9	7,2	BR	1428	9,7	16,4	G
									1459	15,2	20,0	BR	1429	9,8	3,9	BR
									1460	15,2	19,1	BR	1430	9,8	20,0	F
													1431	9,2	20,0	F
													1432	9,8	20,0	G
													1433	10,7	16,8	G
	Ergebnis	27,6	20	G	Ergebnis	21,3	20	G	Ergebnis	15,3	20	G	Ergebnis	9,8	20	G
9,52									1461	11,7	25,1	G				
									1462	12,5	22,2	BR				
									1468	12,9	17,8	G				
									1471	12,3	20,0	G				
									1473	13,3	11,4	G				
	Ergebnis				Ergebnis				Ergebnis	12,7	20	G	Ergebnis			

Einfluß des Vorschubes und der Schnittiefe auf die Normalschnittgeschwindigkeit bei Benützung normaler, rundnasiger Stähle für Bearbeitung von Stahl.

§ 313. (767—769.) Schon im ersten Teile des vorliegenden Aufsatzes wurde auf die Schwierigkeiten aufmerksam gemacht, die sich beim Aufstellen einer Formel für die Normalschnittgeschwindigkeit aus dem Versuchsmaterial ergaben. Wohl in hundert verschiedenen Formen wurde das Gesetz mathematisch zusammengefaßt, bis die richtige Formel gefunden wurde.

Die Schneidkante aller normalen Stähle hat eine ähnliche Form, und zwar wird diese aus zwei Kreisbogen gebildet (Fig. 33). Von besonderer Wichtigkeit ist die Gestalt der Kurve an der Spitze des Stahles.

Denn, je kleiner der Krümmungsradius dieser Kurve wird, um so rascher nimmt die senkrecht gemessene Spanstärke zu (Fig. 95).

§ 314. (770—779.) Mit Rücksicht darauf läßt sich die Normalschnittgeschwindigkeit durch folgende Formel ausdrücken:

$$V = \frac{C\left(1 - \frac{0{,}72}{r^2}\right)}{(0{,}0394\,F)^a \cdot \left(\frac{1{,}5}{r}\,D\right)^b},$$

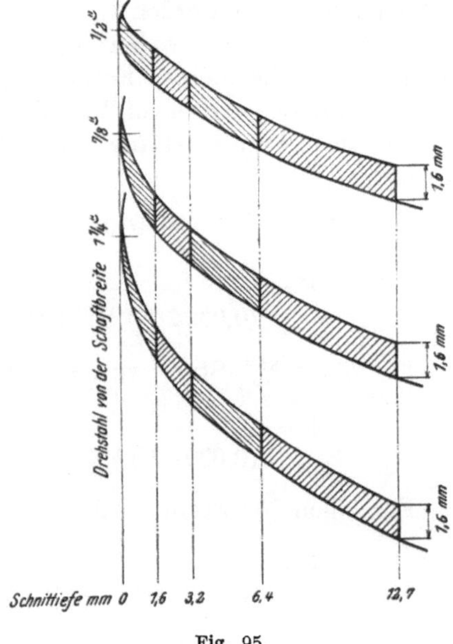

Fig. 95.

Der Zähler dieser Formel $C\left(1 - \frac{0{,}72}{r^2}\right)$ wurde durch den Vergleich der Normalschnittgeschwindigkeiten gefunden, die sich bei der den Hauptversuchen vorangegangenen Prüfung der Stähle verschiedener Größe ergaben.

Es bedeutet:

$$a = 0{,}4 + \frac{2{,}12}{5 + 1{,}26\,r},$$

$$b = 0{,}13 + 0{,}0675\,\sqrt{r} + \frac{r}{7{,}35\,r + 1{,}88\,D},$$

V die Normalschnittgeschwindigkeit in m/Min.,

F den Vorschub, d. i. die Verschiebung des Stahles während einer Umdrehung des Arbeitsstückes in mm,

D die Schnittiefe, d. i. die Hälfte der Verringerung des Durchmessers des Werkstückes durch das Abdrehen in mm,

r den Krümmungsradius der Schneidkante an der Spitze des Stahles in mm ($r = {}^1/_2$ Schaftbreite — 3,97 mm),

C eine Konstante, die sowohl von der Beschaffenheit des Materials des Arbeitsstückes als auch des Stahles abhängt und um so kleiner wird, je härter das Arbeitsstück ist und um so größer, je besser der Werkzeugstahl ist.

Da diese Formel rein empirisch ist, soll auf ihre Entstehung nicht weiter eingegangen werden.

Immerhin verdient es hervorgehoben zu werden, daß engere Formeln, die aus dieser allgemeinen Formel abgeleitet werden, ein gutes Übereinstimmen mit den einzelnen Versuchswerten zeigen.

Die obige Formel ist anwendbar für alle Größen der Drehstähle von $^1/_2''$ bis $1^1/_4''$.

Für einen $^1/_2''$-Stahl wird $r = 2{,}4$ mm, daraus:

$$V = \frac{C_{\frac{1}{2}}}{(0{,}0394\,F')^{0{,}665}\,(0{,}63\,D)^{0{,}2373} + \dfrac{2{,}4}{18 + 1{,}88\,D}} \cdot$$

Für einen $^5/_8''$-Stahl wird $r = 4$ mm und:

$$V = \frac{C_{\frac{5}{8}}}{(0{,}0394\,F')^{0{,}612}\,(0{,}377\,D)^{0{,}2675} + \dfrac{4}{30 + 1{,}88\,D}} \cdot$$

Für einen $^3/_4''$-Stahl wird $r = 5{,}6$ mm und

$$V = \frac{C_{\frac{3}{4}}}{(0{,}0394\,F')^{0{,}5767}\,(0{,}27\,D)^{0{,}2921} + \dfrac{5{,}6}{42 + 1{,}88\,D}} \cdot$$

Für einen $^7/_8''$-Stahl wird $r = 7{,}2$ mm und

$$V = \frac{C_{\frac{7}{8}}}{(0{,}0394\,F')^{0{,}5514}\,(0{,}21\,D)^{0{,}3133} + \dfrac{7{,}2}{54 + 1{,}88\,D}} \cdot$$

Für einen $1''$-Stahl wird $r = 8{,}8$ mm und

$$V = \frac{C_1}{(0{,}0394\,F')^{0{,}5325}\,(0{,}17\,D)^{0{,}3323} + \dfrac{8{,}8}{66 + 1{,}88\,D}} \cdot$$

Für einen $1^1/_4''$-Stahl wird $r = 12$ mm und

$$V = \frac{C_{1\frac{1}{4}}}{(0{,}0394\,F')^{0{,}506}\,(0{,}126\,D)^{0{,}3657} + \dfrac{12}{90 + 1{,}88\,D}} \cdot$$

Die Konstanten dieser Formeln sind in späteren Paragraphen gegeben.

§ 315. (781—783.) Im folgenden sollen einige der wichtigsten Versuchsreihen beschrieben werden, aus deren Ergebnissen die obigen Formeln entwickelt wurden.

$$\text{Versuche mit } {}^{7}/_{8}{}''\text{-Drehstahl (siehe Tab. 15).}$$

In Tab. 96 ist als Beispiel die Zusammenstellung einer Versuchsreihe mit ${}^{7}/_{8}{}''$-Stahl gezeigt, in der die Ergebnisse der Einzelversuche aufgezeichnet sind. Sowohl das Material der Arbeitsstücke als auch das der Drehstähle war von guter Gleichmäßigkeit und die Ablesungen sehr genau.

Tabelle 96.

Vor-schub in mm	Schnitt-tiefe in mm	Schnitt-geschwindig-keit Versuchswert in m/Min.	Schnittgeschwindigkeit in m/Min. nach der Formel $V = \dfrac{4,1}{(0,0394\,F)^{0,5514}\,(0,21\,D)^{0,3133} + \dfrac{7,2}{54 + 1,88\,D}}$
1,6	1,6	31,4	30,4
	3,2	22,0	22,4
	4,8	18,3	18,9
	6,4	15,7	16,7
	9,5	14,9	14,1
	12,7	13,2	12,7
3,2	1,6	20,0	20,8
	3,2	14,9	15,3
	4,8	13,7	12,9
	6,4	11,5	11,4
	9,5	10,5	9,7
4,8	1,6	14,4	16,6
	3,2	12,2	12,6
	4,8	10,7	10,3
	6,4	9,4	9,1
	9,5	7,6	7,7

Einfluß des Vorschubes und der Schnittiefe auf die normale Schnittgeschwindigkeit.

Die Normalschnittgeschwindigkeiten, die bei den einzelnen Versuchen gefunden wurden, und wie sie aus der Formel in § 314 mit $C_{\frac{7}{8}} = 4,1$ berechnet werden können, sind ebenfalls in Tab. 96 zusammengestellt. Aus dem Vergleich dieser beiden Werte läßt sich der Genauigkeitsgrad einerseits der Versuche, andererseits der Formel ermessen. Die gleichen

Ergebnisse sind in Fig. 97 und 98 in gewöhnlicher und in logarithmischer Einteilung aufgetragen.

§ 316. (784—785.) Für besten Schnelldrehstahl bei Bearbeitung von mittelhartem Stahl beträgt die Konstante $C_{\frac{7}{8}} = 6{,}5$.

Die Kurven in Fig. 97 und 98 sind der graphische Ausdruck der

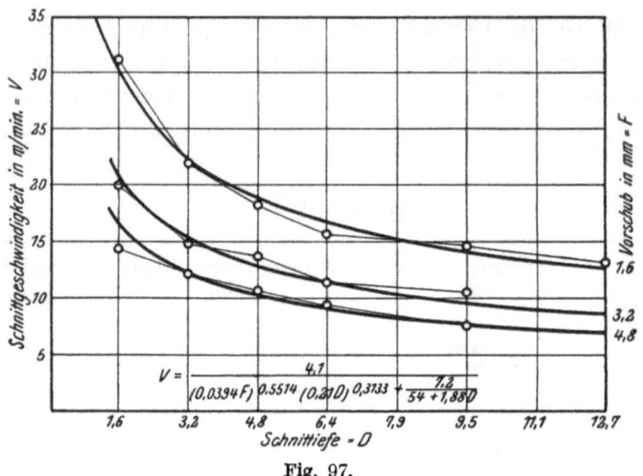

Fig. 97.

Formel in § 314 mit $C_{\frac{7}{8}} = 4{,}1$. Weitere Einzelheiten über den Drehstahl und seine Normalschnittgeschwindigkeit sind zu finden auf Tab. 112, Stahl Nr. 27.

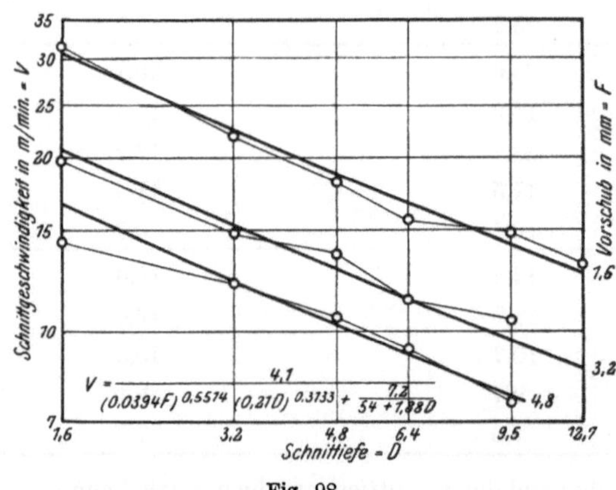

Fig. 98.

§ 317. (786.) Die Versuchsreihen wurden mit Stählen verschiedener chemischer Zusammensetzung durchgeführt. Um jedoch die Formeln für den besten modernen Schnelldrehstahl (Nr. 1, Tab. 110) sofort anwenden zu können, sollen im folgenden die dazugehörigen Konstanten für alle Größen der Drehstähle gegeben werden unter Voraussetzung des gleichen Arbeitsstückes mittlerer Härte wie früher.

Versuche mit 1″-Drehstahl.

§ 318. (787—788.) In Fig. 99 und Tab. 100 sind die Ergebnisse der einzelnen Versuchsreihen graphisch aufgetragen. Die Konstante der Formel § 314 ist $C_1 = 4{,}45$ für Drehstähle nach Nr. 27, Tab. 110.

Für besten modernen Schnelldrehstahl ist in die Formel $C_1 = 6{,}55$ einzusetzen.

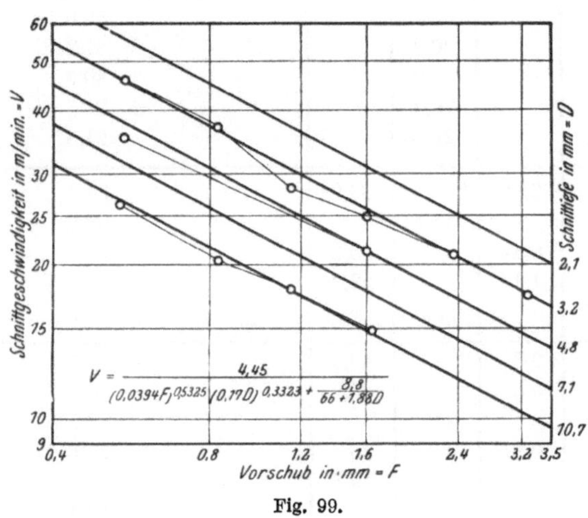

Fig. 99.

Tabelle 100.

Schnitt-tiefe in mm	Vor-schub in mm	Schnitt-geschwindig-keit in m/Min. (Versuchswert)	Schnittgeschwindigkeit in m/Min. nach der Formel: $V = \dfrac{4{,}45}{(0{,}0394\,F)^{0{,}5325}\,(0{,}17\,D)^{0{,}3323} + \dfrac{8{,}8}{66 + 1{,}88\,D}}$
	0,55	46,1	45,6
	0,83	37,2	36,6
3,2	1,17	28,4	30,4
	1,60	25,0	25,7
	2,35	21,1	20,9
	3,25	17,5	17,6
4,8	0,54	35,4	38,2
	1,60	21,4	21,4
	0,53	26,2	26,9
10,7	0,83	20,4	21,3
	1,14	18	17,9
	1,64	14,9	14,8

Versuche mit $^1/_2''$-Drehstahl.

Tabelle 101.

Schnitt-tiefe in mm	Vorschub in mm		Schnitt-geschwindig-keit in m/Min. (Versuchswert)		Schnittgeschwindigkeit in m/Min. nach der in Fig. 102 enthaltenen Formel
2,1	0,38		53,2		53,6
	0,66		36,3		37,2
	0,89		29,9		30,5
	1,16		26,2		25,5
	1,50		21,4		21,5
3,2		0,62		33,9	34,0
	0,65		35,1		33,0
		0,84		30,2	27,8
		1,17		22,3	22,2
	1,17		21,6		22,2
4,8		0,36		43,0	43,4
		0,51		33,9	34,2
	0,66		29		28,7
		0,81		25	25,1
		1,10		19,8	20,4
	1,17		18,3		19,6
		1,59		15,2	16,0

§ 319. (789—794.) In Tab. 101 sind die Ergebnisse der einzelnen Versuchsreihen verzeichnet und in Fig. 102 graphisch aufgetragen. Die Konstante in der Formel ist: $C_{\frac{1}{2}} = 3{,}6$ für Drehstähle nach Nr. 27.

Für besten modernen Schnelldrehstahl ist in die Formel $C_{\frac{1}{2}} = 5{,}8$ einzusetzen.

Ähnliche Ergebnisse wurden aus den Versuchen mit $^5/_8''$-, $^3/_4''$- und $1^1/_4''$-Stählen erhalten. Für den besten Schnelldrehstahl sind folgende Konstanten in die Formeln einzusetzen:

$$C_{\frac{5}{8}} = 6{,}3,\quad C_{\frac{3}{4}} = 6{,}5,\quad C_{1\frac{1}{4}} = 6{,}6.$$

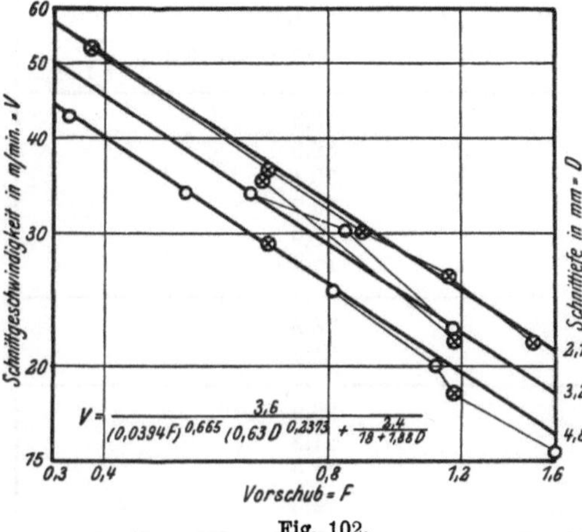

$$V = \cfrac{3{,}6}{(0{,}0394\,F)^{0{,}665}\,(0{,}63\,D)^{0{,}2373} + \cfrac{2{,}4}{18 + 1{,}66\,D}}$$

Fig. 102.

Einfluß des Vorschubes und der Schnittiefe auf die Normalschnittgeschwindigkeit bei Benutzung normaler Stähle mit abgerundeter Schneidkante für Bearbeitung von Gußeisen.

§ 320. (795—797.) Die Schwierigkeiten dieser Versuche bestanden, wie schon früher erwähnt wurde, darin, daß es in den seltensten Fällen möglich war, genügend große Arbeitsstücke von gleichmäßiger Härte zu bekommen. Schließlich gelang es doch, drei verhältnismäßig dünnwandige gußeiserne Arbeitsstücke herzustellen, die sich für die Versuche eigneten.

Die Größe dieser drei Arbeitsstücke gestattete jedoch Versuche mit nur einer Stahlgröße.

Daher mußten die folgenden Formeln auf der Annahme aufgebaut werden, daß bei Gußeisen für verschiedene Stahlgrößen ähnliche Beziehungen bestehen, wie bei Stahl. Jedenfalls ist die Ungenauigkeit dieser Annahme nicht groß.

§ 321. (798—803.) Die folgenden Formeln gelten für Schnelldrehstahl Nr. 1 und die Bearbeitung von mittelhartem Gußeisen.

Für $^1/_2''$-Drehstahl:

$$V = \frac{21}{(0,79\,F)^{0,6383} - \dfrac{0,3}{1+3,9\,F}(0,42\,D)^{0,1743} + \dfrac{0,27}{3+1,26\,D}}.$$

Für $^5/_8''$-Drehstahl:

$$V = \frac{20}{(0,79\,F)^{0,5853} - \dfrac{0,3}{1+3,9\,F}(0,25\,D)^{0,2182} + \dfrac{0,27}{3+1,26\,D}}.$$

Für $^3/_4''$-Drehstahl:

$$V = \frac{19}{(0,79\,F)^{0,55} - \dfrac{0,3}{1+3,9\,F}(0,18\,D)^{0,25} + \dfrac{0,27}{3+1,26\,D}}.$$

Für $^7/_8''$-Drehstahl:

$$V = \frac{18}{(0,79\,F)^{0,5248} - \dfrac{0,3}{1+3,9\,F}(0,14\,D)^{0,2757} + \dfrac{0,27}{3+1,26\,D}}.$$

Für $1''$-Drehstahl:

$$V = \frac{17,3}{(0,79\,F)^{0,5085} - \dfrac{0,3}{1+3,9\,F}(0,115\,D)^{0,2978} + \dfrac{0,27}{3+1,26\,D}}.$$

Für $1^1/_4$-Drehstahl$''$:

$$V = \frac{16,5}{(0,79\,F)^{0,4793} - \dfrac{0,3}{1+3,9\,F}(0,084\,D)^{0,335} + \dfrac{0,27}{3+1,26\,D}}.$$

Tabelle 103.

Einfluß der Schnittiefe und des Vorschubes auf die Schnittgeschwindigkeit bei Gußeisen.

Schnittiefe in mm	Vorschub in mm	Gußeisen von 1,1% Silicium		Gußeisen von 1,12% Silicium		Gußeisen von 1,2% Silicium	
		Schnittgeschwindigkeit in m/Min.		Schnittgeschwindigkeit in m/Min.		Schnittgeschwindigkeit in m/Min.	
		Versuchs-ergebnisse	Ergebnisse der Formel mit const. = 16,5	Versuchs-ergebnisse	Ergebnisse der Formel mit const. = 20,7	Versuchs-ergebnisse	Ergebnisse der Formel mit const. = 21,5
2,38	0,396	34,2	35,0				
	0,802	26,5	26,3				
	1,603	18,6	18,8				
	3,226	13,1	12,9				
4,76	0,396	27,6	28,4	19,4	18,8	18,9	20,0
	0,802	21,3	21,4				
	1,603	15,2	15,2				
	3,226	9,5	10,5				
9,53	0,396	12,7	12,6			31,7	31,0
	0,802					23,8	23,3
	1,603					16,6	16,6
	3,226					10,8	11,4
15,87	0,396			26,1	25,6		
	0,802			18,0	19,2		
	1,603			13,4	13,7		

In diesen Formeln bezeichnet:
V die normale Schnittgeschwindigkeit in m/Min.,
F den Vorschub in mm und
D die Schnittiefe in mm.

Einzelheiten des Versuches mit $^3/_4''$ rundnasigem Stahl.

§ 322. (804—808.) Die chemische Zusammensetzung des Stahles war folgende:

Wolfram 14,71 %, Chrom 2,90 %, Kohlenstoff 0,70 %, Mangan 0,12 %, Silicium 0,196 %, Phosphor 0,017 %, Schwefel 0,010 %.

Seine Normalschnittgeschwindigkeit ist auf Tab. 110, Nr. 20 angegeben.

Die Einzelversuche sind auf Tab. 94 angegeben. Das Arbeitsstück war ziemlich hart. Diese Versuche gehören zu den genauesten, die mit Gußeisen durchgeführt wurden und sind in ihren Einzelheiten wiedergegeben, um einen Einblick in die Genauigkeit der ganzen Arbeit zu gestatten. Auf Tab. 103 sind die Endergebnisse (Normalschnittgeschwindigkeit) der Einzelversuche zusammengestellt und gleich daneben die aus der Formel berechneten Werte eingesetzt.

In Fig. 104 und 105 sind die gleichen Versuchsergebnisse graphisch aufgetragen, und zwar so, daß einmal für die verschiedenen Kurven der Vorschub, das andere Mal die Schnittiefe konstant ist. Die stark ausgezogenen Kurven entsprechen der Gleichung § 321 für $^3/_4''$ Drehstahl mit 16,5 als Zähler. Leider

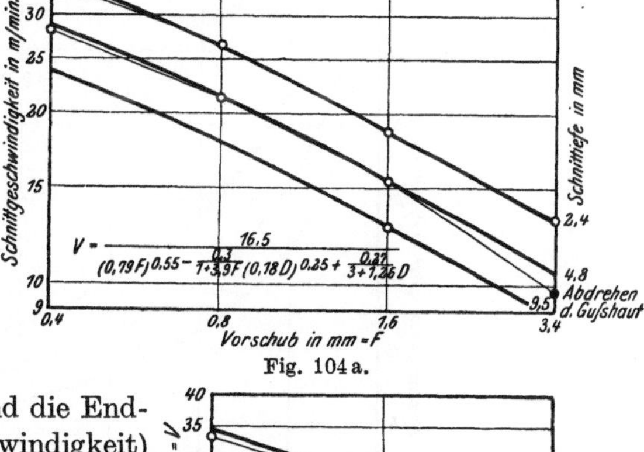

Fig. 104a.

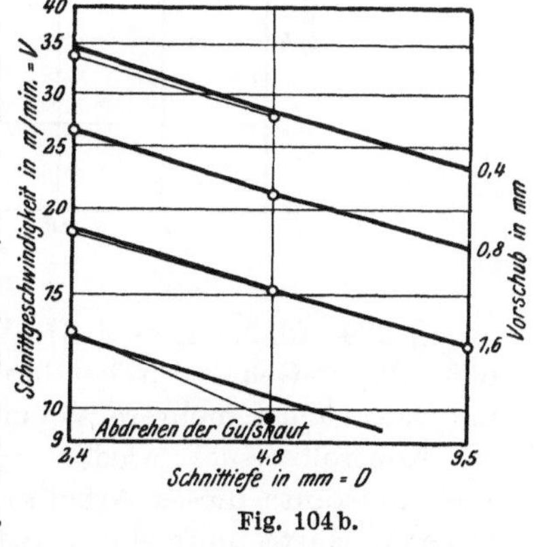

Fig. 104b.

wurde nur der Siliciumgehalt des Arbeitsstückes untersucht. Dieser betrug 1,10 %.

§ 323. (809—811.) Das Arbeitsstück war nicht groß genug, um die gewünschte Anzahl von Versuchen daran anzustellen. Es wurden zwei neue Gußstücke von gleichem Siliciumgehalt bestellt. Leider entsprachen sie diesen Anforderungen nicht, indem eines einen Siliciumgehalt von 1,12 %, das andere von 1,20 % aufwies.

Als Folge davon zeigten die beiden Stücke durchaus verschiedene Härtegrade. Demgemäß ergaben sich verschiedene Konstanten (Zähler) in den Formeln. An dem ersteren der nachbestellten Versuchsstücke wurden zunächst Schnittversuche mit 16 mm Schnittiefe und verschiedenen Vorschüben (0,4—1,6 mm) durchgeführt, dann aber auch mit 4,8 mm Schnittiefe am gleichen Stück.

Aus diesen Versuchen ergab sich die mittlere Konstante für das erste Arbeitsstück (1,1% Si) mit 16,5, für das zweite (1,12% Si) mit 20,5 (vgl. Tab. 103).

In Fig. 106 sind die Ergebnisse dieser Versuche in logarithmische Einteilung graphisch aufgetragen.

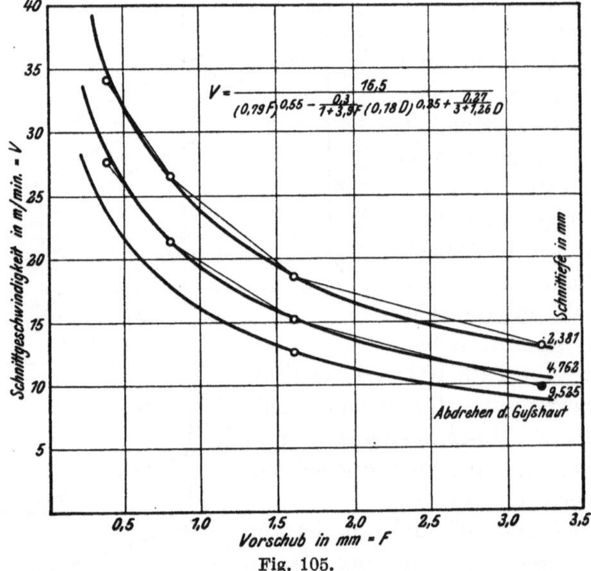

Fig. 105.

§ 324. (812.) Eine dritte Versuchsreihe wurde an dem Arbeitsstück mit 1,2% Si-Gehalt durchgeführt, und zwar in ähnlicher Weise wie früher, indem zunächst mehrere Versuche mit 9,5 mm Schnittiefe und zuletzt ein Kontrollversuch wieder mit 4,8 mm Schnittiefe angestellt wurde. Die Konstante dieses Arbeitsstückes betrug wegen der bedeutend geringeren Härte nunmehr 21,5 (vgl. Tab. 103 und Fig. 107).

§ 325. (813—814.) In jedem der Schaubilder ist die stark ausgezogene Kurve der graphische Ausdruck der Gleichung für V nach Einsetzung der richtigen Konstante. Die Versuchswerte schließen sich eng an diese Kurven an, so daß dies als ein Beweis für die Zuverlässigkeit der Versuche aufgefaßt werden kann, um so mehr, da die Versuche zu verschiedenen Zeiten und mit verschiedenen Stählen durchgeführt wurden.

Hätten sich die Versuchsergebnisse nicht in mathematischer Form zusammenfassen lassen, so hätte man daraus schließen müssen, daß entweder die Versuchsgrundlagen unglücklich gewählt waren, oder daß sich auf dem ganzen Gebiet der Metallbearbeitung Gesetze nicht aufstellen lassen.

Daß es möglich war, aus den Versuchen ein genaues mathematisches Gesetz für die Normalschnittgeschwindigkeit aufzustellen und die Konstanten für verschiedene Härtegrade des Arbeitsstückes zu bestimmen, brachte dem Verfasser die größte Befriedigung.

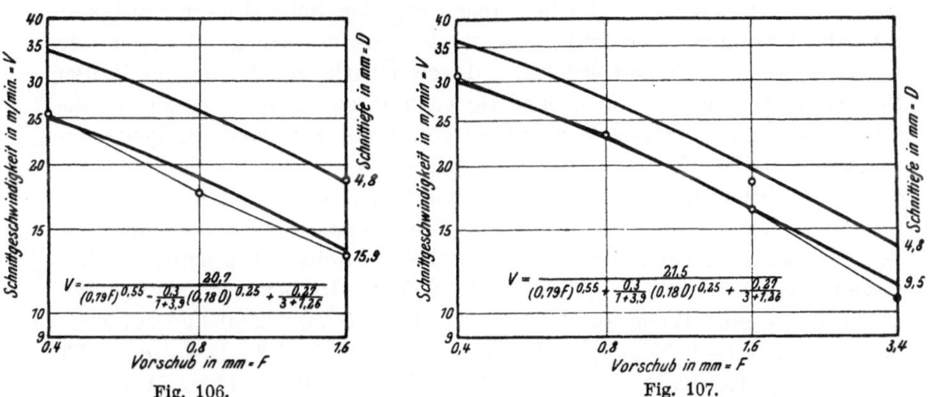

Fig. 106.　　　　Fig. 107.

Einfluß des Vorschubes und der Schnittiefe auf die Normalschnittgeschwindigkeit bei verschiedener Qualität des Arbeitsstückes.

§ 326. (815—820.) Bei Benützung von Schnelldrehstählen älterer Art, Nr. 26 und 27, hat die Beschaffenheit des Arbeitsstückes einen starken Einfluß auf das Verhalten der Normalschnittgeschwindigkeit bei Veränderungen des Vorschubes und der Schnittiefe.

Bei diesen blieb die Schnittgeschwindigkeit bei Vorschüben, die kleiner waren als 1,6 mm, konstant, d. h. bei Vorschüben von 0,4, 0,8 und 1,6 mm ergab sich jedesmal die gleiche Normalschnittgeschwindigkeit.

Bei Bearbeitung von sehr weichem Stahl mit den gleichen Schnelldrehstählen war die Zunahme der normalen Schnittgeschwindigkeit der Abnahme des Vorschubes ungefähr proportional.

Dieses Gesetz geht aus den folgenden Versuchsergebnissen hervor. Das Arbeitsstück war weicher Stahl mit:

4000 kg/qcm Zugfestigkeit, 1870 kg/qcm Elastizitätsgrenze, 35,50 % Dehnung, 56,26 % Kontraktion, 0,22 % Kohlenstoff-, 0,42 % Mangan-, 0,07 % Silicium-, 0,022 % Phosphor- und 0,025 % Schwefelgehalt.

Bei den Versuchen wurden $^7/_8''$-Drehstähle Nr. 27 (Tab. 112) benützt. Bei einer konstanten Schnittiefe von 4,8 mm betrug die normale Schnittgeschwindigkeit für 1,6 mm Vorschub 36 m/Min., für 0,8 mm Vorschub 55 m/Min. und für 0,4 mm Vorschub 79 m/Min.

Dagegen ergab sich die Normalschnittgeschwindigkeit bei Bearbeitung von hartem und mittelhartem Stahle nahezu als konstant, sobald der Vorschub kleiner als 1,6 mm wurde.

§ 327. (821—823.) Modernster Schnelldrehstahl Nr. 1 (Tab. 110) hingegen gestattet auch bei den kleinsten Vorschüben und dem härtesten Arbeitsstück die gleiche Steigerung der Schnittgeschwindigkeit mit abnehmendem Vorschub, wie die älteren Werkzeugstahlarten nur bei sehr weichen Arbeitsstücken. Diese Überlegenheit des modernen Schnelldrehstahles ist von großer Bedeutung, da in den meisten Werkstätten viel mit geringen Vorschüben gearbeitet wird und infolgedessen bei mehr als der Hälfte aller Abdreharbeiten sich durch ihn eine bedeutende Erhöhung der Schnittgeschwindigkeit erzielen läßt.

Als Beweis dafür mögen die Ergebnisse von Versuchen dienen, die vom Verfasser im Sommer und Herbst 1906 durchgeführt wurden. Bei diesen Versuchen wurden $^7/_8''$-Stähle Nr. 2 (Tab. 110) benützt; als Arbeitsstück diente eine Welle aus hartem Stahl mit 7150—6500 kg/qcm Zugfestigkeit, 3800—4250 kg/qcm Elastizitätsgrenze, 5—7 % Dehnung, 9,73 bis 11,66 % Kontraktion, ferner 1 % Kohlenstoff-, 1,11 % Mangan-, 0,305 % Silicium-, 0,036 % Phosphor- und 0,049 % Schwefelgehalt.

Bei einer konstanten Schnittiefe von 4,8 mm betrug die Normalschnittgeschwindigkeit für 1,6 mm Vorschub 12,5 m/Min., für 0,8 mm Vorschub 17,5 m/Min. und für 0,4 mm Vorschub 24,5 m/Min.

Die Zunahme der Normalschnittgeschwindigkeit bei diesem harten Arbeitsstücke war mit Abnahme des Vorschubs ungefähr ebenso groß wie bei dem weichen Arbeitsstücke.

In §§ 377—379 ist die Erklärung für diese Überlegenheit des neuesten Schnelldrehstahles gegeben.

§ 328. (829—830.) Verfasser führte viele Versuche mit Stählen über $1^1/_4''$ durch, von denen die mit einem $2''$-Stahle die bemerkenswertesten waren. Doch ließen sich aus den Versuchen noch keine genügenden Schlüsse ziehen, um bestimmte Angaben über die zulässigen Schnittgeschwindigkeiten dieser starken Stähle zu machen.

Im Interesse jener Werkstätten, in denen derart starke Späne geschnitten werden, wären genaue Versuche darüber sehr erwünscht, doch sind die Kosten so hoch, daß Verfasser nicht in der Lage war, die Versuche zu Ende zu führen. Die Formel für die Schnittgeschwindigkeit ist für die schweren Stähle von zweifelhaftem Wert.

§ 329. (831—833.) Leider war es nicht möglich, alle einzelnen Versuche über den Einfluß der Schnittiefe und des Vorschubes, die seinerzeit mit den alten Schnelldrehstählen durchgeführt wurden, mit den neuesten Schnelldrehstählen zu wiederholen, sondern man mußte sich mit einigen typischen Versuchen begnügen. Doch wäre es von größter Wichtigkeit, zunächst die grundlegenden Versuche mit den neuesten Schnelldrehstählen mit gerader Schneidkante unter voller Berücksichtigung der Wasserkühlung zu wiederholen, um so jede Schätzung auszuschalten.

Werkzeugstahl und dessen Behandlung.

Chemische Zusammensetzung und Warmbehandlung der Stähle.

§ 330. (934—935.) Unter den neuen Versuchen über das Verhältnis der chemischen Zusammensetzung und Warmbehandlung der Stähle zur Schnittgeschwindigkeit können die von Armstrong Withworth & Co. angestellten Versuche bezüglich der Gründlichkeit in der Durchführung den Versuchen von White und dem Verfasser wohl an die Seite gestellt werden. Oder es sind, besser gesagt, dem Verfasser keine Versuche bekannt geworden, die gleich sorgfältig durchgeführt sind.

In einer Schrift betitelt „Die Entwicklung und der Gebrauch von Schnellarbeitsstahl" (Iron and Steel, Oktober 1904) berichtet Herr I. M. Gledhill kurz über diese Versuche. Die einleitenden Paragraphen enthalten eine so interessante historische Übersicht über die Entwicklung von Schnelldrehstahl, daß der Verfasser sich die Freiheit nimmt, die Einleitung hier folgen zu lassen.

§ 331. (936—939.) „Noch vor wenigen Jahren war über die Neuerungen in der Herstellung und Behandlung von Tiegelgußstahl wenig zu berichten. Die älteste Methode der Stahlherstellung war bereits die in Schmelztiegeln und es scheint sicher, daß diese Methode bereits vor 1000 Jahren für die Werkzeugherstellung angewendet wurde, denn sonst wäre die Herstellung der wunderbaren Stücke der altertümlichen Bildhauerkunst in hartem Stein nicht möglich gewesen. Bekannt ist, daß die Chinesen Stahl in Schmelztiegeln bereits in vorchristlicher Zeit herstellten.

Der in Indien fabrizierte „Wootz"-Stahl war Tiegelstahl, ebenso der berühmte in den Hütten von Toledo hergestellte Damaskus-Stahl. Der letztgenannte Stahl ist ein Beweis für die Tatsache, daß sehr wenige Dinge in unserer Kulturwelt nicht schon einmal dagewesen sind, denn er enthielt bereits Wolfram, Nickel, Mangan, also die Bestandteile, die den heutigen Schnellarbeitsstahl kennzeichnen. Es hat demnach dieser Schnelldrehstahl im verborgenen schon Jahrhunderte vorher bestanden, und die ganze Kunst, ihm seine große Schnittkraft zu geben, hat in der, man möchte sagen, paradoxen Art bestanden, ihn bis zum Schmelzpunkt zu erhitzen.

Es war also Zeit genug, um den Werkzeugstahl und dessen Eigenschaften im Laufe der Zeit zu studieren; um so bemerkenswerter ist es deshalb, daß erst vor wenigen Jahren eine vollständige Umwälzung in der Behandlung des Stahles nach dem Taylor-White-Prozeß eingetreten ist.

Ein sehr wichtiger Fortschritt wurde vor 30 oder 40 Jahren gemacht, als der Mushet- oder selbsthärtende Stahl eingeführt wurde. Dieser war die wertvolle Erfindung von Robert Mushet, der als Direktor der Titanic Steel Co. nach langen Versuchen einen Wolframstahl hervorbrachte, der eine wesentlich höhere Schnittkraft als der gewöhnliche Tiegelgußstahl besaß.

Amerika hat das Verdienst, den nächsten großen Schritt in der Vervollkommnung des Werkzeugstahles getan zu haben, und zwar durch die bewunderungswürdige Erfindung des Schnellarbeitsstahles durch die Herren Taylor und White, dessen erstaunliche Leistungsfähigkeit vor einigen Jahren in der Pariser Weltausstellung der Fachwelt gezeigt wurden. Seitdem wurde der Schnellarbeitsstahl noch durch die Firma des Verfassers verbessert, so daß dessen Schnittkraft auf eine sehr große, völlig unerwartete Höhe gebracht worden ist."

Gewöhnlicher Werkzeugstahl.

§ 332. (940.) Jahrhundertelang wurden Waffenwerkzeuge und fast alle Metallschneidinstrumente von einem Werkzeugstahl hergestellt, der in seiner chemischen Zusammensetzung hauptsächlich aus zwei Elementen, Eisen und Kohlenstoff, letzterer in einer Menge von $^3/_4 - 1^1/_2\,{}^0/_0$, während der Rest aus Eisen bestand.

In geringen Quantitäten hat der Werkzeugstahl auch noch andere Zusätze enthalten, von denen Mangan und Silicium als nützliche Bestandteile gelten mögen, die das Schmieden und Schmelzen des Stahles erleichtern. Die fast stets in sehr geringen Mengen vorhandenen Elemente Phosphor und Schwefel müssen dagegen als Unreinigkeiten bezeichnet werden. Phosphor ist deshalb besonders schädlich, als er Brüchigkeit im fertigen Stahl verursacht. Schwefel macht den Stahl schwerer in heißem Zustande zu bearbeiten. Dieser weitverbreitete Werkzeugstahl ist als „Kohlenstoffstahl", „Gewöhnlicher Werkzeugstahl" oder „Tiegelgußstahl" bekannt.

Die Härtung.

§ 333. (941.) Die aus diesem Stahl hergestellten, aus der Schmiede kommenden Werkzeuge sind durchaus zu weich für alle Schneidzwecke. Um sie hierfür geeignet zu machen, müssen sie gehärtet werden und dieses geschieht durch Erhitzung auf eine Temperatur, welche gemäß ihres Kohlenstoffgehaltes zwischen einer dunkelroten und hellroten Glut variiert, was ungefähr 735—845⁰ C entspricht. Dann werden die Stähle

in Wasser getaucht und dadurch sehr schnell auf eine Temperatur unter
200⁰ oder, noch besser, auf Lufttemperatur abgekühlt. Diese Operationen
nennt man „Härten".

Anlassen.

§ 334. (942.) Die auf diese Weise plötzlich abgekühlten und dadurch
gehärteten Stähle aus gewöhnlichem Tiegelgußstahl sind in diesem Zustande zu brüchig. Die Brüchigkeit verschwindet jedoch wieder, wenn
der Stahl auf eine Temperatur von 200—315⁰ wieder erhitzt wird.

Je stärker diese Erhitzung ist, um so weicher wird der Stahl, und
zwar nennt man diesen Vorgang des gleichzeitigen Erweichens und Zäher-
machens des Stahles „Anlassen" bzw. „Vergüten".

Gewöhnlicher Werkzeugstahl.

§ 335. (943—949.) Die beiden beschriebenen Operationen des
Härtens und Anlassens der Werkzeuge oder Stähle sind durchaus nicht
einfach. Eine ungeheure Zeit wurde im Laufe der Jahre für die Untersuchung dieser Vorgänge aufgewendet.

Die Hauptschwierigkeiten rühren von drei Ursachen her.

A. Jeder gewöhnliche Werkzeugstahl hat in Abhängigkeit von seiner
chemischen Zusammensetzung eine besondere Temperatur, bei welcher
eine vollständige Umwandlung in dem Zustand des beigemengten Kohlenstoffes eintritt. Dieser Temperaturzustand, als „kritischer Punkt" oder
„Verfeinerungszustand" bezeichnet, wird später eingehender behandelt
werden. Um die besten Resultate beim Härten der Stähle zu erhalten,
sollten dieselben eben über den kritischen Punkt erhitzt werden. Wenn
die Erwärmung unter dem kritischen Punkt geblieben ist, härtet der Stahl
nicht beim Eintauchen in Wasser, andererseits wird das Korn um so
gröber und damit die Widerstandskraft um so geringer und die Brüchigkeit
nach dem Eintauchen in Wasser um so größer, je höher der Stahl über
die kritische Temperatur erhitzt wurde. Dieses Überhitzen oder „Verbrennen" des Stahles ist die häufigste Ursache des Verderbens beim gewöhnlichen Tiegelgußstahl; daher ist auch die Beurteilung der kritischen
Temperatur beim Erwärmen der Stähle die Hauptschwierigkeit in dem
Problem der Härtung.

B. Die zweite Schwierigkeit liegt in der nichtgleichförmigen Erhitzung der Stähle in allen ihren Teilen, wodurch verschiedene Härtung
an den einzelnen Stählen und dadurch innere Spannungen und Kalt-
brüche nach dem Abkühlen im Wasser verursacht werden können.

C. Die dritte Schwierigkeit liegt in der richtigen gleichmäßigen Abkühlung beim Eintauchen in Wasser. Geschieht dieses unregelmäßig, so
werden auch hierbei Wasserrisse in dem Stahl häufig auftreten. Das ord-
nungsmäßige Abkühlen und Anlassen der Stähle bietet also viele Schwierigkeiten. In den meisten Fällen soll der schneidende Teil der Werkzeuge in

sehr hartem Zustande verbleiben, während das Innere weich bleiben und damit eine genügende Widerstandskraft gegen das Abbrechen hergeben soll. Diese notwendige Vereinigung von Härte und Zähigkeit erfordert große Geschicklichkeit und Übung bei der Operation des Anlassens.

Einer der größten Vorteile der modernen Schnellarbeitsstähle gegenüber den gewöhnlichen Werkzeugstählen liegt in der Tatsache, daß diese sehr viel weniger Geschicklichkeit in der Warmbehandlung erfordern, als die gewöhnlichen Kohlenstoffstähle. Hierüber wird später noch gesprochen werden.

Mushet- oder selbsthärtender Stahl.

336. (950—951.)   In den sechziger Jahren vorigen Jahrhunderts machte Robert Mushet von der Titanic Steel Co. die Entdeckung, daß ein ziemlicher Betrag von Wolfram im Zusammenhang mit einem etwas höheren als bisher gebräuchlichen Zusatz von Mangan dem Stahl die merkwürdigen Eigenschaften gibt, bei langsamer Abkühlung in der Luft die gleiche Härte anzunehmen, als wie die im Wasser abgekühlten Kohlenstoffstähle. Wegen dieser besonderen Eigenschaft wurden Mushet-Stähle in England „selbsthärtende" oder später „luftgehärtete" Stähle genannt.

Die von uns analysierten Mushet-Stähle sind im Jahre 1905 von in ihrer chemischen Zusammensetzung in der Zahlentafel des folgenden Paragraphen mitgeteilt.

Vier Zeitabschnitte in Werkzeugstählen.

1. Tiegelgußstahl Ära;
2. Ära der selbsthärtenden Stähle;
3. Entdeckung des Schnellarbeitsstahles;
4. Allerneueste Schnellarbeitsstähle.

§ **337.** (952—955.)   Die chemischen Analysen dieser vier typischen Zeitabschnitte sind in folgendem wiedergegeben:

Tabelle 108.

Marke des Stahles	Wolfram %	Chrom %	Kohlen-stoff %	Mangan %	Vana-dium %	Silicium %	Phos-phor %	Schwefel %	Schnittgeschwindigkeit bei mittelweichem Stahl m/Min.
Jessop	—	0,207	1,047	0,189	—	0,206	0,017	0,017	4,88
Mushet, naturhart	5,441	0,398	2,15	0,578	—	1,044	—	—	7,92
Taylor-White, original	8,00	7,80	1,85	0,30	—	0,15	0,025	0,030	17,7 bis 18,6
Neuester Schnelldrehstahl 1906 .	18,01	5,47	0,67	0,11	0,29	0,043	—	—	30,2

Die erste dieser Analysen ist die vielleicht am meisten bekannte Marke von Jessop & Sons in England, welche für den Zeitabschnitt der gewöhnlichen Werkzeugstähle typisch ist. Die zweite Analyse stellt die ältere Sorte der Mushet- oder selbsthärtenden Stähle dar, welche von uns in den Jahren 1894—1895 untersucht wurden. Die dritte Analyse ist die unseres Patentes Nr. 668270 vom 2. Februar 1901, welche Sorte damals den besten Schnelldrehstahl darstellte und den Zeitabschnitt der Schnellarbeits- oder „Rotwärmstähle" kennzeichnet. Die vierte Analyse stellt den besten allerneuesten Schnelldrehstahl dar, welcher von uns Ende Sommer 1906 zusammengestellt wurde.

Viele Jahre hindurch sah man auf den Mushet Stahl als eine Kuriosität. Nur schrittweise kamen die Werkstättenleiter dahinter, daß dieser Stahl sehr harte Schmiede- und Gußstücke schneiden konnte, welche sich mit gewöhnlichem Werkzeugstahl nur schwer bearbeiten ließen. Als diese Tatsache allgemein bekannt wurde, war es üblich, daß sich die besten Maschinenfabriken eine Anzahl von Mushet-Stählen für die besondere Anwendung bei hartem Material zur Hand hielten.

Um 1890 herum konnte bezüglich der Anwendung höherer Schnittgeschwindigkeiten ein allgemeines Erwachen der Werkstättenleiter beobachtet werden. Tatsächlich haben nur sehr wenige Werkstätten bis zur Zeit unserer Versuche von 1894 und 1895 ihre Geschwindigkeit in dem Maße erhöht, wie es durch die Anwendung von Mushet-Stahl möglich gewesen wäre.

§ 338. (956—960.) Wir hatten erst 1894 Gelegenheit, vergleichende Versuche zwischen der Schnittgeschwindigkeit von Mushet-Stählen und den gewöhnlichen Werkzeugstählen vorzunehmen, weil die Midvale St. Co. die Fabrikation des selbsthärtenden Stahles nicht aufgenommen hatte und die Untersuchung eines Konkurrenzfabrikates nicht zuließ.

Wir machten folgende wichtige Entdeckungen:

a) daß der selbsthärtende Stahl eine Vermehrung der Normalschnittgeschwindigkeit von 41 bis 47 % bei Bearbeitung von hartem Bandagenstahl zuließ, während bei weicherem Material sogar 90 % Vermehrung der Normalschnittgeschwindigkeit erreicht wurde;

b) daß durch die Anwendung eines kühlenden Wasserstrahles bei den selbsthärtenden oder naturharten Stählen ein weiterer Gewinn von ca. 30 % an Schnittgeschwindigkeit erzielt werden konnte.

Die Versuche zeigten also, daß die ausschließliche Anwendung der naturharten Stähle auf hartes Material unrichtig war, da bei weichem Material eine etwa doppelte Steigerung der Schnittgeschwindigkeit erzielt werden konnte. Es waren demnach diese Stähle nicht für den ausnahmsweisen, sondern für den täglichen Gebrauch bei sämtlicher Schrupparbeit anzuwenden. Von dieser Zeit nahm auch der Verbrauch an selbsthärtenden Stählen so zu, daß zur Zeit der Erfindung des Schnelldrehstahles etwa $^1/_4$ aller Schruppwerkzeuge in den Vereinigten Staaten von dieser Stahlsorte gemacht wurde.

§ 339. (961—962.) In der Zeit von 1885—1895 richteten sich viele Werke auf die Herstellung von naturhartem Stahl ein, insbesondere nachdem bekannt wurde, daß durch den Ersatz von Mangan durch Chrom in Verbindung mit Wolfram ein guter selbsthärtender Stahl gemacht werden konnte. Nach 1890 spitzte sich der Konkurrenzkampf der Fabrikanten dieser Stahlsorte sehr zu; doch bleibt es bemerkenswert, daß die Nachfolger von Mushet etwa die Hälfte des ganzen Weltbedarfes an naturhartem Stahl zu liefern hatten.

Durch unsere Entdeckung der Erhitzung der Chrom-Wolframstähle bis nahe an den Schmelzpunkt im Härteprozeß erreichten diese Stähle die gleiche Schnittkraft wie die Mangan-Wolframstähle von Mushet.

§ 340. (963.) Bis 1894 reichte die Zeit der gewöhnlichen Tiegelgußstähle; von da an bis 1900 währte die Ära der naturharten Stähle, worauf dann das Zeitalter des Schnelldrehstahles so vollständig begann, daß heute kaum ein gewöhnlicher Drehstahl oder ein nicht nach dem Taylor-White-Prozeß behandelter Chrom-Wolframstahl in einer modernen Werkstätte gefunden wird.

§ 341. (964.) Wir haben bereits in den §§ 38 und 41 die Verhältnisse kennen gelernt, unter denen die Entdeckung des Schnellarbeitsstahles erfolgte. Über die eigentliche Natur der Erfindung und über die besonderen, wertvollen Eigenschaften des Schnellarbeitsstahles sind jedoch noch vielfach irrige Anschauungen verbreitet, da auch manche Veröffentlichung über diesen Gegenstand die „Entdeckung" und „Einführung" der Schnelldrehstähle als Erfindung einer neuen chemischen Zusammensetzung behandelt. Tatsächlich bestand der Schnellarbeitsstahl in seiner chemischen Zusammensetzung bereits längere Zeit vor unserer Erfindung und wurde auch allgemein verwendet.

Rotwarmhärte.

§ 342. (965—968.) Eine weitere mißverständliche Auffassung herrscht über die Eigenschaft des Schnellarbeitsstahles, welche ihn für das Schneiden mit hohen Schnittgeschwindigkeiten befähigt. Die Härte, welche durch unsere besondere Behandlung erreicht wird, ist nämlich kaum größer als die der alten angelassenen oder der naturharten Stähle älterer Art, so daß diese Eigenschaft an sich die Stähle nicht für hohe Schnittgeschwindigkeit geeignet macht.

Die Eigenschaft, daß die nach unserer Methode behandelten Chrom-Wolframstähle ihre Härte bei Erwärmung durch die Reibung des Spanes

bis zur dunklen Rotglut behalten, ist das Besondere der Schnellarbeitsstähle. Man hat diese Eigenschaft sehr passend „Rotwarmhärte“ genannt, weil die Schneidkante selbst bei Erhitzung bis zur Rotglut hart und zum Arbeiten geeignet bleibt, so daß selbst die Späne
mitunter rotwarm werden.

Die Tatsache, daß die bei gewöhnlichen Stählen bekannte Härte
wenig mit dem Schnellarbeitsstahl zu tun hat, ist in Fig. 109 illustriert,
dieser in der bewährten und in Tab. 110, Nr. 27 mitgeteilten Zusammensetzung hergestellte Stahl lief mit einer nur für Schnelldrehstahl zulässigen
Geschwindigkeit und wurde dann mit einer aus gewöhnlichem Tiegelgußstahl hergestellten Feile an der Schneidkante und 12 mm unter derselben
angefeilt. Es ist hiermit gezeigt, daß diese Stähle keine besondere Härte
auszeichnet.

Fig. 109.

Unsere Erfindung bestand also, kurz zusammengefaßt darin, daß
Stähle von bekannter chemischer Zusammensetzung nach einer ganz
neuen und völlig veränderten Art behandelt, nämlich bis nahe an den
Schmelzpunkt erhitzt, eine völlig neue Eigenschaft, die des Hartbleibens
in der Rotwarmglut zeigten, und dadurch eine erhebliche Steigerung in
der Schnittgeschwindigkeit zuließen.

§ 343. (969—971.) In chemischer Beziehung kennzeichnete sich das
Zeitalter des gewöhnlichen Tiegelgußstahles in dem Vorhandensein von
$^3/_4$—$1^1/_2\,^0/_0$ Kohlenstoff in Verbindung mit etwas Mangan und Silicium,
während der Rest aus Eisen bestand.

In dem Zeitalter der selbsthärtenden Stähle war die chemische Zusammensetzung dieser Sorte im Durchschnitt die folgende: etwa 4—11$^0/_0$
Wolfram in Vereinigung mit $1^1/_2$—$3^1/_2\,^0/_0$ Mangan und $1^1/_4$—$2^1/_4\,^0/_0$ Kohlenstoff; zu diesen Ingredienzien kam mitunter als Ersatz für Mangan oder
auch zusätzlich Chrom in einer Ausdehnung von 0,3—3$^0/_0$. Eine ganz
kleine Menge von Silicium verbesserte die Schmelzbarkeit.

Die Ära der Schnelldrehstähle mag wie folgt gekennzeichnet sein: $1/_2$ oder mehr $^0/_0$ Chrom in Verbindung mit 1 oder mehr $^0/_0$ Wolfram oder dessen Äquivalent Molybdän.

Die Prozentsätze von Chrom und Wolfram variieren in den Schnelldrehstählen in weiten Grenzen, Chrom wurde bis zu 7 $^0/_0$ und Wolfram in einem äußersten Falle selbst bis zu 26 $^0/_0$ verwendet. Je mehr die Schnelldrehstähle verbessert wurden, um so geringer wurde der Prozentsatz von Kohlenstoff, welcher von 0,55 bis zu $1^1/_4$ $^0/_0$ schwankte. Die Zusätze von Mangan, Silicium und anderer Elemente wurden auf das zur Erreichung einer guten Schmelzbarkeit notwendige Maß verringert. Wie oben erwähnt, wurde Molybdän anstatt Wolfram, oder auch mit diesem vermischt, verwendet; unsere Versuche jedoch haben gezeigt, daß dieses Element nicht so gut ist wie Wolfram.

Verbesserung durch Zusatz von Vanadium.

§ 344. (972.) Während des Jahres 1906 wurde durch unsere Versuche festgestellt, daß ein geringer Zusatz von Vanadium den Schnelldrehstahl in chemischer Hinsicht wesentlich verbessert. Die beste chemische Zusammensetzung war die folgende:

Wolfram	18,91 $^0/_0$
Chrom	5,47 $^0/_0$
Kohlenstoff	0,67 $^0/_0$
Mangan	0,11 $^0/_0$
Vanadium	0,29 $^0/_0$
Silicium	0,043 $^0/_0$

§ 345. (973—978.) Es sind nunmehr 7 Jahre verflossen, seitdem White und der Verfasser den Antrag auf Patenterteilung ihrer Erfindung auf Behandlung der Schnelldrehstähle stellten, und es kann festgestellt werden, daß, soweit dem Verfasser bekannt ist, seitdem nicht eine einzige Verbesserung in der Warmbehandlung der Drehstähle oder sonstigen Werkzeuge bekannt geworden ist.

In der zweiten Hälfte des Jahres 1906 haben wir die als beste bekannten Marken der Schnellarbeitsstähle von England, Amerika und Deutschland in einer Reihe sehr sorgfältig durchgeführter Versuche geprüft, um festzustellen, welche chemische Zusammensetzung und welche Warmbehandlung zur Erreichung der höchsten Schnittgeschwindigkeit die zweckmäßigste sei.

In allen Fällen erhielten wir von den Fabrikanten sehr ins einzelne gehende Vorschriften über die Warmbehandlung ihrer Stähle; manche entsandten sogar einen Vertreter, um die richtige Befolgung ihrer Vorschriften überwachen zu lassen. Wir haben die Anweisungen genau befolgt und dann mit den Stählen Schnittgeschwindigkeitsversuche gemacht, um die höchste Normalschnittgeschwindigkeit festzustellen.

Außerdem haben wir fast von jeder Marke in gleicher Form hergerichtete Stähle nach unserer patentierten Methode behandelt. Ohne Ausnahme zeigten die nach unserer Methode gehärteten Stähle der gleichen Marken größere Gleichförmigkeit und durchweg auch etwas höhere Schnittgeschwindigkeit als die nach den Anweisungen der Werke behandelten Stähle. Dieser Erfolg einer Erfindung von so umwälzendem und fundamentalem Charakter ist unserer Ansicht nach einzig dastehend in der Geschichte der Erfindungen. Es ist doch wunderbar, daß die unzähligen Versuche der ganzen stahlfabrizierenden Welt während der letzten 7 Jahre keine einzige Verbesserung der Härtemethode hervorgebracht haben. Wir empfehlen daher, die ins einzelne gehenden Vorschriften unseres Patentes bei der Warmbehandlung der Stähle ungeschmälert anzuwenden. Da es Schwierigkeiten macht, Abschriften der Patentschrift zu erhalten, so lassen wir die Anweisung hier folgen.

Erste oder Hochwarmbehandlung.

§ 346. (979—982.) Nach dem Schmieden der Stähle sind die ganzen Schneidköpfe langsam und gleichmäßig bis zur Kirschrotglut zu erhitzen, um die Gefahr der Rißbildung durch ungleichmäßige Erwärmung zu vermeiden. Von diesem Stadium der Erhitzung muß die Steigerung bis nahe an den Schmelzpunkt so rasch als irgend möglich erfolgen, so daß die äußerste Spitze beinahe anfängt, zu fließen; doch muß auch dann an allen Teilen ein gleichmäßiger Wärmezustand herrschen. Niemals sollte nur ein Teil der Nase erwärmt werden. Bei intensivem Feuer kann die Erhitzung der Kirschrotglut bis nahe an den Schmelzpunkt eines $2 \times 3''$-Stahles in einem besonders für diese Zwecke eingerichteten Feuer in 3 Minuten erfolgen. In gewöhnlichem Schmiedefeuer wird es etwas länger dauern. Kleine Stähle erfordern je nach Größe von $^3/_4$ Minuten aufwärts.

Der Verfasser weist mit Nachdruck darauf hin, daß das Erwärmen in intensiv heißem Feuer vor sich gehen muß, damit die letzte Erhitzung rasch erfolgt. Wenn das Feuer nicht stark genug ist, besteht die Gefahr, daß die äußersten Teile der Nase durch zu langes Verweilen oxydieren und damit verderben. Man schleife die Stähle so, daß beim ersten Anschleifen 2—3 mm abgeschliffen werden, um sicher zu sein, daß man auf das gesunde, nicht verbrannte Material kommt. In Fig. 55 ist die Zugabe beim Schmieden durch punktierte Linien angedeutet.

Abkühlung der Schnelldrehstähle.

§ 347. (983—985.) In den §§ 354 und folgenden ist über die Erscheinung des Verbrennens der Stähle bei einer zwischen 850 und 935° liegenden

Temperatur berichtet, welches vollständiges Zurückgehen der Schneidfähigkeit mit sich bringt.

Um daher eine möglichst gleichmäßige Härtung zu erzielen, soll eine rasche Abkühlung unter den kritischen Punkt (850⁰) und von da ab bis zur Lufttemperatur eine langsame Abkühlung erfolgen. Wir legen die Stähle nach Abkühlung unter 850⁰ in einen möglichst trockenen Raum, wo sie dann langsam bis auf die Lufttemperatur abkühlen. Mitunter haben wir sie auch in den Luftstrahl eines Gebläses gebracht.

§ 348. (986—988.)   Zur ersten Temperaturverringerung benutzten wir ein Bleibad von niedrigerer Temperatur als 850⁰, am besten von 625⁰, da dieses Bad für die zweite weiter unten beschriebene Warmbehandlung benutzt werden kann. Das Bad muß reichlich groß genommen werden, damit die Temperatur gleichmäßig gehalten und nicht durch die hoch erhitzten Stähle wesentlich wiedererwärmt wird. Wir benutzten ca. 1700 kg Blei. Unter keinen Umständen darf eine Erwärmung auf 670⁰ stattfinden.

Bis zur Erreichung der Temperatur von 670⁰ im Abkühlungsprozeß darf keine noch so geringe Wiedererwärmung erfolgen, da die Stähle sonst verdorben sind. Die Abkühlung soll daher möglichst gleichmäßig erfolgen. Unter 670⁰ spielt eine etwaige Wiedererwärmung keine Rolle. Auch beim Erhitzungsprozeß vom kalten Zustand bis an den Schmelzpunkt kann unbeschadet der Eigenschaften der Stähle eine periodische Wiederabkühlung eintreten.

§ 349. (990.)   Kurz zusammengefaßt besteht die erste oder Hochwarmbehandlung aus folgenden Handlungen:

a) Langsame Erwärmung bis zur Kirschrotglut.
b) Rasche Erhitzung bis nahe an den Schmelzpunkt.
c) Rasche Abkühlung unter dem Verbrennungspunkt (850⁰) oder besser auf 625⁰.
d) Rasche oder langsame Abkühlung auf die Lufttemperatur.

Zweite oder Niedrigwarmbehandlung.

§ 350. (991—993.)   Diese Operation besteht in der Wiedererwärmung auf eine Temperatur, die zwischen 380⁰ und 670⁰ liegt; bessere Ergebnisse werden mit den höheren Temperaturen erreicht. Man legt hierzu die Stähle am besten in das obenerwähnte Bleibad, dessen Temperatur mit einem optischen Pyrometer kontrolliert wird, und kühlt die Stähle darauf entweder langsam an der Luft oder rascher in einem Luftstrom. In dem Bleibad bleiben die Stähle etwa 5 Minuten. Um Risse zu vermeiden, wärme man die Stähle vor dem Eintauchen in das Bleibad etwas vor.

Wir haben die Temperatur des Bleibades auf 625⁰ festgesetzt, damit eine Erwärmung auf 670⁰ ausgeschlossen erscheint, bei welcher Temperatur ein erhebliches Nachlassen der Eigenschaft der Rotwarmhärte eintritt. Über 735⁰ erwärmt verliert der Stahl diese Eigenschaft wieder völlig.

§ 351. (994—995.) Kurz zusammengefaßt besteht die zweite oder Niedrigwarmbehandlung in folgenden Handlungen:

    a) Erwärmung der Stähle bis auf eine Temperatur unter 670⁰ (am besten in 625⁰) während 5 Minuten.

    b) Langsame oder rasche Abkühlung auf die Lufttemperatur.

Diese zweite Warmbehandlung der Stähle kann auch dadurch erreicht werden, daß man die Stähle auf der Werkbank so kräftig schneiden läßt, daß die Temperatur zwischen 380 und 670⁰ erreicht wird. Nach Abkühlung ist die Eigenschaft der Rotwarmhärte in erhöhtem Maße vorhanden als vor dieser Wiedererwärmung.

Gleichmäßigkeit in der Härtung.

§ 352. (996—1000.) Wie schon häufig von uns betont ist, spielt die Gleichförmigkeit in der Rotwarmhärte der Stähle eine außerordentlich wichtige Rolle im Werkstättenbetriebe. Der größere Teil unserer Arbeit für die Entwicklung des Schnellarbeitsstahles war daher der Erreichung dieser Eigenschaft gewidmet. Insbesondere kann das von uns eingeführte Pensumsystem nicht mit Erfolg durchgeführt werden, wenn nicht auf diesen Punkt die größte Sorgfalt gelegt wird. Man wird, wenn keine Gleichförmigkeit zu erzielen ist, darum besser nach dem alten System mit naturharten Stählen arbeiten. Der Arbeiter muß unter dem neuen System davon überzeugt werden, daß nur durch die ihm vom Ingenieur mit Hilfe seines Rechenschiebers gegebene Anweisung über Schnittgeschwindigkeit, Vorschub und Schnittiefe die größte Leistung erzielt werden kann. Ohne zuverlässig gehärtete Stähle können aber die Leistungen nach den Angaben des Schiebers nicht erreicht werden.

Es ist eine merkwürdige Tatsache, daß die Härtebehandlung der Schnelldrehstähle auf verschiedene Weisen vorgenommen werden kann, und daß nicht nur nach einer Methode erstklassige Eigenschaften erzielt werden. Vielleicht führen $^3/_4$ aller verschiedenen Weisen zu diesem Ziele, aber die eine oben beschriebene Methode führt stets zu guten Ergebnissen und sollte daher in allen Werkstätten zur Anwendung kommen, in denen eine große Anzahl Stähle täglich oder wöchentlich zur Herrichtung kommen, und wo sich deshalb die Ausgabe für die Fertig- und Warmhaltung des erwähnten Bleibades bezahlt macht.

Die besonderen Einrichtungen des Bleibades sollen hier nicht beschrieben werden, weil die Patente an die Bethlehem St. W. verkauft wurden.

Spezialvorschriften der Fabrikanten über die Behandlung ihrer Schnelldrehstähle.

§ 353. (1001—1003.) Vor einigen Jahren hörten wir mit Ergötzen die mannigfaltigen Vorschriften der Schnellarbeitsstahlfabrikanten über die Behandlung ihrer Stähle, wir haben fast alle Vorschriften durchprobiert und haben doch keine gefunden, die bezüglich der Gewährleistung großer Gleichförmigkeit unserem System an die Seite zu stellen wäre.

Wir erhitzten die Stähle in Koksfeuer, Kohlenfeuer, Gasfeuer, in Muffelöfen und in offenen Feuern und in besonders konstruierten Glühöfen. Auch wurden Erhitzungen mittels elektrischer Ströme und Erhitzung mit der Nase der Stähle in Wasser vorgenommen; ferner durch Eintauchen in flüssiges Gußeisen. Keine dieser Methoden, bei welcher nicht bis nahe an den Schmelzpunkt erhitzt wurde, lieferte jedoch erstklassige Ergebnisse.

§ 354. (1004—1006.) Auch im Abkühlungsprozeß versuchten wir die verschiedensten Arten. Wir brachten z. B. die Stähle im hocherhitzten Zustand in Kalk, in gepulverte Holzkohle und in eine Mischung von beiden. Hier trat natürlich eine sehr langsame, oft nach Stunden währende Abkühlung ein, nach welcher die Stähle in durchaus weichem feilbaren Zustande dennoch die Eigenschaft der Rotwarmhärte in hohem Grade behielten, so daß die gleichen hohen Schnittgeschwindigkeiten wie bei den rasch abgekühlten Stählen erreicht wurden.

Auch in Muffelöfen haben wir langsame Abkühlung mit dem gleichen Effekt vorgenommen; andererseits kühlten wir die Stähle auch mit vollem Erfolge in Wasser sofort bis zur niedrigsten Temperatur ab. Zwischen diesen extremen Fällen der ganz langsamen und ganz plötzlichen Abkühlung wurden noch die verschiedensten Zwischenstufen ausprobiert, die in teils rascher, teils langsamer Abkühlung in Wasser, in Öl und in starkem Luftstrom bestanden; auch die Reihenfolge der raschen oder langsamen Abkühlung wurde systematisch gewechselt.

Durch jede dieser Behandlungsweisen haben wir zum Teil erstklassige Stähle mit großer Härte und Fähigkeit zu hoher Schnittgeschwindigkeit hergestellt, doch keine der Methoden kam, was die Gleichförmigkeit anbetrifft, unserer Behandlungsart gleich.

Beste Methode der Stahlbehandlung in Kleinwerkstätten.

§ 355. (1007—1009.) Für kleine Werkstätten, bei denen sich die Anschaffung der ganzen Einrichtung nicht lohnt, empfehlen wir die folgende Behandlungsart mit dem Rüstzeug einer gewöhnlichen Schmiede.

In gewöhnlichem, recht hochgehaltenem Schmiedefeuer werden die Stähle nebeneinander liegend erhitzt, so daß immer nur einer in den heißesten Teil kommt, wo die Erwärmung zur Hochhitze rasch und unter ständigem Umdrehen des Stahles erfolgen muß. Dann bringe man den Stahl in einen starken Luftstrom, wo er bis zur Abkühlung auf die Lufttemperatur verbleibt.

Unglücklicherweise sind die Schmiedefeuer häufig so flach, daß sie die für diesen Prozeß notwendige Intensität nur für wenige Minuten behalten, und sehr viele Stähle kommen aus diesen Feuern, welche wegen zu geringer Erhitzung nicht die genügende Rotwarmhärte erhalten.

Art des Schmiedefeuers.

§ 356. (1010—1011.) Wir empfehlen für mittlere Schmiedewerkstätten ein Koksfeuer anstatt eines Kohlenfeuers für den Härteprozeß anzuwenden, weil der Schmied länger eine hohe Hitze in diesem halten kann. Wenngleich auch unsere Versuche gezeigt haben, daß im Kohlenfeuer eine größere Hitze erzeugt werden kann und daher mancher Stahl härter herauskommt, so müssen wir der erreichbaren Gleichmäßigkeit halber doch dem Koksfeuer den Vorzug geben. Es kann dieses, wie gesagt, länger in der Hochhitze gehalten werden, ohne daß die Gefahr des Verderbens der Oberfläche der Stähle durch den Gebläsewind auftritt. Die Abkühlung der Stähle in starkem Luftstrom ist nächst der Bleibadabkühlung die beste Art.

§ 357. (1012—1013.) Alle mehr raschen Abkühlungsmethoden durch Eintauchen in Wasser oder in Öl bringen die Gefahr mit sich, daß Risse entstehen, besonders wenn die Erwärmung keine gleichmäßige war; es wird durch die rasche Abkühlung keineswegs eine bessere Rotwarmhärte erzeugt als durch das Abkühlen im Luftstrahl. Dieses gilt für alle besseren Stahlsorten.

§ 358. (1014—1015.) Dem Verfasser ist in den vergangenen Jahren häufig die Frage vorgelegt worden: „Wo kann ich völlig gleichmäßigen Schnelldrehstahl kaufen?" und seine stets gleichmäßige Antwort war: „Jedes erstklassige Fabrikat von Schnelldrehstahl ist gut genug." Die Schwierigkeit liegt in dem Mangel an Gleichförmigkeit, in Herrichtung und Behandlung der Stähle. Die völlige Aneignung der Erfindung ist die Hauptsache für den Erfolg.

Es sind verschiedene Apparate für die Hoch- und Niedrigwarmbehandlung der Stähle entworfen worden, bezüglich derer auf die Schrift von J. M. Gledhill „Die Entwicklung und der Gebrauch von Schnellarbeitsstahl" und auf den Artikel der Herren O. M. Becker und Walter Brown (Engineering-Magazine Nov. 1905) verwiesen wird.

Wichtigkeit der Vermeidung zu großer Erwärmung beim Schleifen.

§ 359. (1016—1018.) Der Verfasser glaubt die Tatsache genügend klargestellt zu haben, daß über 670° erwärmte Schnelldrehstähle verdorben sind und möchte die Behauptung aufstellen, daß über die Hälfte aller im Gebrauch befindlichen Stähle durch Übererhitzen beim Schleifen verdorben werden. Selbst bei Anwendung einer kräftigen Wasserkühlung hat Verfasser häufig beobachtet, daß durch zu forciertes Schleifen und durch zu dichte Flächenanpressung ein Rotwarmwerden der Schneidkante beim Schleifen auftrat. Das Verbrennen auf diese Weise ist deshalb so gefährlich, weil es meistens erst beim Schneiden des Stahles auf der

Drehbank erkannt wird. Mitunter werden die Stähle auch durch Arbeiten unter zu hoher Schnittgeschwindigkeit verbrannt.

Die auf diese beiden Arten verdorbenen Stähle können jedoch durch Abschleifen einer 2—5 mm starken Schicht wiederhergestellt werden, da die Verbrennung meistens nicht tiefer in den Stahl eingedrungen ist.

§ 360. (1019.) Der beste Rat, den wir den Stahlverbrauchern geben können, ist die Beschränkung auf eine gute Stahlmarke und sorgfältige Überwachung der Herrichtung in der Schmiede und in der Schleiferei.

Die chemische Zusammensetzung des Werkzeugstahles.

(Vgl. Tab. 110 die Analysen und Schnittgeschwindigkeiten einiger der neuesten Schnelldrehstähle, der selbsthärtenden Mushet-Stähle und des Originalschnelldrehstahles von Taylor und White.)

§ 361. (1020—1029.)   Aus bestem Werkzeugstahl müssen sich Schnelldrehstähle mit folgenden charakteristischen Eigenschaften herstellen lassen:

a) Die Zusammensetzung des Stahles muß so beschaffen sein, daß verhältnismäßig kleine Fehler oder Ungenauigkeiten der Warmbehandlung dieselben nicht ernstlich beschädigen, d. h. ihre Schnittgeschwindigkeiten nicht ungleichförmig werden lassen. Mit anderen Worten soll die Zusammensetzung des Stahles die leichte Herstellung gleichmäßiger Werkzeuge gewährleisten.

b) Der Stahl darf bei der Warmbehandlung im Feuer nicht leicht reißen.

c) Der Stahl muß die Anwendung der höchsten Schnittgeschwindigkeiten gestatten, gleichgültig, ob harter, mittelharter oder weicher Stahl bzw. Gußeisen von verschiedenem Härtegrad zu bearbeiten ist.

d) Durch Schleifen auf dem Schleifstein oder Überhitzung beim Drehen darf der Stahl nicht leicht beschädigt werden.

e) Der Drehstahl muß in seinem Hauptteile zäh sein, d. h. er darf bei dem Gebrauche nicht leicht brechen, selbst wenn er starken Stößen seitens des Arbeitsstückes ausgesetzt ist.

f) Der Drehstahl soll bei der Bearbeitung von hartem Material mit verhältnismäßig hoher Schnittgeschwindigkeit imstande sein, mit kleinem oder großem Vorschub zu arbeiten.

g) Der Stahl muß sich leicht bearbeiten lassen, ohne stark erhitzt werden zu müssen.

h) Ist der Stichel durch die Dreharbeit abgenutzt, so muß die Beschaffenheit des Stahles es gestatten, daß die Abnutzung durch Abschleifen des praktisch kleinsten Stückes wieder beseitigt werden kann.

Es hat allerdings bis jetzt noch kein Stahl hergestellt werden können, der alle vorgenannten Eigenschaften durchweg in sich vereinigt. Es ist aber bemerkenswert, daß der in Tab. 110 mit Nr. 1 bezeichnete Stahl alle angeführten Eigenschaften bis auf zwei in einem solchen Umfange aufweist, wie kein anderer Stahl, der unserer Prüfung unterlegen hat. Die zwei Mängel dieses Stahles sind, daß er sich ziemlich schwer schmieden läßt und bei aller Zähigkeit im Stahlkörper nicht so widerstandsfähig ist als Stähle, die in diesem Teile angelassen oder auch nur teilweise angelassen sind.

Chemische Analysen und Schnittgeschwindigkeiten der besten neueren Schnelldrehstähle.

§ 362. (1030—1031.) In Tab. 110 ist die chemische Zusammensetzung verschiedener gebräuchlicher Stahlsorten angegeben. Die Tabelle dürfte die bekanntesten und soviel wir beurteilen können auch die besten englischen, deutschen und amerikanischen Marken von Schnelldrehstahl enthalten. Bei jedem Stahl ist die normale Schnittgeschwindigkeit angegeben für 20 Minuten Schnittzeit, 4,8 mm Schnittiefe und 1,6 mm Vorschub bei der Bearbeitung von

    a) mittelhartem Werkzeugstahl mit ungefähr $0,34\%$ Kohlenstoff, 5150 kg/qcm Bruchfestigkeit und 30% Dehnung;

    b) sehr hartem, angelassenem Werkzeugstahl mit ungefähr 1% Kohlenstoff, 7000 kg/qcm Bruchfestigkeit, 6% Dehnung;

    c) sehr hartem Gußeisen.

Wir haben die Erfahrung gemacht, daß ein Drehstahl, der diese drei Materialsorten mit hoher Schnittgeschwindigkeit bearbeiten kann, auch durchweg imstande ist, fast jedes andere Material, sei es Stahl oder Gußeisen von weicher Beschaffenheit, mit entsprechend hoher Geschwindigkeit zu bearbeiten. Man findet häufig Drehstähle, die sehr hartes Material mit hoher Geschwindigkeit abdrehen können und doch bei weicherem Material nicht Entsprechendes leisten. Bewähren sie sich aber in der Bearbeitung von sehr hartem und mittelhartem Material, so können sie nach unserer Erfahrung mit gleichgroßem Erfolge für jedes weichere Material verwandt werden. Andere Stähle wieder, mit denen weichere Arbeitsstücke sich gut bearbeiten lassen, versagen fast völlig beim Abdrehen harten Stahles oder harten Gußeisens.

§ 363. (1032.) Wir beenden eben (20. Oktober 1906) eine Reihe von Versuchen mit Stählen an den obenerwähnten Schmiede- und Gußstücken. Zu den untersuchten Stählen gehörten solche aus Tiegelgußstahl, Marke Jessop, zwei Mushet-Stähle, von denen einer schon zu früheren Versuchen gedient hatte, ein anderer von ausgezeichneter Qualität stammte aus dem Anfange der 90er Jahre; ferner Stähle, die bei unseren Versuchen zur Entwicklung des Taylor-White-Verfahrens schon benutzt

Tabelle 110.

Chemische Analysen und Schnittgeschwindigkeiten der besten Schnelldrehstähle.

	Nummer des Stahles	Jahr, in dem Analyse gemacht wurde	Vanadium Va	Molybdän Mo	Wolfram W	Chrom Cr	Kohlenstoff C	Mangan Mn	Silicium Si	Phosphor P	Schwefel S	Mittelhart. Schmiedestück	Hartes Schmiedestück	Hartes Gußeisen	
Der beste Schnelldrehstahl, mit dem wir Versuche angestellt haben	1	1906	0,32 0,29		17,81 18,19	5,95 5,47	0,682 0,674	0,07 0,11	0,049 0,043			30,2*	12,6	15,8	beide Zusammensetzungen liefern einen Stahl von annähernd gleicher Schnittgeschwindigkeit. Die Stähle lassen sich in Kirschrotglut schwer, in Gelbhitze leicht schmieden
	2	1906			16,19	3,86	0,736	0,06	0,210			27,7*	12,2	15,2	schwer zu schmieden
	3	1906			14,41	3,28	0,709	0,07	0,120				11,9§	15,2	”
	4	1906			17,61	4,24	0,502	0,10	0,240				11,6§	15,0	”
	5	1906			14,23	3,44	0,739	0,06	0,165				12,0	14,0	”
	6	1906			25,45	2,23	0,838	0,29	0,034				11,9	14,3	”
	7	1906			14,91	5,71	0,790	0,06	0,060				11,7	14,3	”
	8	1903		0,48	17,79	2,84	0,650	0,12	0,087	0,013	0,012	21,3†	11,3	13,9	”
	9	1903			19,64	2,85	0,760	0,30	0,090				11,3†	13,9†	”
	10	1903			18,99	2,61	0,670	0,20	0,265	0,014	0,009		11,3†	13,9†	”
	11	1903			23,28	2,80	0,800	0,11	0,165	0,015	0,009		11,3†	13,9†	”
	12	1903		2,03	18,93	3,52	0,580	0,19	0,125	0,029	0,016		11,3†	13,9†	”
	13			4,21	13,44	3,04	0,760	0,09	0,052				11,3†	13,9†	”
	14	1905			24,64	7,02	0,600	0,03	0,205			26,0*	11,6†	13,4	”
	15	1906			19,97	3,88	1,28	0,14	0,220			25,6*	11,6*		”
	16	1906			19,16	5,61	0,79	Spur	Spur			26,0*	11,3*		”
	17	1906		7,60	9,25	6,11	0,32	0,13	0,081			26,2*	11,3*		”
	18	1906	0,28		16,00	3,50	0,70	Spur	Spur				11,6*		”
	19	1906			16,00	3,50	0,70	Spur	Spur				10,4*		”
	20	1903			14,71	2,90	0,700	0,12	0,196	0,017	0,010	19,5	10,4	13,4	”
	21	1903			15,31	2,88	0,540	0,12	0,133	0,018	0,009		10,4*	13,4†	”
	22	1903		0,75	14,91	2,80	0,450	0,10	0,090	0,018	0,008		10,4§	13,4†	”
	23	1903			14,62	2,81	0,600	0,18	0,323	0,017	0,009				”
	24			6,25		4,30	0,900	0,12	0,481	0,016	0,008				die Schnittgeschwindigkeiten dieser Stähle stehen denen obiger Stähle nach.
	25				10,86	3,67	1,160	0,10	1,340	0,024	0,008				

Typische Werkzeugstähle verschiedener Zeitperioden, vom Tiegelgußstahl bis zur Gegenwart.

Stahl	Nr.	Jahr													Bemerkungen
Jessop Tiegelgußstahl (angelassen)	85	1894					1,047	0,189	0,206	0,017	0,017		4,9	1,8	5,7	
Mushet selbsthärtender Stahl (Versuche in den Bethlehemwerken im Jahre 1898)	65	1898			5,62	0,49	2,40	1,90	0,711	0,055	0,051	7,9	2,5	8,5	
Bethlehem (selbsthärtend Mcsh, versucht in Bethlehem im J. 1898)	27	1896			8,40	1,86	1,43	0,23	0,126			18,6	5,8	11,9	dieser Stahl bearbeitete beide Schmiedestücke mit 0,43 bzw. 0,34% Kohlenstoff (siehe Fußnote *) und wir erzielten Schnittgeschwindigkeiten von 14,6 m bzw. 18,3 m. Die Analyse wurde im Jahre 1906 gemacht
Bethlehem (selbsthärtend HSH), versucht in Bethlehem im J. 1898	26				8,00	3,80	1,85	0,30	0,15	0,025	0,030	17,7	5,6	13,1	die Analyse dieses Stahles wurde im Jahre 1906 nicht nachgeprüft
Bei den Versuchen im Jahre 1906 wieder untersuchte Stähle	20	1903			14,71	2,90	0,70	0,12	0,196	0,017	0,010	19,5†	10,4	13,4	
	8	1903		0,48	17,79	2,84	0,65	0,12	0,087	0,013	0,012	21,3†	11,3	13,9	
	1	1906	0,32 0,29		17,81 18,19	5,95 5,47	0,682 0,674	0,07 0,11	0,049 0,043			30,2*	12,6	15,8	

*) Mit den so bezeichneten Stählen bearbeiteten wir im Jahre 1906 ein Schmiedestück mit 0,43% Kohlenstoff, welches eine Normalschnittgeschwindigkeit aufwies von 14,6:18,3 verglichen mit der Schnittgeschwindigkeit des Stückes mit 0,34 Kohlenstoff, auf die in der Tabelle Bezug genommen ist.

† Stähle, die mit einem † bezeichnet sind, haben ein anderes Schmiede- oder Gußstück bearbeitet. Die angegebenen Schnittgeschwindigkeiten sind geschätzt nach einem Vergleich der Materialbeschaffenheit der beiden Schmiede- oder Gußstücke und der Schnittgeschwindigkeiten anderer Stähle, die zu der gleichen Zeit arbeiteten.

§ Die so bezeichneten Stähle wurden in diesem besonderen Falle nicht oft genug erprobt, um Gewißheit über genaue Schnittgeschwindigkeiten zu erlangen. Die angegebenen Zahlen sind daher teilweise geschätzte.

Winkel der Drehstähle bei der Bearbeitung mittelharten Schmiedestahles; Ansatzwinkel 6°, Hinterschleifwinkel 8°, Seitenschleifwinkel 14°.
„ „ „ „ „ „ harten Schmiedestahls und harten Gußeisens: Ansatzwinkel 6°. Hinterschleifwinkel 5°, Seitenschleifwinkel 9°.

Chemische Analyse:

	Mittelhartes Schmiedestück:	Hartes Schmiedestück:	Hartes Gußeisen:
Kohlenstoff	0,34	1,00	Gesamtkohlenstoff 3,32
Mangan	0,54	1,11	Gebundener Kohlenstoff 1,12
Silicium	1,76	0,305	Mangan 0,68
Phosphor	0,037	0,036	Silicium 0,86
Schwefel	0,026	0,049	Phosphor 0,78
			Schwefel 0,073

Mechanische Eigenschaften: Mittelhartes Schmiedestück / Hartes Schmiedestück, Probestück von beiden Seiten entnommen:

	Bruchfestigkeit:	Elastizitätsgrenze:	Dehnung in %	Kontraktion in %
Mittelhartes Schmiedestück	4950 kg/qcm	2440 kg/qcm	29	44·34
Hartes Schmiedestück, Probestück von beiden Seiten entnommen	6450 „	4300 „	{ 7	{ 11·66 } fein krystallinisch,
	7170 „	3800 „	{ 5	{ 9·73 } leicht blasig.

worden waren. Es wurden noch einige der Stähle hinzugenommen, die seit den Versuchen in Bethlehem von uns zwecks Festlegung der gesetzmäßig auftretenden Erscheinungen bei der Dreharbeit (siehe §§ 314—325) und bei der Bestimmung der chemischen Zusammensetzung der zu dieser Zeit an erster Stelle stehenden Schnelldrehstähle angewandt worden waren.

Neuerer Vergleich der Schnittgeschwindigkeit bester moderner Schnelldrehstähle mit den älteren Typen.

§ 364. (1033.) Bei der Anstellung der Versuche, deren Ergebnisse in Tab. 110 zusammengestellt sind, leitete uns der Gedanke, nach Auffindung des zur Herstellung von modernen Schnelldrehstählen bestgeeigneten Stahles, den Zusammenhang zwischen der dabei gewonnenen Erfahrung und der bei unseren früheren Versuchen erhaltenen herzustellen. (Dies wäre besonders wichtig, um die von uns aufgestellten Gesetze und Formeln so modifizieren zu können, daß sie den neuesten Forschungen entsprächen und auch auf die Drehstähle Anwendung finden könnten, die aus dem besten bisher bekannten Stahl hergestellt sind.) Weiter würden sie auch, historisch betrachtet, so genau als möglich den Fortschritt in der Entwicklung vom Tiegelgußstahl zum Schnelldrehstahl darstellen.

Die beste chemische Zusammensetzung moderner Schnelldrehstähle.

§ 365. (1034.) Ein Blick auf die genannte Tabelle zeigt, daß der Stahl Nr. 1 in jeder Beziehung besser ist als alle anderen. Der Unterschied in der Schnittgeschwindigkeit des genannten Stahles gegenüber der einiger darunter angeführten Stähle ist aber verhältnismäßig gering. Die Verbraucher von Werkzeugstahl können daher nicht fehlgehen, wenn sie eine von diesen bekannten Stahlmarken verwenden. Haben sie sich aber einmal für einen bestimmten Stahl entschieden, so raten wir dringend ab, sowohl einen Wechsel hierin eintreten zu lassen als auch besonders, irgend einen anderen Stahl in der gleichen Werkstatt verwenden zu lassen.

Tiegelgußstähle.

(Vgl. Tab. 111 mit den Analysen der selbsthärtenden und gewöhnlichen Tiegelgußstähle.)

§ 366. (1035.) Tab. 111 gibt einen interessanten Überblick über die Beziehungen zwischen der chemischen Zusammensetzung verschiedener Werkzeugstähle und ihrer Schnittgeschwindigkeit. Ein Vergleich der Analysen von Tiegelgußstählen (Nr. 85—89 der obigen

Tabelle) zeigt, daß die verschiedenen Sorten nur geringe Unterschiede in der Schnittgeschwindigkeit aufweisen. Sie schwankt bei der Bearbeitung des gleichen Materials tatsächlich nur um etwa 6 %.

Nichtselbsthärtende Stähle mit Zusatz von Wolfram und Chrom.

§ 367. (1036—1039.) Die Analysen Nr. 82—84 rühren von Drehstählen her, die, um überhaupt gebraucht werden zu können, in der früher üblichen Weise gehärtet und angelassen werden müssen. Dies ist um so auffälliger, als die genannten Stähle die beiden Bestandteile enthalten, die in genügender Menge dem Stahl sonst die Eigenschaft des Selbsthärtens erteilen. Eine nähere Betrachtung der chemischen Zusammensetzung dieser Stähle ist daher aus zwei Gründen besonders interessant:

Erstens geht daraus hervor, daß ein Gehalt an Wolfram, selbst in einer Höhe von 7 %, wie bei Nr. 83 (Eicken), einem Stahl die Eigenschaft des Selbsthärtens in nicht höherem Maße verleiht, als einem gewöhnlichen Tiegelgußstahl. Der Grund dafür liegt in dem überaus geringen Gehalt an Mangan oder Chrom. Ein Stahl mag auch, wie der unter Nr. 84 verzeichnete (Midvale Chrom-Tiegelstahl), 1,6 % Chrom enthalten (ein durchaus genügender Zusatz, um guten selbsthärtenden Stahl herzustellen, wenn nur Wolfram oder Molybdän gleichzeitig vorhanden ist) und doch kein Selbsthärtner sein.

Zweitens zeigt die Betrachtung der chemischen Zusammensetzungen deutlich, daß ein Zusatz von 1,6 % Chrom in Verbindung mit 0,71 % Kohlenstoff (ein sehr niedriger Kohlenstoffgehalt für einen angelassenen Drehstahl) und auch mit 0,10 % Mangan (einem ebenfalls sehr niedrigen Gehalt) dem Stichel eine wesentlich höhere Schnittgeschwindigkeit erteilt, als die der gewöhnlichen Tiegelgußstähle.

Wir unterzogen diesen Stahl einer sehr gründlichen Prüfung. Da er aber bezüglich der Härtetemperatur eine größere Geschicklichkeit seitens des Schmiedes erfordert, als der gewöhnliche Tiegelgußstahl, so war seine Verwendung als Normaldrehstahl ausgeschlossen, trotzdem Stähle dieser Zusammensetzung eine erheblich höhere Schnittgeschwindigkeit gestatten als die angelassenen Tiegelgußstähle.

Die Schnittgeschwindigkeit dieses Stahles liegt ungefähr in der Mitte zwischen der des Tiegelgußstahles und der des naturharten Stahles. Aber eine auch nur geringe Übererhitzung verursacht bei ihnen die Entstehung von Feuerrissen beim Härten, und unsere Erfahrung mit diesen Rissen an Werkzeugen lehrt uns, daß durch ein Werkzeug, welches im täglichen Gebrauch leicht bricht, erheblicher Schaden angerichtet werden kann. Wenn daher ein Stahl, sei es ein Tiegelguß-, naturharter oder Schnell-Drehstahl, eine ausgesprochene Neigung zu Feuerrissen oder Brüchigkeit zeigt, so war seine Verwendung als Normaldrehstahl von vornherein aus-

Tabelle 111. Chemische Zusammensetzung und Schnitt-
gußstähle. Vor Erfindung der

Bezeichnung des Stahles	Naturharte Stähle vor der Erfindung des Taylor-White-Verfahrens	Nummer des Stahles	Jahr, in dem Analyse gemacht wurde	Molybdän Mo	Wolfram W	Chrom Cr
	Mushet-Stahl	65	1898		5,62	0,490
	Atha & Illingsworth selbsthärtender Stahl .	66	1898	4,58		3,430
S. S. Co.	Firth Stirling Co.	67	1898		7,57	0,600
M. S. Co.	Midvale Steel Co.	68	1898		8,48	1,460
X. M.	Sanderson S. H.	33			6,83	3,940
	Sanderson-Stahl	69	1896		4,48	3,955
0 u. 22	Midvale (selbsthärtend)	70	1894		7,723	1,830
00	Mushet (selbsthärtend)	71	1894		5,441	0,398
X.	Sanderson (selbsthärtend)	72	1894		4,537	2,410
I.	Jonas & Colver, selbsthärtend	73	1894		10,721	2,958
	Burgess Special, selbsthärtend	74	1894		7,599	0,074
	Mushet selbsthärtender Stahl, Penna St. Co.	75	1893		6,057	0,342
	Stirling Steel Co. (selbsthärtend)	76	1893		8,387	0,254
	Sanderson (selbsthärtend)	77	1893		7,506	1,464
	„ „	78	1893		7,368	0,200
	„ „	79	1893		11,589	2,694
	Imperial (selbsthärtend) Park Brs. Pittsburg	80	1893		6,923	0,675
	Sanderson (selbsthärtend)	81	1893		7,975	1,325
	Vgl. § 367. Werkzeugstähle, die weder Wolfram noch Chrom					
P. S.	Pennsylvania Refining Co.	82	1894		1,842	
	Eiken - Stahl, mit hohem Wolfram- aber ge-ringem Mangangehalt (nicht selbsthärtend)	83	1894		6,67 — 7,02	0,078
P. und 1 × 1.	Midvale Chrom - Tiegelgußstahl mit hohem Chromgehalt (nicht selbsthärtend). . . .	}84	1894			1,773 1,631
	Vgl. § 366. Gewöhnliche Tiegelgußstähle,					
Z. u. III.	Jessop (angelassen).	85	1894			
II.	Stirling Special (angelassen)	86	1894		0,079	
IV.	Sanderson (angelassen)	87	1894			
IV S.	Midvale Herdofen (angelassen).	88	1894			
X 0.	(angelassen).	89				

Die Angaben über die Schnittgeschwindigkeiten der mit * bezeichneten
gegeben.

Stähle, die mit einem † bezeichnet sind, haben ein anderes Schmiede- oder
Vergleich der Materialbeschaffenheit der beiden Schmiede- oder Gußstücke und der
Schleifwinkel der Drehstähle siehe Figur 31 und Tab. 110. Physikalische

geschwindigkeiten verschiedener naturharter und Tiegel-Schnelldrehstähle versucht.

Kohlenstoff C	Mangan Mn	Silicium Si	Phosphor P	Schwefel S	Mittelhartes Schmiedestück. Normalgeschwindigkeit Ohne Behandl. bei hohen Temperaturen m/Min.	Hartes Schmiedestück m|Min.	Sehr weiches Gußeisen m|Min.	
2,40	1,90	0,711	0,055	0,051	8,0*			Neigung zu Feuerrissen.
1,615	1,65	0,285	0,027	0,016	7,3*			
2,300	3,22	0,269	0,019	0,007	7,3*			
1,386	0,32	0,358	0,016	0,022	9,1*			
1,470	0,37	0,770						
1,512	0,31	0,233	0,017	0,023	8,2*			
1,143	0,18	0,246	0,023	0,008	7,8†	3,3†	27,1	Leichter schmiedbar als Mushet-Stahl, bei Beschädigung durch Überhitzen wird er nicht brüchig, wie Mushet-Stahl.
2,150	1,578	1,044			7,6†	2,4†	26,2	
1,400	0,324	0,216	0,018	0,006	7,6†	2,4†	24,7	Sehr schwer schmiedbar und brüchig im Stahlkörper.
1,850	2,325	1,027			6,5†	2,1		
2,320	3,530	0,630	0,036	0,004				
2,213	1,800	0,883	0,037	0,023				
1,806	1,870	0,156	0,018	0,008				
1,690	2,590	1,024	0,088					
2,178	2,500	0,162	0,016					
1,842	2,430	0,890	0,023	0,007				
1,732	2,520	0,250	0,019	0,014				
1,625	2,670	0,976	0,072	0,011				

enthalten, die aber in keiner Weise selbsthärtend sind (müssen in Wasser gehärtet werden).

1,376	0,552	0,255						Muß in niedriger Temp. gehärtet werden, wird sonst leicht brüchig.
1,220	0,300	0,180	0,017	0,010				
0,710	0,102	0,326	0,016	0,008	5,5†	2,1†	21,6†	Erfordert ziemlich niedrige Temperatur zum Härten, weil er sonst leicht im Feuer rissig wird.
0,745		0,287	0,016	0,013				

in Wasser gehärtet.

1,047	0,189	0,206	0,017	0,017	4,9†	1,8	14,5	
1,240	0,156	0,232	0,016	0,006	4,9†	1,8	14,3	
1,072	0,291	0,148	0,014	0,011	4,8†		14,8	
0,992	0,318	0,256	0,037	0,020	5,0†		14,6	
0,681	0,198	0,219	0,024	0,011			14,3	

Stähle konnten nicht gefunden werden. Dieselben sind aus dem Gedächtnis wieder-

Gußstück bearbeitet. Die angegebenen Schnittgeschwindigkeiten sind nach einem Schnittgeschwindigkeiten anderer Stähle, die zu der gleichen Zeit arbeiteten, geschätzt. Eigenschaften der Arbeitsstücke wie bei Tab. 110.

geschlossen. Ich muß diesen Punkt wegen der späteren Besprechung der wichtigen Frage über die sachgemäße chemische Zusammensetzung der Schnelldrehstähle besonders hervorheben, da manche Stähle, deren Schnittgeschwindigkeiten und andere Eigenschaften sie der näheren Beachtung wert gemacht hätten, sofort fallen gelassen wurden, weil sie eben eine ausgesprochene Neigung zu Feuerrissen und Brüchigkeit zeigten.

§ 368. (1040.) Der unter Analyse 83 aufgeführte Stahl übertrifft aber in einer Hinsicht alle uns vorgekommenen Tiegelgußstähle. Er ist zum Schlichten sehr harten Materials hervorragend geeignet und obwohl er eine niedrige Härtetemperatur erfordert, stellt er für diesen besonderen Zweck einen ausgezeichneten Normaldrehstahl dar.

§ 369. (1041.) In Tab. 111 Nr. 65—81 geben wir die Analysen einiger selbsthärtenden Stähle, die in den Jahren 1893—1898 hergestellt worden sind. Unter Nr. 65, 66, 67, 68 und 33 befinden sich die Analysen unserer Versuchsstähle, die wir bei den Bethlehem-Stahlwerken unmittelbar vor der Erfindung des Taylor-White-Verfahrens benutzt haben, während wir den besten selbsthärtenden Stahl ausfindig zu machen suchten, der bei der genannten Gesellschaft als Normalstahl eingeführt werden konnte. Viele andere Marken selbsthärtenden Stahles waren von uns schon früher bezüglich ihrer Schnittgeschwindigkeit ausprobiert worden, wurden aber wegen ihrer offenbaren Minderwertigkeit gegenüber obigen Marken von uns damals weder chemisch noch mechanisch untersucht. Obige fünf Stahlsorten aber sind von Interesse, weil sie, soviel wir wissen, die besten selbsthärtenden Stahle darstellen, die damals in den Handel gebracht wurden und die einzigen, die der Mühe und der Ausgabe lohnten, um sorgfältige Untersuchungen mit ihnen auf der Versuchsdrehbank anzustellen. Zwei von den fünf Stählen (Mushet- und Firth-Stirling) verdanken ihre selbsthärtenden Eigenschaften einem verhältnismäßig hohen Gehalt an Mangan und Wolfram, während bei den drei übrigen diese Eigenschaft auf einen hohen Chromgehalt in Verbindung mit Wolfram oder Molybdän zurückzuführen ist. Stahl Nr. 68 (Midvale) erlaubte die höchste Schnittgeschwindigkeit, aber wie schon im I. Teil, §§ 40—41 ausgeführt, erlitt dieser Stahl bei der Warmbehandlung durch den Schmied erhebliche Beschädigungen; ein Umstand, der zur Erfindung des Taylor-White-Verfahrens führte. Es ist daher sehr wahrscheinlich, daß, wenn der Schnelldrehstahl nicht erfunden worden wäre, der Mushet selbsthärtende Stahl Nr. 68 von uns als Normalstahl ausgewählt worden wäre trotz der etwas höheren Schnittgeschwindigkeit des Midvale-Stahles, da, wie schon gesagt, der Midvale-Stahl Zeichen von Überhitzung zeigte, indem er beim Schmieden brüchig wurde. So bleibt der verbrannte Mushet-Stahl in der Schmiede, während die verbrannten Midvale-Stähle doch leicht in die Bearbeitungswerkstätte gelangen und die Gleichmäßigkeit der Werkstattstähle bedenklich in Frage stellen können.

Tafel der Analysen und Schnittgeschwindigkeiten verschiedener Werkzeugstähle, mit denen Taylor & White bei der Erfindung des Schnelldrehstahles Versuche gemacht haben.

§ 370. (1042—1044.)　Tab. 112 enthält die chemische Zusammensetzung verschiedener Stähle, mit denen White und der Verfasser zur Zeit der Erfindung des neuen Werkzeugstahles und bei der späteren Entwicklung des neuen Verfahrens Versuche angestellt haben. Die Stahlsorten sind in verschiedenen Gruppen zusammengestellt, um die relative Wirkung verhältnismäßig großer oder kleiner Mengen folgender Bestandteile auf die Schnittgeschwindigkeit zu zeigen, nämlich von Wolfram, Molybdän, Chrom, Kohlenstoff und Mangan.

Hinter den Zahlenreihen, welche die prozentualen Gehalte der verschiedenen Bestandteile der Stähle enthalten, finden sich zwei Reihen: in der ersten ist die Schnittgeschwindigkeit des Stahles enthalten, die er nach der gewöhnlichen Warmbehandlung erreichen ließ, wie sie vor unserer Erfindung üblich war, bzw. in vielen Fällen von den Stahlfabrikanten empfohlen und selbst angewandt wurde. Die zweite Reihe zeigt die Schnittgeschwindigkeiten, die mit denselben Stählen erreicht werden konnten, nachdem sie sorgfältig nach dem Taylor-Whiteschen Verfahren behandelt worden waren.

Ein Vergleich der verschiedenen Gruppen von Stahl mit den zugehörigen Schnittgeschwindigkeiten vor und nach der Behandlung in der hohen Hitze gibt einen klaren Begriff von unserem Patentanspruch (Patent Nr. 668 269), daß nämlich Werkzeugstahl mit 0,5 % oder mehr Chrom und 1 % oder mehr Wolfram oder einem entsprechenden Gehalt an Molybdän durch die Behandlung mit dem Taylor-White-Verfahren eine erhebliche Erhöhung seiner Schnittgeschwindigkeit erhält. Das ist aber hier nebensächlich; von weit größerer Bedeutung ist der Einfluß der einzelnen Bestandteile, wenn sie in solchen Mengen dem Stahl zur Erreichung höchstmöglicher Schnittgeschwindigkeit zugesetzt werden, oder mit anderen Worten, dem Stahl in ausgeprägtester Weise die Eigenschaft der Rotwarmhärte durch die Behandlung nach unserem Verfahren verleihen.

Einfluß der Bestandteile Wolfram, Chrom, Kohlenstoff, Molybdän, Mangan, Silicium auf die anfänglich hergestellten Schnelldrehstähle.

§ 371. (1045—1046.)　Bei Durchsicht der Analysen der Stähle, die nach den Nummern 26—35 folgen (Gruppe mit den höchsten Schnittgeschwindigkeiten nach unserem Härteverfahren zur Zeit der Erfindung), bemerkt man zunächst, daß der Gehalt an Wolfram zwischen 6,5 % und 8,75 % und der an Chrom zwischen 1,62 % und 3,94 % schwankt. Als Resultat dieser Untersuchungen ergab sich zu jener Zeit, daß bei der Herstellung von erstklassigem Werkzeugstahl die Gehalte an diesen beiden Bestandteilen sich zwischen den genannten Grenzen zu bewegen habe.

Tabelle 112. Die chemische Zusammensetzung und
die von uns während der Erfindung und Entwicklung des Taylor-White-
Die verschiedenen Gruppen von Analysen zeigen den Einfluß von Wolfram,
der nach dem Taylor-White-

	Bezeichn. d. Stahles	Datum der Analyse	Molybdän Mo	Wolfram W	Chrom Cr	Kohlenstoff C	Mangan Mn
In Patentschrift empfohlen für die Be- arbeitung harten Stahles	26			8,00	3,80	1,85	0,30
In Patentschrift empfohlen zur Bearbei- tung mittelharten u. weichen Materials	27			8,50	2,00	1,85	0,15
	28			8,76	1,75	1,30	0,39
	29			8,38	1,62	1,26	0,31
Bessere Stahlsorten, hergestellt	30				2,01		
während der Ausarbeitung des	31			7,89	2,16	0,858	0,47
Taylor-White-Verfahrens	32			6,50	2,77	1,860	1,19
	33			6,83	3,94	1,470	0,37
vgl. § 371	34			7,68	3,78	1,810	0,32
	35			7,94	3,81	1,950	0,41
In Patentschrift empfohlen für die Be- arbeitung harten Stahles	26			8,00	3,80	1,85	0,30
	34			7,68	3,78	1,81	0,32
Einfluß eines hohen Chrom-	35			7,94	3,81	1,95	0,41
gehaltes	33			6,83	3,94	1,47	0,37
vgl. § 374							
	36			5,48	0,290	2,02	2,25
	37			7,22	0,467	2,40	3,26
Einfluß eines niedrigen Chrom-	38			7,57	0,600	2,30	3,22
gehaltes	39			7,18	0,670	2,40	3,44
	40			8,58	0,720	0,977	0,39
Einfluß eines niedrigen Wolfram- gehaltes	41			0,83	3,80	1,80	2,19
vgl. § 371	42			1,91	3,25	1,87	0,56
Den Einfluß hohen Wolframgehaltes	43		1,77		1,64	0,89	0,50
lassen fast alle andern Analysen erkennen	44		0,84		2,01	1,02	0,53
In Patentschrift empfohlen für die Be- arbeitung harten Stahles	26			8,00	3,80	1,85	0,30
	35			7,94	3,81	1,95	0,41
Einfluß eines hohen Kohlenstoff-	45			7,94	1,45	2,44	2,91
gehaltes	46			8,05	2,61	2,27	0,42
vgl. § 372	32			6,50	2,77	1,86	1,19
	31			7,89	2,16	0,858	0,47
	40			8,58	0,72	0,977	0,39
Einfluß eines niedrigen Kohlen-	47			7,87	1,00	1,200	0,41
stoffgehaltes	29			8,38	1,62	1,260	0,31
vgl. § 372	48			3,55	1,91	1,290	0,42
	28			8,76	1,75	1,300	0,39

die Schnittgeschwindigkeiten verschiedener Stähle,
Verfahrens zur Herstellung von Schnelldrehstählen benutzt worden sind.
Chrom, Molybdän, Kohlenstoff und Mangan auf die Schnittgeschwindigkeit
Verfahren behandelten Stähle.

Silicium	Phosphor	Schwefel	Mittelharte Schmiedestücke		Sehr hartes Schmiedestück, Stahl behandelt nach T.-W.-Verfahren	Hartes Gußeisen, Stahl behandelt nach T.-W.-Verfahren	
			Normale Schnittgeschwindigkeit ohne Behandlung n. T.-W.-Verfahr.	Normale Schnittgeschwindigkeit mit Behandlung n. T.-W.-Verfahr.			
Si	P	S	m/Min.	m/Min.	m/Min.	m/Min.	
0,150			8,2	17,7	6,2	13,1	erheblich schwieriger zu schmieden als die hierunter stehende Nr. 27;
0,150			9,5	18,6	5,8	11,9	leicht zu schmieden;
0,395			9,8	18,62			dieser Stahl gehört zu der Serie
0,432				18,3			von Stählen, mit denen wir zu-
				18,3			erst Versuche angestellt haben
0,288				18,6			(vgl. § 33—41, Teil I) und die
0,379			9,8	18,7			zur Erfindung des Taylor-White-
0,777			8,2	18,7			Verfahrens geführt haben.
0,191			6,4	17,4			
0,572				18,0	*		
0,150			8,2	17,7			
0,191			6,4	17,4			
0,572				17,7			
0,770			8,2	18,7			
0,274			7,8	11,7			
0,249			8,2	11,5			
0,269			8,4	11,3			
0,270			{6,4	12,1			
			{6,4	11,2			
0,231			6,1	15,2			
			8,2	7,0			
			11,3	13,7			
			13,7†	17,7			
			8,2	10,7			
0,150			8,2	17,7			
0,572				18,0	*		
0,908				17,1	*		schwer schmiedbar
0,792				17,4	*		
0,379			9,8	18,7			
0,288				18,6			
0,231			6,1	15,2			
0,291			9,1	15,2			
0,432				18,3			
0,235			7,2	14,4			
0,395			9,8	18,6			

	Bezeichn. d. Stahles	Datum der Analyse	Molybdän Mo	Wolfram W	Chrom Cr	Kohlenstoff C	Mangan Mn
Einfluß eines hohen Mangan- gehaltes vgl. § 372	45			7,94	1,45	2,44	2,91
	49			8,61	1,40	1,14	2,38
Einfluß eines niedrigen Mangan- gehaltes vgl. § 373	50		4,20		3,95	1,18	0,08
	51			8,15	1,91	1,68	0,12
	52			8,85	1,75	1,54	0,13
	53			8,41	3,29	1,54	0,24
	54		3,67		3,86	1,84	0,30
	34			7,68	3,78	1,81	0,32
	33			6,83	3,94	1,47	0,37
Molybdän als Ersatz für Wolfram vgl. § 375	55		0,56			1,05	0,20
	56		0,84		2,01	1,02	0,53
	57		0,94			1,07	0,20
	43		1,77		1,64	0,89	0,50
	58		2,03	4,53	2,03	2,02	1,69
	59		2,25	4,74	2,80	2,07	1,66
	60		2,45		3,19	1,22	0,66
	54		3,67		3,86	1,84	0,30
	50		4,20		3,95	1,18	0,08
	61		4,58		3,43	1,61	1,65
	62		4,59		3,46	1,51	1,62
	63		4,60		3,75	1,84	1,79
Einfluß des Anlassens	51				8,15	1,91	1,68
	52				8,85	1,75	1,54

Die Belege für die Schnittgeschwindigkeiten der mit * bezeichneten Stähle konnten
bezeichneten Stähle haben ein anderes Schmiede- oder Gußstück bearbeitet. Die
beschaffenheit der beiden Schmiede- oder Gußstücke und der Schnittgeschwin-
Schleifwinkel der Stähle, chemische Analyse und physikalische

Silicium	Phosphor	Schwefel	Mittelharte Schmiedestücke		Sehr hartes Schmiedestück, Stahl behandelt nach T.-W.-Verfahren	Hartes Gußeisen, Stahl behandelt nach T.-W.-Verfahren	
			Normale Schnittgeschwindigkeit ohne Behandlung n. T.-W.-Verfahr.	Normale Schnittgeschwindigkeit mit Behandlung n. T.-W.-Verfahr.			
Si	P	S	m	m	m	m	
0,908				17,1	*		
0,980			6,9				schwer schmiedbar
					18,3		unregelmäßig
0,16				9,8	16,8		
0,09							
0,32				7,6	15,4		
0,23				8,4	18,3		unregelmäßig
0,191				6,4	17,4		
0,770				8,2	18,7		
0,120				5,1			
				8,2	10,7		
0,15				6,7			
				13,7†	17,7		
0,282				{ 9,5	17,8		reißt leicht im Feuer
				{ 11,0	17,8		
0,120				11,0	17,8		„ „ „ „
0,240				9,1	15,2		
0,230				8,4	18,3		unregelmäßig
					18,3		„
0,285					18,0		leicht brüchig u. neigt zu Feuerrissen
0,245				13,8			„ „ „ „ „ „
0,156				13,7			„ „ „ „ „ „
0,12	0,16			9,8	16,8		leicht anzulassen
0,13	0,09						„ „

nicht gefunden werden. Dieselben sind nach dem Gedächtnis angegeben. Die mit †
angegebenen Schnittgeschwindigkeiten wurden nach einem Vergleich der Material-
digkeiten anderer Stähle, die zur gleichen Zeit arbeiteten, geschätzt.

Eigenschaften des Arbeitsstückes siehe Tabelle 110.

Die Wirkung eines niedrigen Wolframzusatzes ist an den Stählen unter Nr. 41—44 zu erkennen. Während Stahl 42 mit $1,91\%$ Wolfram und $3,25\%$ Chrom sehr günstig durch eine starke Erhitzung beeinflußt wurde, verlor Stahl Nr. 41 mit $0,83\%$ Wolfram und $3,8\%$ Chrom erheblich an Schnittgeschwindigkeit nach der gleichen Warmbehandlung. Dadurch wird bewiesen, daß selbst bei Anwesenheit eines hohen Chromgehaltes mehr als $0,83\%$ Wolfram nötig sind, um die Eigenschaft der Rotwarmhärte in die Erscheinung treten zu lassen, und daß ferner hochchromhaltige Werkzeuge an Schnittgeschwindigkeit einbüßen, wenn sie überhitzt werden, wenngleich nicht in demselben Maße als gewöhnliche Tiegelgußstähle.

§ 372. (1047—1050.) Die Reihe der Kohlenstoffanalysen läßt erkennen, daß bei den besten Werkzeugen dieser Gehalt sich zwischen $0,858\%$ und $1,95\%$ bewegte. Unsere Versuche haben erwiesen, daß zwischen diesen Grenzen, soweit die Schnittgeschwindigkeit in Frage kommt, es gleichgültig ist, ob ein hoher oder niedriger Prozentsatz an Kohlenstoff in dem Stahl vorhanden ist. Und es ist wohl zu beachten, daß einige der besten Schnelldrehstähle, die bis heute hergestellt worden sind, in ihrem Kohlenstoffgehalte sich der unteren Grenze der von uns angegebenen Werte nähern.

Es war in der Zeit, in welcher wir unsere Erfindung entwickelten, nicht üblich, den naturharten Stahl mit so geringem Kohlenstoffgehalt wie $0,86\%$ herzustellen. Eine Erhöhung des Gehaltes an Kohlenstoff bedeutet bei den selbsthärtenden Stählen eine erhöhte Härte. Es wird aber durch das Hinausgehen über $0,86\%$ Kohlenstoff, wie die Gruppe der Stähle Nr. 26—32 zeigt, keine erhöhte Schnittgeschwindigkeit oder ein höherer Grad an Rotwarmhärte, der charakteristischen Eigenschaft der Schnelldrehstähle, erreicht. Wir stellten den Stahl mit $0,86\%$ Kohlenstoff mit der Absicht her, um die Einwirkung einer niedrigen Kohlung auf die Rotwarmhärte der nach unserem Verfahren behandelten Stähle kennen zu lernen. In unserer Patentschrift behaupteten wir dann auch, daß nach dem Taylor-White-Prozeß behandelte Stähle mit nur $0,86\%$ Kohlenstoff ebenso hohe Schnittgeschwindigkeit zeigten als sehr hoch kohlenstoffhaltige Stähle, wodurch zuerst die Aufmerksamkeit der Stahlfabrikanten auf diesen Punkt gelenkt wurde.

Unsere Annahme, daß durch die wiederholte Erhitzung der Stähle auf hohe Temperaturen der Kohlenstoff der äußeren Schichten des Drehstahles beträchtlich vermindert werden könnte, verleitete uns zu der Anwendung höher gekohlter Stähle. Wir glaubten dann, wenn auch der Kohlenstoffgehalt abnehme, Stähle zu behalten, deren Güte nicht beeinträchtigt würde, während bei einem Kohlenstoffgehalt von $0,86\%$ eine merkliche Abnahme dieses Bestandteiles die Schnittgeschwindigkeit ungünstig beeinflussen würde.

Neuere Versuche haben jedoch dargetan, daß selbst bei verhältnismäßig geringem Kohlenstoffgehalt die Gefahr der Beeinträchtigung des
Stahles durch die wiederholte Warmbehandlung sehr gering ist. Die
besten Schnelldrehstähle werden neuerdings nur mit 0,68 % Kohlenstoff
hergestellt, um einen sehr leicht schmiedbaren und wenig brüchigen
Stahl zu erhalten.

§ 373. (1051.) Der Mangangehalt schwankt zwischen 0,07 und
1,19 %. Es erscheint also klar, daß ein geringer Mangangehalt die Rotwarmhärte der Schnelldrehstähle unbeeinflußt läßt. Wir empfehlen, den
Mangangehalt der Stähle nach unserem Verfahren niedrig zu halten, weil
ein solcher Stahl zäher ist, weniger zur Brüchigkeit und Feuerrissen neigt
und sich leichter schmieden und anlassen läßt.

§ 374. (1052.) Eine Prüfung der drei Analysenreihen in Tab. 112,
bezüglich der Wirkung eines hohen oder niedrigen Chromgehaltes und
eines geringen Manganzusatzes, läßt erkennen, daß sich mit einem hohen
Chrom- und einem angemessenen Wolframgehalt stets ein Schnelldrehstahl herstellen läßt, selbst wenn nur wenig Mangan nebenhergeht.
Daß andererseits aber ein Stahl ohne Chrom oder mit wenig Chrom,
selbst wenn ein angemessener Prozentsatz von Wolfram vorhanden ist,
niemals als Schnelldrehstahl zu verwenden ist, mag nun wenig oder
viel Mangan in dem Stahl enthalten sein. Daraus muß man folgern, daß
Chrom in Verbindung mit Wolfram der Hauptträger der neu entdeckten
Eigenschaft der Rotwarmhärte ist und nicht das Mangan.

Molybdän als Ersatz für Wolfram in Schnelldrehstählen.

§ 375. (1053—1054.) White und ich haben in unserer Patentschrift
behauptet, daß ein Molybdänzusatz einen solchen an Wolfram in dem
neuen Schnelldrehstahl ersetzen kann, und daß ein Teil Molybdän ungefähr die gleiche Wirkung wie zwei Teile Wolfram hat. Wir konstatierten
aber zugleich, daß Molybdän bei dieser Verwendung nicht als gleichwertig mit Wolfram angesehen werden kann. Wir wollen an dieser Stelle
unsere heutige Ansicht über die Verwendung von Molybdän in Schnelldrehstählen näher erläutern.

Ein Blick auf Tab. 112 wird dies deutlich machen. In der Kolonne
„Molybdän als Ersatz für Wolfram" sieht man, daß die Stähle Nr. 55
bis 63 einschließlich und besonders die unter Nr. 43, 54, 50 und 61
molybdänhaltige Stähle sind, mit denen wir während der Entwicklung
des Taylor-White-Verfahrens experimentiert und hohe Schnittgeschwindigkeiten erzielt haben. Ein Gehalt von 4—4,5 % Molybdän schien
genügend zu sein, um einen Schnelldrehstahl herzustellen, während ungefähr 8 % Wolfram zur Erreichung desselben Zweckes nötig waren.
Aber die den einzelnen Stählen beigegebenen Anmerkungen lassen er-

kennen, daß sie brüchig waren, zu Feuerrissen neigten, im Schaft schwach oder sonst bezüglich der Schnittgeschwindigkeit ungleichmäßig waren. Alle diese Fehler sind sehr bedenklich und wurden damals wie auch heute noch von uns als so schwerwiegend angesehen, daß, wenn ein Stahl derartige Mängel deutlich erkennen ließ, wir ihn sofort von weiteren Versuchen ausschlossen, weil er nicht unter die erstklassigen Werkzeugstähle gerechnet werden darf.

§ 376. (1055—1057.) Wenn wir von Ungleichmäßigkeit, diesem besonderen Merkmal der Molybdänstähle, sprechen, so meinen wir damit, daß Stähle von gleicher chemischer Zusammensetzung bei gleicher Herrichtung sehr erhebliche Abweichungen in der Schnittgeschwindigkeit zeigen. Es ist uns bisher nicht gelungen, mit Sicherheit die Ursache dieser Ungleichmäßigkeit bei diesen Stählen festzustellen. Eine Erklärung mag darin liegen, daß Molybdänstähle ihre höchste Schnittgeschwindigkeit erreichen lassen, wenn ihre Warmbehandlung bei einer sehr hohen Temperatur erfolgt, die etwas niedriger sein muß, als die bei der Behandlung von Wolfram-Chromstählen benötigte. Es ist möglich, daß Molybdänstahl, wenn nicht genau bei dieser hohen Temperatur behandelt, an seinen guten Eigenschaften einbüßt.

Eine der wertvollsten Eigenschaften der modernen Chrom-Wolfram-Schnelldrehstähle ist, daß sie wenig oder gar keine Geschicklichkeit seitens des Schmiedes erfordern bei ihrer Erhitzung bis nahe zum Schmelzpunkt und daß die Stähle leicht durch ihr Aussehen erkennen lassen, wann der zutreffende Erhitzungsgrad erreicht ist. Überdies ist es unmöglich, die Schnittgeschwindigkeit dieser Stähle zu beeinträchtigen, selbst wenn sie derartig erwärmt werden, daß die dünnen oder scharfen Ecken anfangen zu schmelzen. Es ist außerordentlich schwierig mit dem bloßen Auge genau eine hohe Temperatur zu beurteilen, die in der Höhe des Schmelzpunktes des zu behandelnden Stahles liegt. Würde daher ein Stahl eine solche genau einzuhaltende Temperatur bei seiner Warmbehandlung erfordern, bei deren Überschreiten er verdorben sein würde, so wäre viel von dem Wert dieser Schnelldrehstähle verloren.

Hiernach scheint die Annahme gerechtfertigt, daß die Unzuverlässigkeit der Molybdänstähle hauptsächlich ihren Grund darin hat, daß zu ihrer sachgemäßen Warmbehandlung ein bestimmter Grad der Erwärmung, erheblich unter dem Schmelzpunkt, erforderlich ist, der eben sehr schwer zu treffen ist. Eine derartige Rücksicht erfordern die Wolfram-Chromstähle nicht, weil der Stahl leichter erkennen läßt, wann er bis zu dem gewünschten Wärmegrad, dicht bei dem Schmelzpunkt, erhitzt ist. Die besten Schnittgeschwindigkeiten der Stähle werden eben erzielt, wenn sie einer Temperatur, die dem Schmelzpunkt nahekommt oder gleich ist, unterworfen worden sind.

Vergleich zwischen dem besten modernen Schnelldrehstahl und dem Original Taylor-White-Schnelldrehstahl.

§ 377. (1058—1059.) Es dürfte von Interesse sein, einen Vergleich zu ziehen zwischen den verschiedenen Eigenschaften und der chemischen Zusammensetzung von Schnelldrehstählen, wie sie von uns zur Zeit der Anmeldung unseres Patentes hergestellt wurden und solchen, die bisher als die besten in ihrer Art auf den Markt gekommen sind. Die Stähle Nr. 26 und 27, Tab. 112 sind die von uns in der Patentschrift empfohlenen. Ein Vergleich ihrer Schnittgeschwindigkeiten einerseits bei der Bearbeitung mittelharten Stahles und andererseits bei der von hartem Gußeisen und sehr hartem Stahl zeigt, daß Nr. 26 besseres leistete bei der Bearbeitung letztgenannter Materialien, während Stahl Nr. 27 höhere Schnittgeschwindigkeit erreichen ließ bei mittelhartem und weichem Stahl. So war es denn zur Zeit unserer Patentanmeldung noch notwendig, daß eine Werkstatt, um allen Anforderungen entsprechen zu können, zwei Stahlsorten von verschiedener chemischer Zusammensetzung führen mußte.

Der Stahl Nr. 1, der beste Schnelldrehstahl, der uns im Jahre 1906 zur Verfügung stand, zeigt, daß er eine höhere Schnittgeschwindigkeit besitzt bei der Bearbeitung sämtlicher Qualitäten von Material als irgend ein anderer. Ein Vorteil des neuesten Schnelldrehstahles liegt also darin, daß ein Stahl alle nur wünschenswerten Eigenschaften in sich schließt und daß daher eine Werkstatt nur eine Stahlsorte als Normalstahl zu führen braucht.

§ 378. (1060.) Wir sprachen in dem § 342 von Rotwarmhärte als der charakteristischen Eigenschaft moderner Schnelldrehstähle. In Fig. 109 findet sich das Bild eines Stahles, der in hohem Grade Rotwarmhärte besitzt, während er zugleich so weich ist, daß er sich leicht mit der Feile bearbeiten ließ, nachdem er mit hoher Schnittgeschwindigkeit gute Arbeit geleistet hatte. Während man darnach streben muß, die genannte Eigenschaft den Schnelldrehstählen zu verleihen, so ist nichtsdestoweniger für bestimmte Arbeiten, z. B. das Abdrehen sehr harter Stahl- und Gußeisensorten, eine Vereinigung der Eigenschaft der Rotwarmhärte mit der der Härte sehr erwünscht. Der Hauptunterschied zwischen den Stählen Nr. 26 und 27 liegt darin, daß der erstere beide Eigenschaften in sich vereinigt, während der letztere bei geringerer Härte erheblich höhere Rotwarmhärte aufweist als Nr. 26. Es lassen sich daher auch mit Stahl Nr. 26 harter Stahl und hartes Gußeisen mit erheblich höheren Schnittgeschwindigkeiten bearbeiten, weil er die Eigenschaften der Härte und Rotwarmhärte gleichzeitig besitzt. Es muß aber dabei berücksichtigt werden, daß in dem gewöhnlichen Werkstattbetrieb $^9/_{10}$ aller Schrupparbeit an mittelhartem und weichem Material zu geschehen hat. Es verbleibt daher für die Qualität Schnelldrehstahl, für die eine Vereinigung der beiden besprochenen Eigenschaften wünschenswert oder nötig ist, ein verhältnismäßig kleines Arbeitsfeld.

§ 379. (1061—1064.)   In einer Beziehung versagten die Stähle Nr. 26 und 27 gleichmäßig. Während sie nämlich beim Schruppen weichen Materials im Verhältnis eine gleiche Erhöhung der Schnittgeschwindigkeit bei kleinem oder großem Vorschub erreichen ließen, so konnte man mit ihnen beim Bearbeiten auch nur mittelharten Stahles eine nur sehr wenig erhöhte Schnittgeschwindigkeit bei einem Vorschub von weniger als 1,6 mm als bei einem Vorschub von 1,6 mm erreichen. Dies ist tatsächlich ein bedenklicher Nachteil unserer Schnelldrehstähle, weil im allgemeinen in den Werkstätten der Vorschub geringer als 1,6 mm zu sein pflegt.

Stähle, die ihrer chemischen Zusammensetzung nach der unter Nr. 1 gegebenen entsprechen, zeigten (siehe auch §§ 326—327) bei den neuerdings (1906) angestellten Versuchen, daß man mit ihnen im Verhältnis gleich erhöhte Schnittgeschwindigkeiten erreichen konnte, ob man nun sehr hartes Material mit kleinem Vorschub oder weiches Material mit dem gleichen Vorschub bearbeitete. Dies ist also ein zweiter Vorzug der neuesten Schnelldrehstähle gegenüber den zuerst hergestellten. Der Grund hierfür ist wiederum in dem Umstand zu suchen, daß die neuesten Stähle sehr hart sind und zugleich einen außerordentlich hohen Grad von Rotwarmhärte besitzen. Bezüglich der Härte aber sieht man, daß der Stahl Nr. 1 den ihm gleichwertigen Stählen in dieser Hinsicht nicht in dem Maße überlegen ist als in bezug auf die außerordentlich ausgeprägte Eigenschaft der Rotwarmhärte; die Erhöhung der Schnittgeschwindigkeit beim Bearbeiten mittelharten Stahles ist verhältnismäßig größer als die beim Schruppen harten Stahles.

Ein dritter Vorzug des Stahles Nr. 1 gegenüber den unter Nr. 26 und 27 verzeichneten ist der, daß er im Schaft zäher ist.

Die verbesserte Qualität des Stahles Nr. 1 gegenüber den Stählen Nr. 26 und 27 liegt aber ganz besonders in dem Umstande, daß der Stahl Nr. 1 einer Beschädigung durch Nachlässigkeiten, z. B. beim Schleifen auf dem Schleifstein, durch unangemessene Erwärmung oder durch Überhitzen beim Schruppen auf der Drehbank lange nicht in dem Maße ausgesetzt ist, als die Originalschnelldrehstähle. Stahl Nr. 1 kann eine außerordentlich starke Überhitzung beim Schleifen aushalten, ohne ernstlich beschädigt zu werden, während die Stähle Nr. 26 und 27 bei einer derartigen schlechten Behandlung sofort Schaden litten. Diesem Umstande entsprang mehr als irgend einem anderen der Mangel an Gleichmäßigkeit in dem Verhalten der ersten Schnelldrehstähle. Deshalb bedeutet der Stahl Nr. 1 einen höchst bedeutsamen Fortschritt in dem Bestreben vor allem ein durchaus gleichmäßiges Material zu erhalten.

§ 380. (1065—1066.) In unserer Patentschrift und in vorstehenden Ausführungen haben wir schon auf den guten Einfluß der zweiten Warmbehandlung, die bei niederen Temperaturen vorgenommen wird, hingewiesen. Die Erhöhung der Schnittgeschwindigkeit ist größer bei den Originaldrehstählen Nr. 26 und 27 (Tab. 112) als bei unserem neuesten Schnelldrehstahl Nr. 1 (Tab. 110). Bei den erstgenannten Stählen bewirkte in manchen Fällen die zweite Warmbehandlung eine Erhöhung der Schnittgeschwindigkeit bis zu $30\,^0/_0$, während die Stähle von dem Typ Nr. 1 bei der gleichen Behandlung selten mehr als $10\,^0/_0$ an Schnittgeschwindigkeit gewannen, häufiger aber weniger.

Alles in allem genommen erblicken wir hierin eine außerordentliche Verbesserung der neuesten Schnelldrehstähle gegenüber den früheren, weil diese neueren Stähle selbst ohne zweite Warmbehandlung bei weitem sich als gleichmäßiger erweisen als die zuerst hergestellten Schnelldrehstähle. Von denen, die unrechtmäßigerweise das Verfahren zur Herstellung von Schnelldrehstählen übernahmen, indem sie die Stähle bis nahe an den Schmelzpunkt erhitzten, haben nur wenige früher oder jetzt die zweite Warmbehandlung angewandt, es sei denn, daß der Stahl gelegentlich oder zufälligerweise durch seine Erwärmung beim Schleifen oder durch die Erhitzung unter dem Schnittdruck auf der Drehbank diese Behandlung erfahren hat. Der einzige Nachteil des Stahles Nr. 1 gegenüber den Stählen Nr. 26 u. 27 ist der, daß sie schwieriger zu verschmieden sind bei den früher angewandten Schmiedetemperaturen, besonders in leichter Kirschrothitze.

§ 381. (1067—1069.) Wir haben schon darauf hingewiesen, daß der Ersatz des Mangans durch Chrom sowohl bei den älteren selbsthärtenden Stählen als auch bei den Schnelldrehstählen die Wirkung hat, den Stahl bei erheblich höheren Temperaturen verschmieden zu können als bei beginnender Kirschrothitze, ohne Gefahr zu laufen, daß er brüchig wird. Das heißt also, daß der Chromzusatz und das Fehlen von Mangan im Stahl das Material vor Warmbruch schützt, er wird also nicht brüchig beim Schmieden, auch wenn er hoch erhitzt ist.

Stahl Nr. 1 enthält $5^1/_2$—$6\,^0/_0$ Chrom, und der hohe Gehalt an diesem Bestandteil hat die sehr wertvolle Wirkung, daß der Stahl sich bei einer sehr hohen Hitze schmieden läßt, die tatsächlich nicht weit unter dem Schmelzpunkt liegt. Da jedoch die Gefahr der Beschädigung des Stahles bei solch außerordentlichen Temperaturen immerhin groß ist, so empfehlen wir denselben in leichter Gelbhitze zu verschmieden. In solcher Hitze lassen sich Stähle mit $5^1/_2$—$6\,^0/_0$ Chrom, die im übrigen entsprechend der chemischen Analyse des Stahles Nr. 1 zusammengesetzt sind, leichter schmieden als die ursprünglichen Schnelldrehstähle Nr. 26 und 27 und die Stähle, die in die Reihe zwischen Nr. 2 und 23 gehören, welche weniger als $5\,^0/_0$ Chrom enthalten. Dies ist ein weiterer und großer Vorteil des Stahles Nr. 1 gegenüber den anderen neueren Schnelldrehstählen.

Man soll daher Stähle von der Zusammensetzung wie die des Stahles Nr. 1 bei leichter Gelbhitze schmieden.

§ 382. (1070—1077.) Zusammenfassend sind also als Vorzüge des neueren Schnelldrehstahles gegenüber dem ursprünglichen Schnelldrehstahl zu nennen:

A. Erheblich höhere Gleichmäßigkeit, weil weniger leicht zu beschädigen beim Schleifen und im täglichen Gebrauch.

B. Eine um 50% erhöhte Schnittgeschwindigkeit.

C. Die höchste Schnittgeschwindigkeit läßt sich erreichen auch ohne die zweite Warmbehandlung bei niederer Temperatur.

D. Der gleiche Stahl vereinigt in sich einen hohen Grad von Rotwarmhärte und Härte, so daß nur eine Qualität Schnelldrehstahl als Normalstahl für die Werkstätten benötigt wird.

E. Die Vereinigung der unter D genannten beiden Eigenschaften macht es möglich, im Verhältnis gleichmäßig an Schnittgeschwindigkeit zu gewinnen beim Bearbeiten harten als auch weichen Materials bei kleinem Vorschub.

F. Größere Zähigkeit des Stahlkörpers.

Der einzige Nachteil besteht in der größeren Schwierigkeit, den Stahl bei Kirschrothitze zu verschmieden. Wenn der Schmied aber gelernt hat, den Stahl in leichter Gelbhitze zu verarbeiten, so lassen sich diese Stähle leichter schmieden als die ursprünglichen Schnelldrehstähle.

§ 383. (1078.) In § 345 sagten wir schon, daß seit Veröffentlichung unseres Patentes keinerlei Verbesserung erfunden worden ist bezüglich der Warmbehandlung von Schnelldrehstählen. Die ganze Überlegenheit des Stahles Nr. 1 (Tab. 110) gegenüber den ursprünglichen Schnelldrehstählen beruht also ganz und gar in der chemischen Zusammensetzung. Es dürfte daher von Interesse sein, die veränderte Zusammensetzung dieser Stähle vorher zu erläutern und soweit als möglich die Ursache und Wirkung der Veränderung in jedem einzelnen Bestandteil nachzuweisen.

Hauptsächliche Unterschiede in der chemischen Zusammensetzung bester moderner Schnelldrehstähle, verglichen mit Original-Taylor-White-Drehstahl.

§ 384. (1079—1080.) In unserer Patentschrift, die den ersten Schnelldrehstahl beschreibt, geht unser Anspruch kurz gesagt dahin, daß $^1/_2\%$ Chrom oder mehr mit 1% Wolfram oder mehr in dem Material vorhanden sein sollen und daß der Stahl nach den von uns angegebenen Verfahren einer Warmbehandlung zu unterwerfen ist usw. Wir legten zugleich fest, daß die besten der von uns hergestellten Stähle 2—$3{,}8\%$ Chrom anstatt nur $0{,}5\%$ Chrom und 8—$8{,}5\%$ Wolfram enthielten anstatt nur 1%.

Die hauptsächliche seitherige Änderung der chemischen Zusammensetzung der Schnelldrehstähle ist darauf hinausgegangen, den prozentualen Chrom- und Wolframgehalt noch weiter zu erhöhen, so daß die Stähle nicht mehr den von uns empfohlenen Gehalt von 3,8% Chrom führen, sondern jetzt 5,5—6% Chrom und 18—19% Wolfram (statt nur 8,5%) enthalten. Diese erhebliche Steigerung des Gehaltes an diesen beiden Bestandteilen hat die Rotwarmhärte des Stahles um 50% erhöht und zugleich die Härte des Materials wesentlich gesteigert gegenüber der unseres ursprünglichen Schnelldrehstahles Nr. 27. Es ist aber bemerkenswert, daß der Stahl an Rotwarmhärte einbüßt, wenn der Prozentsatz an Wolfram erheblich über 19% hinausgeht und ebenso, wenn der Chromgehalt steigt. Zum Beweis braucht man nur die Schnittgeschwindigkeiten des Stahles Nr. 14, der 24,64% Wolfram und 7,02% Chrom enthält, mit der Schnittgeschwindigkeit und chemischen Zusammensetzung des Stahles Nr. 1 zu vergleichen. Das Material der Stähle, die derartig hohe Gehalte an Chrom und Wolfram aufweisen, scheint an den Schneidkanten leicht beschädigt oder deformiert werden zu können, besonders beim Abdrehen dünnerer Späne.

§ 385. (1081.) Ein hoher Mangan- oder Kohlenstoffgehalt scheint gleicherweise die Härte des Stahles zu erhöhen, macht denselben aber auch besonders beim Schmieden über Kirschrotglut brüchiger. Deshalb schrieben wir auch bei unseren ersten Taylor-White-Stählen einen niedrigen Mangangehalt (0,15%) vor. Für alle neueren Schnelldrehstähle ist diese Vorschrift zur Regel geworden.

§ 386. (1082—1085.) Die in unserem Patent empfohlenen Stähle enthielten bis zu 1,85% Kohlenstoff. Diesen Bestandteil findet man in den neuesten Schnelldrehstählen in erheblich geringeren Mengen, weil wir schon in unserer Patentschrift nachgewiesen haben, daß Rotwarmhärte weder von einem hohen Kohlenstoffgehalt noch von sehr niedrigem (0,86%) wesentlich beeinflußt wird. Würde man reichlich Mangan oder Kohlenstoff (bis zu 1,85%) dem Stahl zusetzen neben 5$\frac{1}{2}$% Chrom und 19% Wolfram, so würde der Stahl brüchig werden und außerdem auch schwer zu schmieden sein. Der hohe Mangangehalt besonders würde die Rotwarmhärte eher vermindern als erhöhen. Die neuesten Schnelldreh-, stähle enthalten daher so wenig Mangan, als praktisch nur möglich ist, soweit es die Zusammensetzung des Einsatzes und die Rücksicht auf den Schmelzprozeß zuläßt.

Wir haben neuerdings mit Schnelldrehstählen Versuche angestellt, deren Kohlenstoffgehalt zwischen 0,32—1,28% schwanken. Wir können aus diesen Versuchen den Schluß ziehen, daß die Rotwarmhärte des neuesten Schnelldrehstahles nicht merklich innerhalb dieser Grenzen beeinflußt wird von einem hohen oder niedrigen Kohlenstoffgehalt. Die Härte des Stahles wird aber durch den Kohlenstoffgehalt bedingt und wie früher schon erwähnt, ist ein gewisser Grad von Härte aus verschiedenen Gründen eine wichtige Eigenschaft der Schnelldrehstähle.

Der Kohlenstoffgehalt des modernen Schnelldrehstahles scheint demnach seiner Höhe nach von zwei Gesichtspunkten aus beurteilt werden zu müssen: einerseits ist ein höherer Kohlenstoffgehalt nötig, um dem Material die wünschenswerte Härte zu geben, andererseits muß der Kohlenstoffgehalt niedrig bleiben, damit der Stahl sich besser schmieden läßt und zäh bleibt.

Die Analyse des Stahles Nr. 1, des besten, mit dem wir Versuche gemacht haben, weist 1,68 % Kohlenstoff auf, und wir empfehlen, für einen Schnelldrehstahl nicht weniger als 0,5 % Kohlenstoff vorzusehen.

§ 387. (1068.) Ein Bestandteil von untergeordneter Bedeutung als die vorher genannten, der aber trotzdem wohl beobachtet werden muß, ist Silicium. Von anderer Seite ist verschiedentlich behauptet worden, Silicium beeinflusse das Material dahin, daß damit höhere Schnittgeschwindigkeiten erzielt werden könnten. Bei unseren Versuchen haben wir den Einfluß des Siliciums sehr genau studiert und sind zu der Überzeugung gekommen, daß es im Gegenteil die Schnittgeschwindigkeiten herabmindert, besonders bei der Bearbeitung harten Materials. Wir empfehlen daher gemäß unserer Patentschrift einen niedrigen Siliciumgehalt, 0,15 %, und man kann allgemein sagen, daß ein geringer Prozentsatz dieses Bestandteiles eine charakteristische Eigenschaft der meisten neueren Schnelldrehstähle ist.

§ 388. (1087.) Unsere Versuche haben bewiesen, daß ein hoher Gehalt an Phosphor und Schwefel den Schnelldrehstählen weniger gefährlich ist als den früher verwandten Werkzeugen aus Tiegelgußstahl. Aber immerhin üben diese Bestandteile doch einen gewissen üblen Einfluß auf den Stahl aus. Wir empfehlen daher, daß man zur Fabrikation von Schnelldrehstählen ein möglichst phosphor- und schwefelfreies Rohmaterial benutze, besonders da durch den hohen Zusatz an Chrom und Wolfram das Einsatzmaterial für Schnelldrehstähle außerordentlich kostspielig wird.

Verbesserung durch Zusatz von Vanadium.

§ 389. (1088—1090.) Keinem Fabrikanten von Werkzeugstahl ist es unbekannt, daß die chemische Analyse für sich allein noch nicht das Gelingen der guten Ware verbürgt. Es sind noch manche andere außerhalb des Laboratoriums liegende Punkte, welche berücksichtigt werden müssen.

Die Mischung der Zutaten muß eine durchaus gründliche sein, damit eine richtige Legierung zwischen Eisen, Kohlenstoff, Wolfram und Chrom zustande kommt, ohne daß eine Oxydation des Bades auftritt. In richtiger Weise muß das flüssige Metall in die in passender Größe ausgewählten Coquillen ausgegossen und nachher während des Hämmerns sorgfältig in Temperatur gehalten werden. Alle diese Punkte beeinflussen die Qualität ebensogut wie die chemische Zusammensetzung.

Eine Prüfung der Stähle Nr. 1 und Nr. 19 in der Tabelle 110 leitet ebenfalls zu der Überzeugung, daß irgend etwas anderes als nur die chemische Analyse die Schnittgeschwindigkeit modifiziert. Besonders fällt dies bei Vergleich der Analyse Nr. 3 und Nr. 5 auf, deren chemische Zusammensetzungen fast gleich sind, während Nr. 3 eine wesentlich bessere Schnittgeschwindigkeit aufweist.

§ 390. (1091—1093.) Vielleicht der wichtigste dieser Nebeneinflüsse auf die Qualität des Stahles ist die Vorsorge, daß alle die in der Analyse nicht ausgedrückten Unreinlichkeiten insbesondere die verborgenen Oxyde beim Schmelzen und Ausgießen bzw. Abschlacken entfernt werden. Es sind bei den Stahlfabrikanten zur Erreichung dieses Zweckes die verschiedensten Mittel im Gebrauch, die zum Teil als Geschäftsgeheimnis bewahrt werden. Der Verfasser glaubt das beste Heilmittel gegen unreine Chargen in Anwendung des Vanadiums als Reinigungselement bekannt gegeben zu haben. Zwar berichtet Herr James M. Gledhill in seiner Schrift „Die Entwicklung und Verwendung des Schnellarbeitsstahles", veröffentlicht im „Journal of the Iron and Steel Institute, Jahrgang 1904", daß Vanadium als Ersatz von Chrom einen Drehstahl mit guten Schneideigenschaften für Bearbeitung von Stahl lieferte, welcher aber kaum besser war als der Stahl mit Chrom statt Vanadium.

Unsere Beobachtungen weisen darauf hin, daß das Vanadium nicht als Substitut, sondern als Zusatz, und zwar in der geringen Menge von 0,15 bis 3,35 % als Reinigungsmittel sehr gute Dienste leistet. In den geringen Mengen bis zu 0,30 % zugesetzt vereinigt sich das Vanadium wahrscheinlich mit den schädlichen Oxyden und geht mit diesen in die Schlacke; denn es verschwindet dann in der Analyse des fertigen Stahles. Uns ist ein Werk bekannt, das den Stahl Nr. 1 der Tabelle 110 herstellte und eine nicht geringe Erhöhung der Schnittgeschwindigkeit durch einen geringen Zusatz von Vanadium erreichte.

Die in diesem Werk hergestellten beiden Stähle Nr. 18 und 19 unterscheiden sich ebenfalls nur dadurch, daß der eine einen geringen Vanadiumzusatz enthält.

§ 391. (1094.) Wir wollen den Gegenstand der chemischen Zusammensetzung nicht schließen, ohne der Überzeugung Ausdruck zu geben, daß wir die chemische Zusammensetzung des Stahles Nr. 1 durchaus nicht als die für alle Zeiten beste ansehen; im Gegenteil, wir erwarten die sehr wünschenswerte Entdeckung einer mehr ökonomischen Stahlsorte von der Zukunft, welches Ziel wir für den wichtigsten Punkt in der Entwicklung der Schnelldrehstähle halten.

Theorie der Stahlhärtung.

Forschungen zur Untersuchung der Vorgänge beim Hocherhitzen des Chrom-Wolframstahles.

§ 392. (1095—1098.) Oben beschriebene Erscheinungen der Chrom-Wolfram- und Chrom-Molybdänstähle bei der Warmbehandlung sind nach des Verfassers Meinung theoretisch noch nicht völlig aufgeklärt worden. Forschungen sind über diesen Gegenstand von Otto Böhler in seiner Schrift „Wolfram- und Rapid-Stahl", Wien 1903, veröffentlicht; ferner haben die Herren Osmond and H. Le-Chatelier, beide als gründliche Forscher auf metallurgischem Gebiet bekannt, diesen Gegenstand behandelt. Weitere Beiträge lieferten J. E. Stead, in seiner Diskussion in dem „Report of the Alloys Research Commitee of the Institution of Mechanical Engineers". Die modernste und gründlichste Arbeit ist von Prof. H. C. H. Carpenter vom physikalischen Staatslaboratorium in England geliefert und im „Journal of the Iron and Steel Institute" veröffentlicht. In allen diesen Artikeln wird von dem Leser ein gewisses Vertrautsein mit dem Gegenstand vorausgesetzt, da technische Ausdrücke und Symbole angewendet werden, die zwar den Metallurgen das Studium erleichtern, aber für einen nicht auf diesem Spezialgebiete tätigen Ingenieur nicht ohne eingehendes Studium verständlich sind. Die vorliegende Schrift soll nicht nur von dem mit der Sache vertrauten Ingenieur gelesen werden, sondern insbesondere von Werkstättenleitern, Meistern und Vorarbeitern, von denen doch nur die wenigsten mit der wissenschaftlichen Metallurgie vertraut sind. Der Verfasser will deshalb versuchen, in folgendem eine allgemeinverständliche Erklärung der wichtigsten durch die obengenannten Herren gemachten Entdeckungen zu geben.

Die angelassenen oder Kohlenstoffstähle enthalten 0,75—1,5 % Kohlenstoff, dem kleine Quantitäten von Silicium, Mangan und leider auch Phosphor und Schwefel beigemengt sind. Die Härte dieser Sorte von Stählen hängt hauptsächlich vom Kohlenstoff ab und dieser kommt im allgemeinen in zwei verschiedenen Formen im Stahl vor, von denen die eine Form „härtender Kohlenstoff" und die andere Form „weichmachender Kohlenstoff" genannt werden mag. Die technischen Ausdrücke für diese zwei Zustände sind „Cementit" und „Pearlit". Der im Handel vorkommende Walzstahl enthält den Kohlenstoff in der Form des weichmachenden.

Zum Zweck der Härtung muß der Stahl, wie bekannt, über eine bestimmte Temperatur erhitzt werden; diese Temperatur schwankt gemäß dem Gehalt von Kohlenstoff, Mangan und Silicium, ist jedoch ziemlich nahe 786⁰ C. Wenn die Stähle etwas über diese Temperatur erhitzt werden, wird der weichmachende Kohlenstoff ganz in härtenden Kohlenstoff umgewandelt, was eine gewisse Zeit beansprucht. Wenn dann der Stahl langsam unter 760⁰ abgekühlt wird, verwandelt sich der härtende Kohlenstoff wieder in weichmachenden. Dieser Wechsel vom härtenden zum weichmachenden Kohlenstoff und umgekehrt findet immer statt, wenn der Stahl über 786⁰ erhitzt, beziehungsweise unter 760⁰ abgekühlt wird.

Daß die Kohlenstoffstähle (Tiegelgußstähle) überhaupt gehärtet werden können, ist zweifellos dem Umstand zu verdanken, daß die Umwandlung des härtenden Kohlenstoffs in den weichmachenden eine gewisse Zeit bedarf.

Werden nämlich die über 786⁰ erhitzten Stähle plötzlich in Wasser oder in anderem Kühlmedium bis unter 200⁰ abgekühlt, so ist für die erwähnte Umwandlung keine Zeit vorhanden; der härtende Kohlenstoff ist dann in gefangenem Zustand, in welchem er so lange verbleiben muß, als die Temperatur unter 200⁰ bleibt. Wenn der Abkühlungsprozeß von 760⁰ bis unter 200⁰ jedoch an irgend einem Punkte auch nur für kurze Zeit unterbrochen wird, so wird in stärkerem oder schwächerem Umfange die Verwandlung von härtenden in weichmachenden Kohlenstoff vor sich gehen.

Plötzlich abgekühlte und damit völlig harte Stähle sind für den praktischen Gebrauch zu brüchig. Sie müssen daher weichgemacht oder durch Wiedererwärmen bis auf irgendeine Temperatur über 200⁰ „angelassen‟ werden. Je höher der Stahl erwärmt wird, desto weicher wird er, bis bei 315⁰ vollständige Erweichung eingetreten ist.

§ 393. (1099—1101.) Le Chatelier hat mit seinem außerordentlich empfindlichen Pyrometer nachgewiesen, daß bei der Umwandlung von härtenden in weichmachenden Kohlenstoff durch molekulare Strukturveränderung eine innere Erwärmung des Stahles auftritt. Diese innere Erwärmung bei 760⁰ hält nicht nur den Abkühlungsprozeß auf, sondern kann in gewissen Fällen sogar eine Temperaturerhöhung des Stahles verursachen. Man hat daher diesen Temperaturzustand „Wiedererwärmungspunkt‟ oder „kritischen Punkt‟ genannt. Die letztere Bezeichnung halte ich für die bessere.

Alle Werkzeugstähle, auch die Schnelldrehstähle, haben wenigstens einen kritischen Punkt oder Zustand, bei welchem stets eine innere Molekularveränderung vor sich geht. Bei den gewöhnlichen Tiegelgußstählen bewegt sich der untere kritische Punkt von 200—315⁰, während der obere kritische Punkt, bei welchem sich der weichmachende Kohlenstoff in härtenden umwandelt, bei 786⁰ liegt. Die kritischen Punkte treten an verschiedenen Temperaturen beim Erwärmungsprozeß und beim Abkühlungsprozeß auf (s. Fig. 114 und 115).

Bei Vergleich der kritischen Punkte in der Erwärmungskurve (Fig. 114 und 115 rechts von der vertikalen Linie) mit den kritischen Punkten der

Abkühlungskurve (links von der vertikalen Linie) findet man, daß der hauptsächliche kritische Zustand beim Erwärmungsprozeß höher liegt als beim Abkühlungsprozeß. Für den Praktiker ist der erstere von weit größerem Interesse, da man über diesen Punkt hinaus erwärmen muß, um einen durch und durch harten Stahl jedoch mit feinem Korn und ohne Neigung zum Zerbrechen, zu erhalten.

§ 394. (1102—1106.)   Alle Forscher auf diesem Gebiete stimmen darin überein, daß die Härte der älteren selbsthärtenden Stähle bezüglich ihrer Schneidfähigkeit hauptsächlich vom Kohlenstoffgehalt abhängig ist.

Wir haben unsererseits darauf aufmerksam gemacht, daß die Umwandlung von härtenden in weichmachenden Kohlenstoff bei gewöhnlichem Tiegelgußstahl in sehr kurzer Zeit vor sich geht. Je nach Größe der Stähle sind hierzu wenige Sekunden oder Minuten erforderlich. Die Anschauung, warum bei den selbsthärtenden Stählen die Umwandlung des härtenden Kohlenstoffes in weichmachenden beim kritischen Zustand im Abkühlungsprozeß nicht stattfindet, ist die, daß der härtende Kohlenstoff mit dem Wolfram und dem Mangan so innig vereinigt ist, daß die Umwandlung anstatt in wenigen Sekunden oder Minuten viele Stunden Zeit gebraucht.

Ein eben geschmiedeter Drehstahl wird meistens an der Luft in wenigen Minuten bis zur schwarzen Färbung abkühlen, so daß bei dem selbsthärtenden Stahl unter der gewöhnlichen Herrichtungsweise infolge des zurückhaltenden Einflusses von Wolfram und Mangan für den Kohlenstoff keine Zeit bleibt, aus dem härtenden in den weichmachenden Zustand überzugehen.

Wir glauben, daß diese Anschauungsweise durchaus richtig ist, soweit es sich um die gewöhnliche „Härte" handelt, wir möchten aber betonen, daß diese Erklärung durchaus nicht für die neue Erscheinung der „Rotwarmhärte", welche die charakteristische Eigenschaft der Schnelldrehstähle ist, genügt. Soweit uns bekannt, haben die meisten auf diesem Gebiete tätigen wissenschaftlichen Forscher diese beiden Eigenschaften durcheinander geworfen, indem sie die Eigenschaft der „Rotwarmhärte" genau der Eigenschaft der „Härte" gleichsetzten.

§ 395. (1107.)   Die meisten neueren Artikel über das Härten und Anlassen der Stähle laufen auf folgende zwei Untersuchungen hinaus:

a) den Einfluß der Warmbehandlung und chemischen Zusammensetzung auf die kristallinische Struktur mit Hilfe der mikroskopischen Untersuchung geätzter und polierter Metallscheiben (Schliffe) zu erkennen;

b) den Zusammenhang der erwähnten kritischen Temperaturen mit der deutlichen Veränderung der inneren Energie und des molekularen Auftretens des Kohlenstoffs im weichmachenden und im härtenden Zustand aufzudecken.

§ 396. (1108—1109.) Der Einfluß der kritischen Punkte läßt sich am besten durch graphische Aufzeichnung veranschaulichen. In den nebenstehenden Figuren sind die Abkühlungs- bzw. Erhitzungskurven verschiedener Stahlsorten dargestellt, und zwar sind als Ordinaten die Temperaturen von 1200⁰ bzw. 1100⁰ abwärts verzeichnet, während die Abszissen die Unterschiede in den Temperaturen zwischen den untersuchten Stahlstäben und einem unter ganz gleichen Bedingungen abgekühlten Platinzylinder darstellen. Diese Temperaturunterschiede werden durch ein Differentialgalvanometer gemessen, so daß die Abweichungen in der Abszissenrichtung den Ausschlägen des Galvanometers entsprechen. Tritt eine gleichmäßige Abkühlung der beiden Metalle ein, so wird die Linie etwa senkrecht verlaufen, während eine Abweichung von der Senkrechten eintreten muß, wenn eine Verzögerung oder Beschleunigung der Abkühlung oder Erhitzung der untersuchten Stahlsorte gegenüber dem Platin zu bemerken ist. Die Ausweichung nach der Horizontalen ist an den Stellen der kritischen Temperatur sehr deutlich zu erkennen.

§ 397. (1110-1112.) In Fig. 113 ist eine Abkühlungskurve der gewöhnlichen Tiegelgußstahlsorte und in Fig. 114 u. 115 sind Gruppen von Abkühlungs- und Erhitzungskurven für Schnelldrehstähle dargestellt. Alle Kurven lassen das Eintreten der kritischen Zustände sehr deutlich erkennen. Die Diagramme sind den Veröffentlichungen von Prof. Carpenter entnommen.

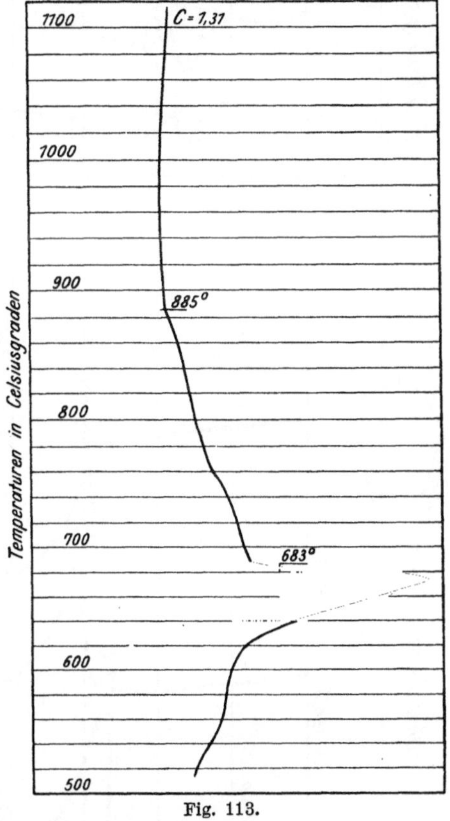

Fig. 113.

Die chemische Zusammensetzung der die Kühlkurven ergebenden Stähle in den Diagrammen Fig. 114 und Fig. 115 war die folgende:

	Fig. 114	Fig. 115
Kohlenstoff	0,85 ⁰/₀	0,55 ⁰/₀
Chrom	3,0 ⁰/₀	3,5 ⁰/₀
Wolfram	12,5 ⁰/₀	13,5 ⁰/₀

Links der vertikalen Linie sind die Kühlkurven und rechts die Erhitzungskurven verzeichnet. Die 5 Kurven stellen die Abkühlung nach einer Erhitzung von 900⁰, 1000⁰, 1100⁰ und 1200⁰ C dar; der Beginn

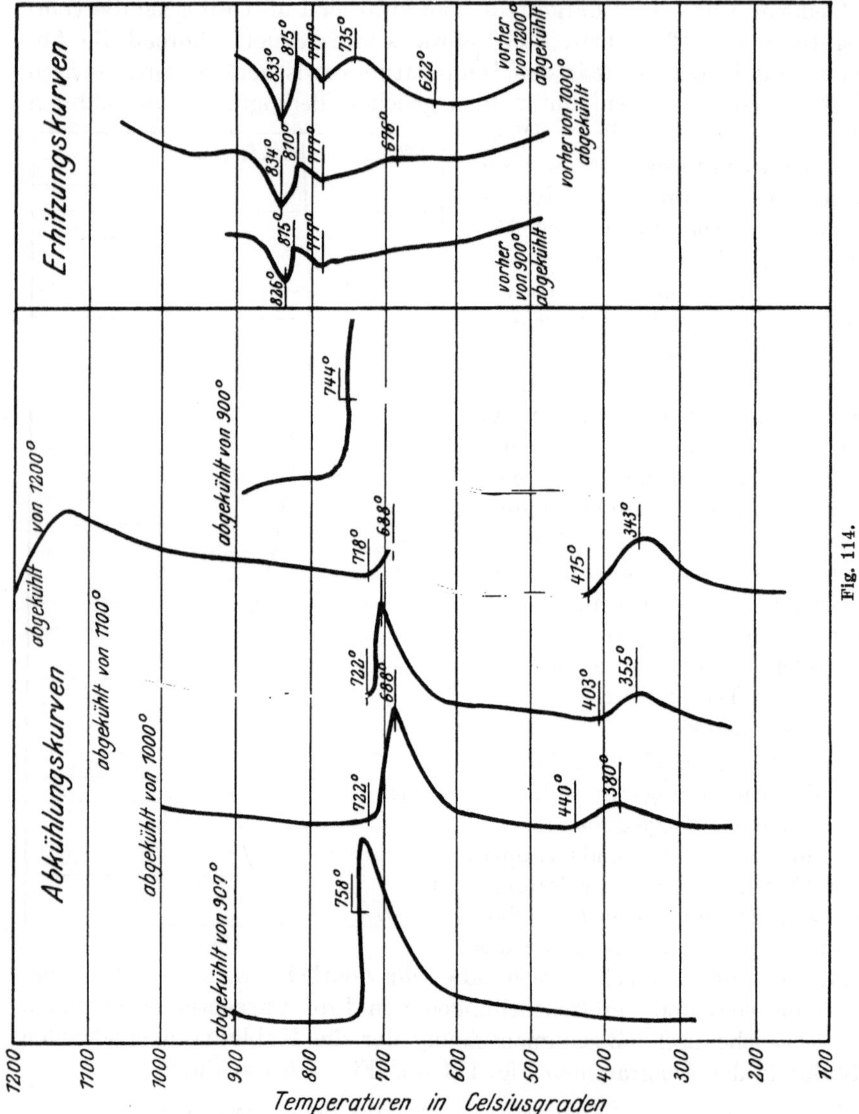

der inneren molekularen Arbeit (kritischer Zustand) fällt, wie ersichtlich, zwischen die Temperaturen von 740⁰ und 718⁰ C.

§ 398. (1113—1114.)   Bei den praktischen Erhitzungsversuchen ganzer Sätze von Stahlsorten, welche Herr White und der Verfasser, wie in

den §§ 40—41 beschrieben, unternahmen und die zur Entdeckung des
Schnellarbeitsstahles führten, wurde die Beobachtung gemacht, daß die
wesentliche Verbesserung der Schneidfähigkeit von 958⁰ aufwärts bis

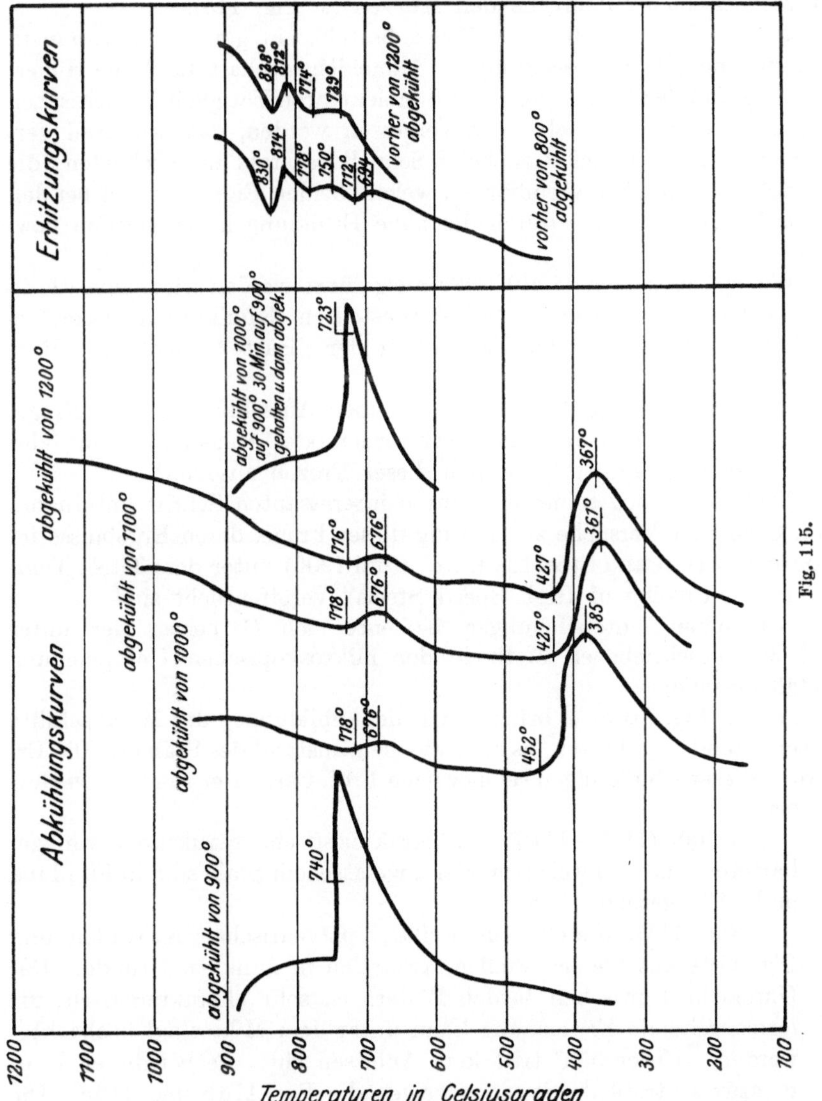

Fig. 115.

nahe an den Schmelzpunkt stattfand, und zwar wurde der Stahl um so
besser, je näher die Temperatur an den Schmelzpunkt heranreichte.

Man bemerke, daß die mit 900⁰ bezeichnete Kurve, bei welcher der
Stahl also gar nicht bis zu derjenigen Temperatur erhitzt wurde, bei

14*

welcher eine wesentliche Verbesserung der Schneidfähigkeit eintritt, eine viel stärkere Ausweichung der Kurve nach der Horizontalen und damit eine viel intensivere innere molekulare Arbeit aufweist als die den höher erhitzten Stählen entsprechenden Kurven (s. Fig. 115).

§ 399. (1115—1116.) Zweifellos besteht ein gewisser Zusammenhang zwischen der Verbesserung der Schneideigenschaft durch die Höhererhitzung und der Verminderung der molekularen Tätigkeit im kritischen Zustande; es darf jedoch nicht vergessen werden, daß wir zwei verschiedene gute Eigenschaften beim Schnelldrehstahl unterscheiden, die „Härte" und die „Rotwarmhärte", welche beiden Eigenschaften bei den Chrom-Wolfram-Stählen durch die hohe Erhitzung hervorgerufen bzw. verbessert werden.

Wie später in den §§ 401—402 ausgeführt werden wird, sind die in den besprochenen Diagrammen dargestellten Kühlkurven besonders wertvoll zur Erklärung der Eigenschaft der „Härte", nicht der „Rotwarmhärte".

Die Diagramme geben allerdings keinen Aufschluß über die Frage, bei welchen Temperaturen das Weichwerden oder Anlassen beginnt oder bis zu welchen Temperaturen sich dieser Prozeß ausdehnt.

Nach Abfassung seiner erwähnten interessanten Schrift unternahm Prof. Carpenter Versuche zur Lösung dieser Frage, deren Ergebnisse im „Journal of Iron and Steel Institute" (Juli 1906) unter dem Titel „Tempering and Cutting of High Speed Steels" veröffentlicht sind.

Bei seinen Untersuchungen bediente sich Carpenter der unter a) § 395 beschriebenen Methode der mikroskopischen Untersuchung (Metallographie).

In den Fig. 116a—e bringen wir die Abbildungen der Metallschliffe fortschreitend vom harten bis zum weichen Zustand des Stahles. Die Erklärung dieser Abbildungen sei hier nach Prof. Carpenter wörtlich wiedergegeben.

§ 400. (1117—1118.) „Charakteristische Strukturen von gehärtetem und von weichem oder angelassenem Stahl sind in Fig. 116a und 116e gezeigt.

Fig. 116a besteht aus weißen, polyedrischen Kristallen und Fig. 116e aus kleinen weißen Kristallen in dunklem Grunde. Der Unterschied zwischen beiden Bildern ist sehr charakteristisch; die fortschreitende Erweichung kann unter dem Mikroskop beobachtet werden. Unter 550⁰ tritt kein Anlassen ein; die bei dieser Temperatur auftretende Struktur zeigen die Fig. 116b und 116c. Die weißen Flächen stellen die noch harten Stellen dar, während bei den dunklen Stellen, von einzelnen Zentren ausgehend, die Erweichung begonnen hat. Bei 600⁰ (Fig. 116d) verschwinden die weißen Polyeder und die Struktur erscheint als eine gleichfarbige schlecht definierbare Masse, aus welcher alle Kristalle verschwunden sind. Die dunklen Striche zeigen wahrscheinlich die Ausgangszentren der Erweichung an. Bei 650° treten die kleinen weißen Kristalle in Erscheinung, ohne jedoch schon die festumgrenzte Form anzunehmen, welche bei 700° (Fig. 116d) auftritt."

§ 401. (1119—1121.) Prof. Carpenter untersuchte neun verschiedene Stahlsorten, die zum Teil dem besten modernen Schnellarbeitsstahl gleichkamen. Eine Stahlsorte erforderte besonders hohe Temperaturen zur Erweichung.

Die chemische Analyse dieses Stahles war:

	Nr. 8	Nr. 8 b
Kohlenstoff	0,47	0,43
Silicium	0,15	0,048
Schwefel	niedrig	0,012
Phosphor	niedrig	0,022
Mangan	0,1 bis 0,2	0,172
Chrom	2,99	3,103
Molybdän	4,29	4,172

Bei der Prüfung des Anlassens durch das Mikroskop ergab sich, daß dieser Stahl erst bei wesentlich höherer Temperatur erweichte als alle anderen, nämlich bei 930°, während die meisten anderen bereits bei 700° vollständig weich waren. Prof. Carpenter fertigte daraufhin eine Stahlsorte nach der zweiten oben angegebenen Analyse (8b) an und verglich die Schneidfähigkeit mit Schnelldrehstahl von ungefähr folgender Analyse:

Kohlenstoff	0,55 %
Chrom	3,5 %
Wolfram	13,5 %

Der Versuch ergab, daß der Stahl mit der hohen Erweichungstemperatur viel schlechtere Eigenschaften zeigte als die Schnelldrehstähle, welche bei 700° erweichten.

Er zeigte ferner, daß diese Untersuchungsmethode irgendeine praktische Beziehung zwischen den Schneideigenschaften und der mikroskopischen Struktur der Schnelldrehstähle nicht zutage gefördert hat, was auch mit den Beobachtungen des Verfassers und Herrn White übereinstimmt. Wir fanden, daß die mikroskopische Struktur vieler Schnelldrehstähle Austenit enthielt, das einen durch hohe Hitze verursachten Härtegrad anzeigte; andere Stähle zeigten wieder ein dem Aussehen der Carpenterschen Schliffe ähnliches Gefüge. Wenn auch unsere Untersuchungen in dieser Richtung bei weitem nicht so gründlich waren, als die von Prof. Carpenter, so überzeugten sie uns doch von der fehlenden Beziehung zwischen der Schneideigenschaft und der mikroskopischen Struktur.

§ 402. (1122—1124.) Prof. Carpenter hat allerdings die Beziehung der Eigenschaft der „Härte" mit der mikroskopischen Struktur, ebenso wie den Zusammenhang der „Härte" mit den Abkühlungskurven klargestellt; er hat aber ebenso wie andere Forscher auf diesem Gebiete die für den praktischen Wert der Schnelldrehstähle so außerordentlich wichtige Eigenschaft der „Rotwarmhärte" übersehen. Wohl kann die Eigenschaft der „Härte" mit der der „Rotwarmhärte" zusammenfallen, muß es jedoch nicht; es kann die Rotwarmhärte von einer ziemlich erheblichen Weichheit begleitet sein. Die guten Eigenschaften bezüglich der Schneidfähigkeit hängen jedoch wesentlich von dem Grad der Rotwarmhärte ab. Zur Illustration bringen wir die Fig. 109 in Erinnerung, welche den eingefeilten Strich gleich nach dem Arbeiten mit höchster Schnittgeschwindigkeit zeigt. Insbesondere weisen wir auch auf den Stahl Nr. 1 in Tabelle 110 hin, welcher den besten Schnellarbeitsstahl

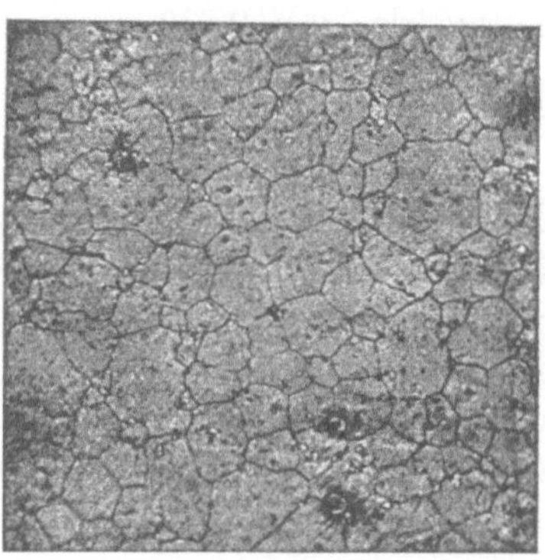

Fig. 116a.

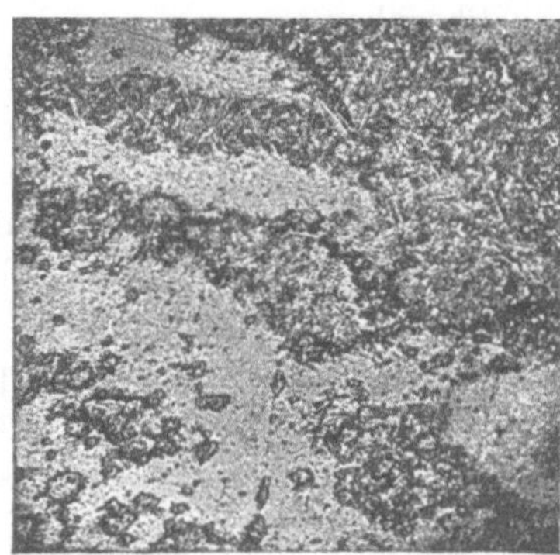

Fig. 116b.

repräsentiert und doch keine große Härte aufweist; er ist wesentlich weicher als der ältere naturharte Mushet-Stahl und alle Stähle, welche Molybdän als Zusatz enthalten.

Wir weisen auch auf die Beschreibung der mikroskopischen Bilder von Prof. Carpenter hin, in welcher ausgeführt wird, daß bei 550⁰ die die Härte kennzeichnende Struktur der Fig. 116a in den wesentlich weicheren Zustand der Fig. 116c übergegangen ist. Demgegenüber sei daran erinnert, daß in § 350 beschrieben ist, wie der allerbeste Schnelldrehstahl durch Wiedererwärmen auf 625⁰ erhalten wird, und zwar um den höchsten Grad der Rotwarmhärte zu erhalten. Wenn nun auf der einen Seite der Stahl, wie Prof. Carpenter berichtet, bei 550⁰ schon wesentlich erweicht ist und auf der anderen Seite der höchste Grad von Rotwarmhärte durch Wiedererwärmen auf 625⁰ erhalten wird, so ist klar, daß nicht nur ein großer Unterschied zwischen „Härte" und „Rotwarmhärte" des Werkzeugstahles besteht, sondern auch, daß diese Eigen-

schaften nicht durch die gleichen Temperaturen beeinflußt werden. Diese
Tatsache sollte bei Aufstellung aller Anschauungen berücksichtigt werden.

§ 403. (1125—1128.) Die beste Prüfmethode für Schnellarbeitsstähle ist von uns in sorgfältiger Härtung und nachheriger Untersuchung
auf Normalschnittgeschwindigkeit erkannt worden. Wir wollen diese
Methode kurz als „Härtung und Probelauf" bezeichnen. Durch

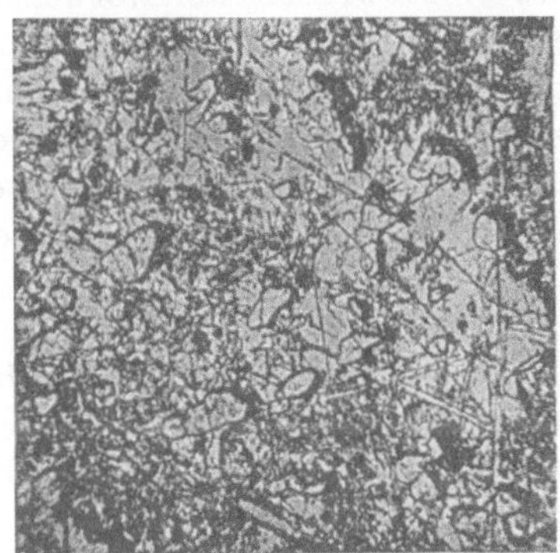

Fig. 116c.

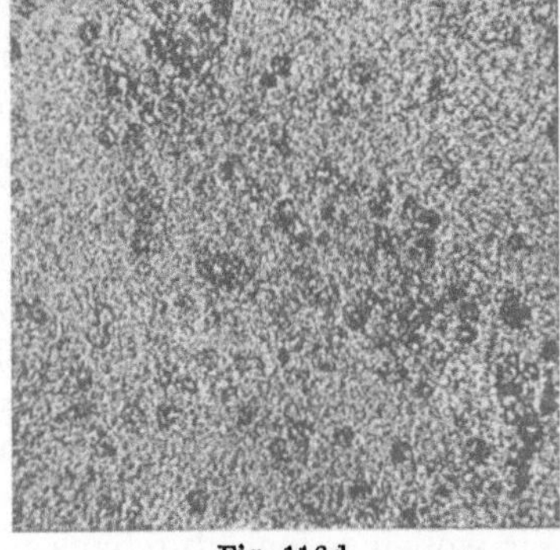

Fig. 116d.

diese Methode haben wir alle wichtigen Tatsachen in der Entwicklung
des Schnellarbeitsstahles gefunden, von denen die wichtigsten, wie folgt
charakterisiert sein mögen:

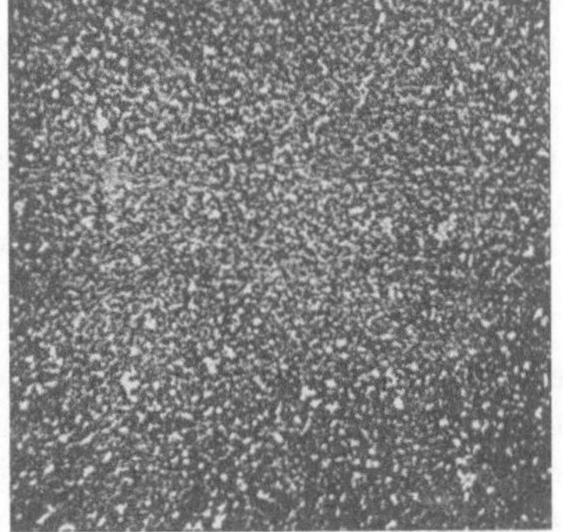

Fig. 116e.

a) Herstellung von Stählen
mit größter „Rotwarm-
härte" d. h. geeignet für
den Lauf mit der größten
Schnittgeschwindigkeit.

b) Bestimmung, bei welchen
Temperaturen und in
welcher Weise die Eigen-
schaft der „Rotwarmhärte"
sich ausgleicht oder ver-
schwindet.

Wie wir bereits festgestellt haben,
hat sich durch die Versuche vom Spät-
sommer 1906 die Behandlung durch „Härtung und Probelauf" allen
anderen Behandlungsweisen überlegen gezeigt. Dagegen haben wir die
unter b) aufgeführte Untersuchung über das Verschwinden der Rotwarmhärte seit 1898 nicht wieder durchgeführt. Es mag daher sein, daß die
neu entdeckten Schnelldrehstähle ihre Rotwarmhärte bei höherer Temperatur noch behalten als die Original Taylor-White-Stähle.

Unsere ursprünglichen Forschungen ergaben, daß die Rotwarmhärte
bei 650⁰ zu schwinden beginnt und bei 730⁰ vollständig verschwunden

ist. Nun ist aber in den Erhitzungskurven von Prof. Carpenter bei diesen Temperaturen kein kritischer Zustand zu erkennen; trotzdem nach unseren Beobachtungen diese die kritischen Temperaturen für die Erscheinung der Rotwarmhärte sein müssen. Prof. Carpenters neueste mikroskopische Forschungen zeigen radikale Strukturänderungen von 550^0-700^0; es korrespondiert also diese Zone der Härteveränderung nicht mit der von uns gefundenen Zone des Verschwindens der Rotwarmhärte. Nun sind aber die Temperaturen, bei welchen für die neuesten Schnelldrehstähle die Rotwarmhärte sich zu verschlechtern beginnt, mindestens so hoch, wenn nicht höher als bei dem Original Taylor-White-Stahl. Die von den wissenschaftlichen Forschern empfohlenen zwei Methoden der Untersuchung der hauptsächlichsten Eigenschaft des Schnellarbeitsstahles sind also unzureichend.

Wenn wir alle diese Tatsachen in Rücksicht ziehen, erscheint es zweifelhaft, ob der Kohlenstoff bezüglich der „Rotwarmhärte" die gleiche Rolle spielt als bezüglich der Härte und es mag die Frage aufgeworfen werden, ob die Rotwarmhärte mehr von den Elementen Chrom, Wolfram und Molybdän beeinflußt wird als vom Kohlenstoff.

Wir wollen jedoch durchaus nicht von der Forschungsmethode der Herren Prof. Carpenter, Osmond und Le Chatelier abraten; im Gegenteil halten wir die Entdeckung einer einfacheren Methode zur Bestimmung der Schneideigenschaften der Schnelldrehstähle als die durch „Härtung und Probelauf" für außerordentlich wünschenswert, da diese einen großen Aufwand an Zeit, Mühe und Geld erfordert.

Materialeigenschaften des Arbeitsstückes.

Einfluß des Materials auf die Schnittgeschwindigkeit.

§ 404. (1129—1132.) Obgleich wir über diesen Gegenstand sehr eingehende und mühevolle Versuche angestellt haben, ist es uns nicht gelungen, denselben auf eine wissenschaftliche Grundlage zu stellen, wie uns das bei den anderen Gebieten gelungen ist. Im gegenwärtigen Stadium der Forschung ist es noch ganz unmöglich, mit Genauigkeit die Härte der verschiedenen in einer Maschinenwerkstatt zur Bearbeitung kommenden Materialien im voraus zu bestimmen.

Immerhin ist es uns aber doch gelungen, in den von uns für das neue System eingerichteten Werkstätten den Vorarbeiter, welcher den Schieber bedient, so weit zu bringen, daß er mit ziemlicher Annäherung die Härte des in größeren Mengen in einer Werkstatt zur Verarbeitung kommenden Materials zu bestimmen bzw. zu schätzen weiß. Natürlich erfordert diese Fähigkeit ein großes Maß von Erfahrung in der Beurteilung der mittleren Härte der verwendeten Schmiede- und Gußstücke.

Dieses sorgfältige Studium des Materials ist zwar häufig mit einer Unterbrechung der Arbeit und damit mit einem Ausfall an fertiger Ware und mit Mühen und Kosten verbunden, die sich jedoch in späterer Vermehrung des Ausbringens an fertiger Ware reichlich lohnen.

Die Nebenvorteile solcher Materialuntersuchungen sind ebenfalls nicht unbedeutend. Ist einmal das Interesse der Leitung auf diesen Punkt gelenkt, so werden sehr bald genaueste Vorschriften für den Einkauf der Materialien und damit die Erreichung einer großen Gleichförmigkeit in den physikalischen Eigenschaften der zu verarbeitenden Stücke die Folge sein.

Verständnis für unser System und ernster Wille zur Beseitigung der Einführungsschwierigkeiten bei den leitenden Persönlichkeiten sind allerdings die Vorbedingungen für das Gelingen, so daß diejenigen lieber die Hand davon lassen sollten, die Unbequemlichkeiten und Störungen, wie sie z. B. die Untersuchung der Materialien mit sich bringen, vermieden wünschen.

Systematische Klassifizierung der Schmiede- und Gußstücke gemäß ihrer Schnittgeschwindigkeit.

§ 405. (1133—1140.) Die Klassifizierung der Härte der Materialien muß natürlich nach der Veränderung der Schnittgeschwindigkeit geschehen.

Wir haben daher die Arbeitsstücke nach Klassen ihrer Schnittgeschwindigkeit geordnet, die sich untereinander durch den Quotienten 1,1 unterscheiden, nämlich:

Klasse 1 enthalte dasjenige Material, das die höchste überhaupt vorkommende Schnittgeschwindigkeit erlaubt; dann kennzeichnet sich die

$$\text{Klasse 2 durch} \quad \frac{\text{die Schnittgeschwindigkeit von Klasse 1}}{1,1}$$

usw. jede folgende Klasse durch Dividieren der vorhergehenden durch die Zahl 1,1.

Von großer Wichtigkeit ist es, diese Skala mit Werkzeugstählen und Materialien von ganz bestimmten Eigenschaften in Verbindung zu bringen; so sei z. B. festgesetzt, daß die Klasse Nr. 13 einer normalen Schnittgeschwindigkeit von 19,5 m für die Minute mit einem $^7/_8$-Stahl von der chemischen Zusammensetzung Nr. 27, Tabelle 112, bei Abnahme eines Spanes von 4,8 mm Tiefe und 1,6 mm Vorschub entspricht.

Unsere Versuche ergaben ferner z. B., daß die Klasse Nr. 13 bei dem besten Schnelldrehstahl (Nr. 1, Tab. 110) unter den in § 308 genannten Bedingungen 30 m Schnittgeschwindigkeit zuläßt.

Wenn man diese Angaben als Grundlage nimmt, kann die Härteskala leicht mit den anderen Elementen, wie Form der Stähle, Schnittiefe, Vorschub und den zugehörigen Formeln in Verbindung gebracht werden.

Zum Beispiel würde der beste $^7/_8$-Schnelldrehstahl beim Schneiden von Metall der Klasse 1 bei 4,8 mm Schnittiefe und 1,6 mm Vorschub 96 m/Min. Schnittgeschwindigkeit aufweisen. Solches Material ist natürlich weicher als jeder weiche in einer Maschinenwerkstätte vorkommende Stahl.

In bezug auf die §§ 243—308 wird gefunden werden, daß der Stahl für Lokomotivradkränze mit einer Schnittgeschwindigkeit von 13,7 m/Min. zur Härteklasse $21^1/_4$, dagegen ein weicher Stahl mit 60,5 m Schnittgeschwindigkeit zur Härteklasse $5^3/_4$ zu rechnen ist. Dieses System der Härteklassen paßt sehr gut zur Anwendung beim Entwurf der Schieber.

Einfluß der Härte der Schmiedestücke auf die Schnittgeschwindigkeit.

§ 406. (1141—1142.) Drei wichtige Punkte beeinflussen die Härte der Schmiedestücke:

    a) die chemische Zusammensetzung;

    b) das Maß der Durchschmiedung oder das Verhältnis des Querschnittes vom Ingot und vom Schmiedestück;

    c) die letzte Warmbehandlung des Stückes, ob Luftkühlung, Ausglühung oder Ölhärtung angewendet ist.

Diese Punkte sind in ihrer Gesamtheit allerdings für einen nicht in der Stahlherstellungsindustrie Stehenden schwierig zu beurteilen; für Stahl mit einem Kohlenstoffgehalt bis zu 0,4 $^0/_0$ kann dieser als zuverlässiges Maß für die Beurteilung der Härte genommen werden.

Beurteilung des Einflusses der Materialhärte auf die Schnittgeschwindigkeit durch Zugfestigkeit, Dehnung und Kontraktion.

§ 407. (1143—1146.) Die physikalischen Eigenschaften wie Zugfestigkeit, Dehnung und Kontraktion sind ein ziemlich zuverlässiger Beurteilungsfaktor für die zulässige Schnittgeschwindigkeit. Die Proben müssen jedoch den Stellen der Arbeitsstücke entnommen werden, welche am besten den mittleren Zustand des Materials repräsentieren.

Es ist jedoch nicht immer angängig, den Schmiede- resp. Gußstücken die Proben zu entnehmen; durchaus möglich ist es jedoch, den Einkauf des Materials nach ganz genauen Vorschriften über die physikalischen Eigenschaften zu regeln. Hierdurch wird nicht allein erreicht, daß nur erstklassiges Material zur Verwendung kommt, sondern es wird auch die für die rasche Bestimmung der Schnittgeschwindigkeit notwendige Gleichmäßigkeit des Materials gewonnen.

In den Tabellen 60 und 117 sind eine ganze Anzahl während unserer Versuche genau normalisierter Materialsorten verzeichnet. Die chemischen Zusammensetzungen und physikalischen Eigenschaften sind im Vergleich zu den Schnittgeschwindigkeiten vom Stahl Nr. 27 (Tab. 112) und Stahl Nr. 1 (Tab. 110) für 4,8 mm Schnittiefe und 1,6 mm Vorschub in 2 Kolonnen verzeichnet.

Wir haben mit Absicht eine große Anzahl von Materialsorten gebracht, um zu zeigen, daß bei ziemlich übereinstimmenden chemischen und physikalischen Eigenschaften dennoch keine genaue Bezeichnung der Schnittgeschwindigkeit mit Bezug auf diese Eigenschaften existiert. Ein genaues Studium dieser Tafel wird jedoch den Leser überzeugen, daß die Schnittgeschwindigkeiten mit dem Kohlenstoff im Stahl und mit der Zunahme der Zugfestigkeit abnehmen und mit der Zunahme der Dehnung wachsen.

§ 408. (1147—1148.) Wir haben in den §§ 225—255 eingehend auseinandergesetzt, warum die Schnittgeschwindigkeit mit der Dehnung zunimmt und bei wachsender Zugfestigkeit abnimmt. Die Verminderung der Dehnung hat ihre Ursache in der zunehmenden Härte und der Verschlechterung des Materials der Schmiede- und Gußstücke.

Ein Abfall der Dehnung infolge schlechter Qualität ist allerdings nicht notwendig mit einer Verringerung an Schnittgeschwindigkeit verbunden; insofern bietet die Dehnung keinen sicheren Anhalt für die Beurteilung der zulässigen Geschwindigkeit, wenn die Qualität des Materials nicht bekannt ist. Wir setzen jedoch bei unseren Ausführungen ein gut hergestelltes Material voraus.

§ 409. (1149—1152.) Wir haben für Ermittelung der zulässigen Schnittgeschwindigkeit bei Stahl eine empirische Formel entwickelt für die Fälle, wo die physikalischen Eigenschaften durch Vornahme der Zerreißproben an einem 50×13 mm - Versuchsstab festgestellt sind.

$$V = \frac{38 \left(1 - \dfrac{215}{(15 + E)^2}\right)}{\sqrt{\dfrac{S \cdot 14{,}2}{10\,000} - 3} - 0{,}9}.$$

Hierin bedeutet:

V = die Schnittgeschwindigkeit in m/Min.;

S = die Zugfestigkeit in kg/qcm;

E = prozentuale Längung des 50×13 mm-Versuchsstabes.

Die Ergebnisse der Formel sind in Zahlentafel 117 gegenüber den gemessenen Schnittgeschwindigkeiten zum Vergleich aufgeführt.

Die Werte für die höchsten und die niedrigsten Schnittgeschwindigkeiten sind in der Rubrik der Formelwerte fortgelassen, weil sie schlecht mit den wirklich gefundenen Werten übereinstimmen. Wir sind deshalb mit der gefundenen Formel noch nicht zufrieden und werden versuchen, eine bessere zu finden.

Tabelle 117. Material der verwendeten Arbeitsstücke.

Kohlenstoff %	Mangan %	Silicium %	Phosphor %	Schwefel %	Ausglüh-temperatur in °	Zugfestigkeit kg|qcm	Elastizitäts-grenze kg|qcm	Dehnung %	Kontraktion %	Normale Schnittgeschwindigkeit in m/Min. Stahl Nr. 1, 26 und 27			Gemäß der Formel $V = \dfrac{38 \cdot \left(1 - \dfrac{215}{(15+E)^2}\right)}{\sqrt{\dfrac{S \cdot 14{,}2}{10\,000}} - 3 - 0{,}9}$
										Nr. 27	Nr. 26	Nr. 1 geschätzt	
0,105	0,25	0,008	0,04	0,008	650	3420 3370	1730 1720	37,00 41,00	59,12 64,95	45,60		75,24	
0,105	0,36	0,025	0,035	0,023	760	3620 3585	1720 1720	38,00 41,00	62,53 63,02	42,56		70,22	61,71 64,75
0,105	0,20	0,014	0,03	0,032	760	3410 3410	1650 1650	39,00 40,00	60,55 59,04	42,56		70,22	
0,105	0,20	0,014	0,03	0,032	760	3480 3280	1720 1585	39,00 42,00	62,53 63,35	42,56		70,22	71,44
0,105	0,20	0,014	0,03	0,032	760	3420 3385	1730 1730	41,00 39,00	66,64 65,98	42,56		70,22	
0,12	0,37	0,005	0,026	0,034	760	3480 3480	1580 1650	37,00 37,00	54,29 54,83	39,52		65,21	70,83
0,12	0,37	0,005	0,026	0,034	760	3550 3550	1650 1720	38,50 38,50	58,78 66,37	38,00		62,72	66,27
0,12	0,37	0,005	0,026	0,034	760	3550 3550	1720 1650	39,50 40,00	60,55 62,53	36,50		60,19	66,58
0,22	0,42	0,070	0,025	0,022	650	4050 3960	2010 1870	31,00 35,50	43,44 56,26	36,50		60,19	45,00 48,34
0,24	0,39	0,093	0,038	0,037	675	4485 4345	2440 2235	32,00 16,00	47,86 18,30				
					720	4320 4195	2235 2150	32,50 30,00	49,37 53,20	28,12		46,39	39,52 41,34

0,32	0,60	0,151	0,025	0,036	665	5020 5200	3585 3155	12,50 17,00	20,42 43,44			
					675 665	4950 5200	2295 2510	24,00 29,00	29,10 49,29	18,24	30,10	29,15 28,30
0,34	0,54	0,146	0,035	0,031	675	4860 5040	2160 2450	28,00 29,00	48,23 51,90	20,52	33,87	31,31 26,63
0,34	0,58	0,200	0,042	0,036	675	4860 5115	2450 2520	22,00 27,50	33,46 42,00	19,00	31,34	29,43 28,73
0,34	0,64	0,193	0,032	0,035	685	5485 5020	2580 2510	32,00 30,00	32,76 50,14			
					710 685	4950 5020	2225 2365	28,00 26,00	42,24 43,74	19,00	31,34	27,12 27,39
0,34	0,65	0,219	0,024	0,031	720	4950 5090	2295 2365	30,00 31,00	50,14 47,57	19,00	31,34	30,34 29,52
0,34	0,54	0,176	0,026	0,037	680	5415 5345	2870 2725	27,00 27,00	43,44 42,24			
					705	4950 4950	2440 2365	29,00 23,00	44,34 28,08	18,24	30,10	30,40 29,21
0,34	0,60	0,183	0,032	0,035	690	5130 5020	2440 2295	30,00 29,00	48,73 49,57	18,24	30,10	29,03 29,85
0,34	0,63	0,168	0,031	0,035	660	5370 5345	2870 2725	30,00 30,00	44,64 45,24	17,48	28,85	27,60 27,33
0,35	0,62	0,172	0,034	0,029	720	4910 4985	2440 2440	27,00 29,00	46,40 43,44	19,76	32,62	30,40 30,16
0,35	0,62	0,174	0,025	0,031	680	5200 5235	2440 2510	30,00 27,00	42,84 41,92			

	1	2	3	4	5	6	7	8	9	10	11	12
Gemäß der Formel $V = 38 \cdot \left(1 - \frac{215}{(15+E)^2}\right)\sqrt{\frac{S \cdot 14{,}2}{10000}} - 3 - 0{,}9$	29,00 / 28,79			29,64 / 29,45	29,18 / 28,42	32,22 / 30,70			31,00 / 31,31	30,40 / 30,70	25,38 / 24,81	23,26 / 21,22
Normale Schnittgeschwindigkeit in m/Min. Stahl Nr. 1, 36 und 27 — Nr. 27	19,00			19,00	18,24	20,06			19,76	21,28	16,72	13,68
Normale Schnittgeschwindigkeit — Nr. 26												
Normale Schnittgeschwindigkeit — Nr. 1 geschätzt	31,34			31,34	30,10	33,11			32,61	35,11	27,60	22,59
Kontraktion %	46,40 / 49,57	49,29 / 33,41	50,42 / 48,73	55,00 / 52,93	49,86 / 48,73	41,31 / 47,28	36,63 / 40,39	40,69 / 42,24	42,84 / 43,44	43,44 / 42,24	42,84 / 38,21	42,24 / 39,97
Dehnung %	28,00 / 28,50	25,00 / 25,00	24,00 / 26,00	28,50 / 30,00	31,00 / 32,00	27,00 / 25,00	21,00 / 24,50	27,00 / 25,50	26,00 / 27,50	28,50 / 29,50	28,20 / 26,00	25,00 / 19,50
Elastizitätsgrenze kg|qcm	2510 / 2510	2580 / 2725	2795 / 2795	2500 / 2510	2510 / 2580	2295 / 2295	2545 / 2690	2645 / 2610	2440 / 2400	2440 / 2440	2940 / 2870	3300 / 3370
Zugfestigkeit kg|qcm	5055 / 5130	5235 / 5415	5345 / 5310	5035 / 5090	5130 / 5235	4915 / 4840	5310 / 5485	5235 / 5165	4840 / 4840	4950 / 4950	5595 / 5630	5875 / 6060
Ausglühtemperatur in °	690 / 700	685	700 / 710	725 / 730	705	695	675	705	725	675	730	735
Schwefel %		0,041			0,025	0,029	0,029			0,032	0,023	0,039
Phosphor %		0,025			0,032	0,029	0,032			0,040	0,034	0,028
Silicium %		0,195			0,22	0,134	0,204			0,200	0,182	0,226
Mangan %		0,67			0,68	0,39	0,66			0,64	0,63	0,69
Kohlenstoff %		0,35			0,35	0,36	0,36			0,386	0,45	0,45

0,46	0,61	0,148	0,028	0,024	730	5450 6020	2655 2940	27,75 24,65	49,01 42,24	15,20		25,08	26,34 22,50
0,47	0,67	0,373	0,032	0,032	690	6100 6445	3870 3170	8,50 19,00	11,66 28,12				
					785 675	5875 5950	3010 3085	23,00 27,00	37,26 42,24				
					780	6445 6815	3890 3945	19,50 21,50	25,74 28,76	11,55		19,06	19,70 18,94
0,53	0,68	0,258	0,028	0,027		7245 7210	4805 4735	16,50 20,00	21,49 44,04	9,12		15,05	15,66 17,51
0,59	0,74	0,377	0,033	0,030	590	7640 7780	4099 4099	10,50 16,00	11,66 24,30				
					770 620	6275 6600	3085 3010	22,00 23,00	33,41 34,38				
					780	7140 7140	3725 3620	20,00 19,00	34,05 29,44	9,12		15,05	17,69 17,48
0,64	0,63	0,047		0,039	565	8710 8605	4390 4660	10,00 5,00	15,37 5,75		7,60 6,69	10,34 9,12	11,55 8,21
0,64	0,70	0,21	0,044			8345	4930	14,00				13,68	13,68
1,00	1,11	0,305	0,036	0,049		6455 7170	4230 3800	7,00 5,00	11,66 9,73			12,62	13,35 10,03
0,75	0,50	0,180	0,024	0,066								4,56	6,20
0,75	0,50	0,180	0,024	0,066								3,65	4,96
0,84	0,58	0,304	0,037	0,029								5,78	7,84
0,84	0,58	0,304	0,037	0,029								4,56	6,20
0,84	0,58	0,304	0,037	0,029								3,65	4,96
1,05	0,86	0,147	0,034	0,027		7460 6815		2,00 2,00	3,97 3,16			4,56	6,20
1,05	0,86	0,147	0,027	0,034		7200	5040	1,00	0,75			4,56	6,20

Wie bekannt, läßt sich für die härteren Stahlsorten die Zugfestigkeit und Dehnung nur schwer an allen Teilen der Arbeitsstücke gleichmäßig halten; es sind daher die physikalischen Eigenschaften ein schlechter Anhalt für die Bestimmung der Schnittgeschwindigkeit. Immerhin hat die Methode aber einen gewissen Wert, solange es nichts Besseres gibt.

§ 410. (1153—1156.) Wir haben in verschiedener Richtung Versuche unternommen, um einen zuverlässigen Anzeiger für die Härte der Materialien zu bekommen; jedoch ohne praktischen Erfolg. Wir benutzten zu diesem Zwecke:

a) die gewöhnlichen Ritzproben, bei welchen das zu prüfende Material mit einem Metall von bekannter Härte geritzt wird;
b) Kugeldruck oder Schneidendruckproben auf die Oberfläche der zu untersuchenden Metalle durch Messung der Eindringtiefe;
c) Bohrversuche mit Messung der Bohrtiefe bei Verwendung von Normalbohrern unter ganz bestimmtem Druck.

Da die Vorausbestimmung der Materialhärte und damit der zulässigen Schnittgeschwindigkeit ein großes Bedürfnis ist, so sollten weitere Versuche zur Auffindung von raschen Härtebestimmungsmethoden vorgenommen werden.

Einfluß der Materialhärte des Gußeisens auf die Schnittgeschwindigkeit.

§ 411. (1157—1159.) Die Bestimmung der Schnittgeschwindigkeit ist für Gußeisen viel schwieriger als für Stahl, da es keine zuverlässigen Methoden für die Beurteilung der Materialeigenschaften gibt.

Nach der chemischen Zusammensetzung wird die Schnittgeschwindigkeit um so geringer, je mehr der gebundene Kohlenstoff oder Cementit vorherrscht und je geringer der Prozentsatz an Silicium ist. Die Menge des gebundenen Kohlenstoffs ist von der Abkühlungsgeschwindigkeit abhängig, so daß die Mischung im Cupolofen an sich noch keinen Maßstab für die Härte abgibt.

Eigenschaft der Rotwarmhärte bei Bearbeitung von Gußeisen.

§ 412. (1160—1164.) Eine Quelle der steten Verwunderung bietet die Tatsache, daß die Schnelldrehstähle auf Gußeisen nicht den entsprechenden Gewinn an Schnittgeschwindigkeit zulassen als wie auf Schmiedeeisen bzw. Stahl. Man vergleiche in der Tab. 110 die Stähle Nr. 85 (Tiegelgußstahl) und Nr. 65 (naturharter Stahl mit dem besten Schnellarbeitsstahl Nr. 1) und man wird finden, daß der letztere für Gußeisen nur die $3\frac{1}{3}$ fache Schnittgeschwindigkeit der alten angelassenen

Tiegelgußstähle aufweist, während bei mittlerem und hartem Stahl für Schnelldrehstahl das 6—7fache erreicht wurde.

Zum Teil ist diese Erscheinung im § 235 erklärt, zum Teil findet sie ihre Erklärung in der vielfach besprochenen Erscheinung der Rotwarmhärte, welche nach § 341—342 den Schnelldrehstählen insbesondere die Erhöhung der Schnittgeschwindigkeit gestattet. Diese Eigenschaft kompensiert namentlich den schädlichen Einfluß der durch den Schnittdruck erzeugten Wärme.

Bei fast allen Gußeisensorten rührt die Abnutzung des Stahles von zwei Ursachen her:

  a) von der abreibenden oder schleifenden Wirkung der sandigen Bestandteile im Innern des Gußeisens;

  b) von der durch den Schnittdruck erzeugten Wärme.

Der zuletztgenannten Ursache wirkt zum großen Teil die Rotwarmhärte entgegen und läßt daher ein Anwachsen der Schnittgeschwindigkeit zu. Da aber die erste Ursache bei der Abnutzung der Stähle die größere Rolle spielt, so nutzt die Rotwarmhärte nicht viel. Das gleiche gilt für die Bearbeitung der Kruste.

Schnittgeschwindigkeit für Gußeisen in mittleren Maschinenbauwerkstätten.

§ 413. (1165.) Nach unseren Erfahrungen haben die Gußstücke in mittelgroßen Maschinenbauwerkstätten im Durchschnitt die Härte der Klasse 18; während mit dem Stahl Nr. 1 bei 4,8 mm Schnittiefe und 1,6 mm Vorschub durchweg 20 m Schnittgeschwindigkeit in der Minute erreicht werden konnte; die härtesten der vorkommenden Gußstücke rangieren in der Klasse 24 und weisen 10,5 m Normalschnittschwindigkeit auf, während die weicheren Sorten mit 40 m Schnittgeschwindigkeit in die Härteklasse 11 gehören.

Einfluß der Kruste bei Gußstücken auf die Schnittgeschwindigkeit.

§ 414. (1166—1168.) Bei weichen Gußstücken kann die Schnittgeschwindigkeit nur etwa halb so groß beim Abdrehen der Kruste als bei Bearbeitung des Inneren genommen werden, bei mittlerer Härte nehme man $^3/_4$-Schnittgeschwindigkeit für die Kruste, während bei den härtesten Sorten kein Unterschied zwischen Kruste und innerem Teil in der Schnittgeschwindigkeit gemacht zu werden braucht.

Bei sehr sandhaltigem Gußeisen läßt sich mit starken Vorschüben und großen Schnittiefen der beste Effekt erzielen; häufig läßt sich jedoch dieses Mittel wegen zu schwacher Bemessung der Riemen oder wegen zu dünnwandiger Gußstücke nicht anwenden. Eine wesentliche Reduktion in der Schnittgeschwindigkeit braucht bei Anwendung der starken Vorschübe nicht einzutreten.

Form der Schneidkanten.

Einfluß der geraden und der rundgeschliffenen Schneidkanten auf die Schnittgeschwindigkeit.

§ 415. (1169.) Über diesen Gegenstand haben wir in den §§ 133—144 eingehend gesprochen und fanden, daß insbesondere die Veränderung der Spanstärke Einfluß auf die Schnittgeschwindigkeit hat. Im großen und ganzen wird die Schnittgeschwindigkeit um so höher, je größer der Krümmungsradius der Schneidkante ist und je mehr diese in ihrer Hauptlinie der Achse des Arbeitsstückes parallel wird.

Drehspan bei rundgeschliffenem Stahl.

§ 416. (1170—1171.) Wir haben ferner gesehen, daß rundgeschliffene Stähle einen Spanquerschnitt erzeugen, der in allen Punkten in Stärke (Dicke) variiert.

In den Fig. 24, 25 und 95 sind die Spanquerschnitte (zum Teil in 8facher Vergrößerung) dargestellt; insbesondere aus der Fig. 95 ist der große Unterschied zwischen dem Spanquerschnitt von dem $^1/_2$-Normalstahl und dem $1^1/_4$-Normalstahl deutlich erkennbar.

Breite Kurven für die Schneidkanten.

§ 417. (1172—1173.) Den Einfluß der breiten Kurven auf Erhöhung der Schnittgeschwindigkeit erkennen wir am besten aus den praktischen Tabellen Fig. 81—92 durch Vergleich der Werte für den $1^1/_4{''}$-Stahl einerseits und dem $^1/_2{''}$-Stahl andererseits bei 3,2 mm Schnittiefe und 1,6 mm Vorschub. 34 m/Min. Schnittgeschwindigkeit beim $1^1/_4{''}$-Stahl entsprechen nur 24,6 m/Min. bei dem dickeren Span des $^1/_2{''}$-Stahles.

Zweifellos muß ein Gesetz existieren, welches den Zusammenhang zwischen der Form der Schneidkante und der Schnittgeschwindigkeit regiert. Wir haben die Arbeit zur Auffindung dieses Gesetzes schon einige Male begonnen, doch wegen Mangel an Versuchsdaten nicht zu Ende geführt. Wir werden diese Versuche fortsetzen.

Schnittgeschwindigkeit der Normalstähle verschiedener Größe bei gleichem Vorschub und gleicher Schnittiefe.

§ 418. (1174.) Beim Vergleich der praktischen Schnittgeschwindigkeitstabellen Fig. 81—92 mit den erzeugten Spanquerschnitten Fig. 95 wird dieser Einfluß für die normalen Werkstättenstähle erkannt werden.

Wir haben auch für andere Formen der Stähle, welche im regelmäßigen Gebrauch einer Maschinenwerkstätte stehen, die Untersuchungen über den Einfluß der Form der Schneidkante auf die Schnittgeschwindigkeit angestellt, können aber nur einen Teil dieser Untersuchungen hier bringen.

Untersuchung der Schnittgeschwindigkeit bei Abstech- oder Gewindestählen.

§ 419. (1175—1180.) Zwei Reihen dieser Versuche sind von besonderem Interesse. Die eine wurde 1888 in der Midvale Steel Co. an einem harten Lokomotivradkranz, die andere im Jahre 1903 an einem schweren gußeisernen Schwungradkranz in der Link Belt Engineering Co. vorgenommen. Der Leiter der späteren Versuche wußte nichts von den bereits in der Midvale Steel Co. unternommenen Versuchen und doch stimmen die Resultate bis auf $3-4^0/_0$ miteinander überein. Die Versuche waren besonders zu dem Zweck unternommen, um das Verhältnis der Schnittgeschwindigkeiten zwischen einem Gewinde- oder Abstechstahl im Vergleich zu unserem $^7/_8$ rundgeschliffenen Normalstahl und mit einem Stahl von geradliniger Schneidkante festzusetzen.

Der Abstechstahl war an den Ecken der Schneidkante mit einem Radius von 0,4 mm abgerundet.

Der Gewindestahl hat U. S. Spitzgewinde von 60^0 eingeschlossenem Winkel, vorne eine Abflachung von 0,4 mm aufweisend.

Bei dem Versuch auf Stahl waren zwei verschiedene Vorschübe angewendet, nämlich: 0,4 mm und 0,5 mm, bei demVersuch auf Gußeisen waren ebenfalls zwei Vorschübe angewendet: 0,42 mm und 0,75 mm.

Die Normalschnittgeschwindigkeit des Abstechstahles wurde so bestimmt, daß am Ende der 20 Minuten-Periode nur die vordere Flanke neu angeschliffen werden mußte. Das Verhältnis der Schnittgeschwindigkeiten des Abstechstahles zum Stahl von gerader, 13 mm langer Schneidkante betrug 0,66 : 1, wenn beide Späne von genau der gleichen Dicke schnitten. Dies Verhältnis war sowohl bei 0,42 mm als auch 0,75 mm Vorschub das gleiche; auch bei verschiedener Schnittdauer — es wurde 20 Minuten und 60 Minuten ausprobiert — verhielten sich die Stähle im Verhältnis von 0,66 : 1.

Unter den gleichen Bedingungen wurde auch der Gewindestahl versucht; hier ergab sich das Verhältnis von Gewindestahl zu Stahl mit geradliniger Schneidkante bei gleicher Spanstärke wie 0,45 : 1.

Praktische Regel zur Aufsuchung der richtigen Schnittgeschwindigkeit für Abstechstahl bei Anwendung von Stahl Nr. 1.

§ 420. (1181—1183.) An den Praktiker tritt häufig die Frage heran, welche Schnittgeschwindigkeit er bei Material von bestimmter Härte bei einem Abstechstahl zur Erreichung der größten Wirtschaftlichkeit wählen soll.

Wir geben hierfür folgende praktische Regel: man suche in den praktischen Schnittgeschwindigkeitstabellen die für gleiches Material und für die gewählte Spanstärke (Vorschub) bei dem $7/_8''$-Normalstahl für 4,8 mm Schnittiefe bezeichnete Geschwindigkeit auf und dividiere durch 2,7. Die so erhaltene Schnittgeschwindigkeit ist für einen Abstechstahl von mittlerer Größe passend.

Praktische Regel zur Aufsuchung der richtigen Schnittgeschwindigkeit für Gewindeschneidstahl bei Anwendung von Stahl Nr. 1.

§ 421. (1184—1185.) In gleicher Weise, wie eben für den Abstechstahl beschrieben, wird die Schnittgeschwindigkeit für den Gewindestahl durch Division mit der Zahl 4 gefunden, wobei als Spanstärke der Vorschub des Stahles senkrecht zur Achse des Arbeitsstückes einzusetzen ist.

Die Anwendung dieser Regel wird allerdings insofern mitunter Schwierigkeiten bereiten, als die Schnittgeschwindigkeitstabellen nicht auf ganz feine Spanstärken ausgedehnt sind. Wenn es uns die Zeit erlaubt, werden wir noch besondere Schnittgeschwindigkeitstabellen für Gewinde- und Abstechstähle ausarbeiten.

Schnittgeschwindigkeit der breitnasigen Stähle mit gerader Schneidkante im Vergleich zu dem $7/_8''$ rundgeschliffenen Normalstahl.

§ 422. (1186—1187.) Die Schnittgeschwindigkeit eines Stahles mit gerader Schneidkante von genau 25 mm Spanbreite zu dem $7/_8''$-Normalstahl verhält sich wie 24:17, wenn beide Stähle mit 4,8 Schnittiefe und 2 mm Vorschub arbeiten. Mit anderen Worten: Um die Schnittgeschwindigkeit des Stahles von 25 mm gerader Schneidkante zu finden, multipliziere man die Schnittgeschwindigkeit des Normalstahles für 4,8 mm Schnittiefe und 2 mm Vorschub mit 1,4.

In § 144 haben wir über die in Fig. 26, 27 und 28 dargestellten breitnasigen Stähle berichtet. Die Schnittgeschwindigkeit dieser Stähle zu der unserer Normalstähle verhält sich wie 22:17, wenn die Schnittiefen und Vorschübe gleich genommen werden.

Mit anderen Worten: Man multipliziere die Schnittgeschwindigkeit des $7/_8''$-Normalstahles mit 1,3, um die Schnittgeschwindigkeit des breitnasigen Stahles zu erhalten.

Diese Schnittgeschwindigkeiten sind vor Jahren mit angelassenen Tiegelgußstählen bestimmt. Eine Wiederholung der Versuche mit Schnelldrehstahl ist beabsichtigt.

Rechenschieber.

§ 423. (1188—1196.) Wir wollen noch einen kurzen Bericht über die Einverleibung der Gesetze über Schnittgeschwindigkeit, Schnittiefe und Vorschub in den für den praktischen Gebrauch verwendbaren Schieber hinzufügen.

In den §§ 4—7 haben wir bereits über diesen Gegenstand berichtet und in § 18 über die Schwierigkeiten zur Lösung dieses Problems gesprochen. Wir wollen hier eine Übersicht über die schrittweise Entwicklung unserer Aufgabe geben.

Unmittelbar, nachdem wir brauchbare Formeln gefunden hatten, wurde uns die Schwierigkeit der Anwendung solcher Formeln im täglichen Werkstättengebrauch bewußt. Der erste mathematische Ausdruck der gefundenen Versuchswerte wurde durch Herrn G. M. Sinclair aufgestellt, der hierzu unter Assistenz des Verfassers etwa ein Jahr folgerichtiger mathematischer Arbeit benötigte. Zugleich mit der Formel hatten wir Kurven auf Millimeterpapier ausgelegt, mit Hilfe derer wir für jede besondere Werkbank praktische Tabellen für normale Arbeiten auf-

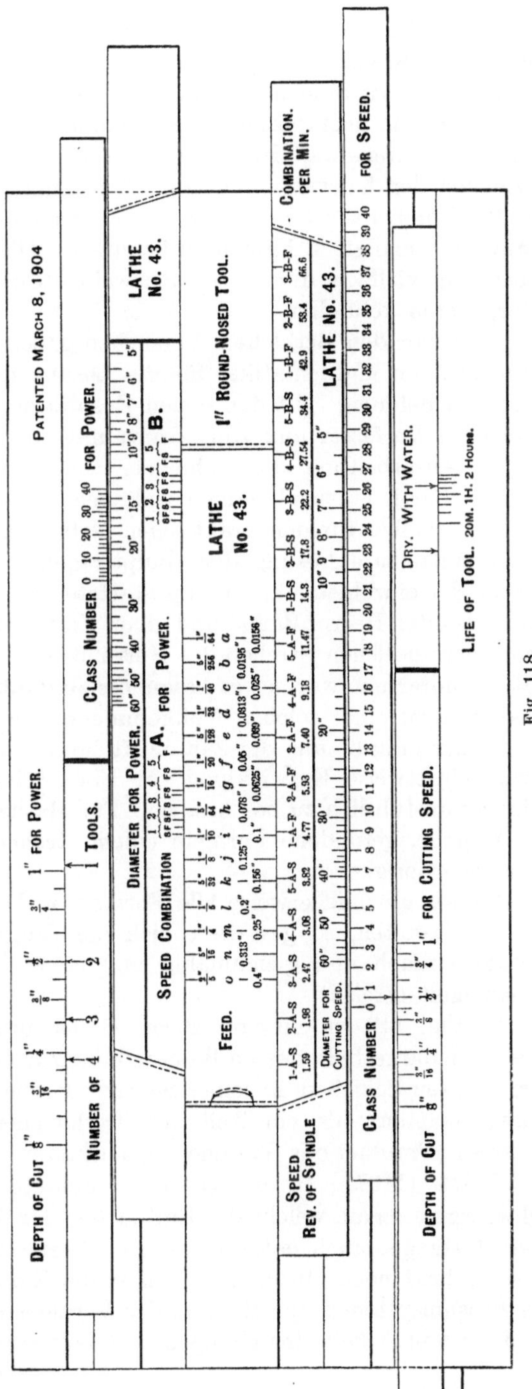

Fig. 118.

stellen konnten. Diese Methode war aber so mühsam und zeitraubend, daß wir sie wieder verlassen haben.

Nach Herrn Sinclair befaßte sich Herr H. L. Gantt mit der Auffindung der mathematischen Ausdrücke ungefähr ein Jahr; in diese Zeit fällt die Verwendung des logarithmisch eingeteilten Papieres für die Auslegung der Kurven. Wir begannen dann damit, logarithmisch eingeteilte Schieber für die rasche direkte Lösung der von den verschiedenen Variablen abhängigen Fragen zu benutzen. Die Einteilung der Schieber haben wir vielfach durch versuchsweises Einsetzen von Werten und Interpolieren gefunden.

Noch vor den Bethlehem-Versuchen gaben wir es auf, die Hilfe der berufsmäßigen Mathematiker für die Lösung unseres Problemes in Anspruch zu nehmen. Mit den neuen Resultaten der Bethlehem-Versuche gingen der Verfasser und Herr Gantt mit vollen Kräften wieder an die weitere Ausarbeitung des Schiebers heran und nachdem noch Herr Karl G. Barth hinzugekommen war, gelang es, den in Fig. 118 dargestellten Schieber für den praktischen Gebrauch zu entwerfen, der dann eine unmittelbare Lösung der Hauptfragen unter den verschiedensten Werten der einzelnen Varianten gestattete. Dieser Apparat wurde dann Herrn Gantt, Herrn Barth und dem Verfasser gemeinsam patentiert. Dem unermüdlichen Streben des Herrn Barth, welcher der beste Mathematiker unter uns war, ist es besonders zu danken, daß wir die Aufgabe überhaupt zu einer solchen Vollkommenheit gebracht haben.

Leider erlaubt uns die Zeit nicht, unsere Absicht auszuführen, die ganze schrittweise Entwicklung zur Einverleibung der Gesetze in den Schieber ausführlich zu beschreiben. Für Mathematiker bietet allerdings die Aufgabe, gefundene Formeln einem Rechenschieber einzuverleiben, keine Schwierigkeiten.

Da wir glücklicherweise alle Formeln in logarithmischer Form ausdrücken konnten, so gestaltete sich die Aufgabe für alle gefundenen Gesetze einfach und gleichmäßig und es wurde ein hoher Grad von Genauigkeit erreicht.

In Fig. 119 ist ein von Herrn Barth ausgearbeiteter Schieber in Kreisform dargestellt, dessen Beschreibung zugleich mit der des in Fig. 118 dargestellten Schiebers in seiner Schrift „Rechenschieber für Maschinenbauwerkstätten" als ein Teil des Taylorschen Werkstätten-Betriebssystemes (Transactions Volume 25) enthalten ist.

§ 424. (1197.) In den §§ 44—47 deutete der Verfasser einige der Schwierigkeiten an, welche der Einführung der Schieber in dem täglichen Werkstättengebrauch entgegenstehen. Verfasser möchte zum Schlusse dieser Schrift noch hinzufügen, daß er die Einführung und Verbreitung des Pensumsystemes zur Hebung des Verdienstes der Arbeiter und Vermeidung von Arbeitseinstellungen und Lohnstreitigkeiten einerseits und

zur Erhöhung der Leistungsfähigkeit der Werkstätten andererseits für
so wichtig hält, daß er der Förderung dieser Aufgabe als seinem Lebens-
werke sich fernerhin hingeben wird, ohne jedoch als Angestellter in
die Dienste der industriellen Werke zu gehen. Für alle Ratschläge und
Anregungen zur Förderung dieser Arbeit aus den Fachkreisen wird sich
der Verfasser sehr dankbar erweisen.

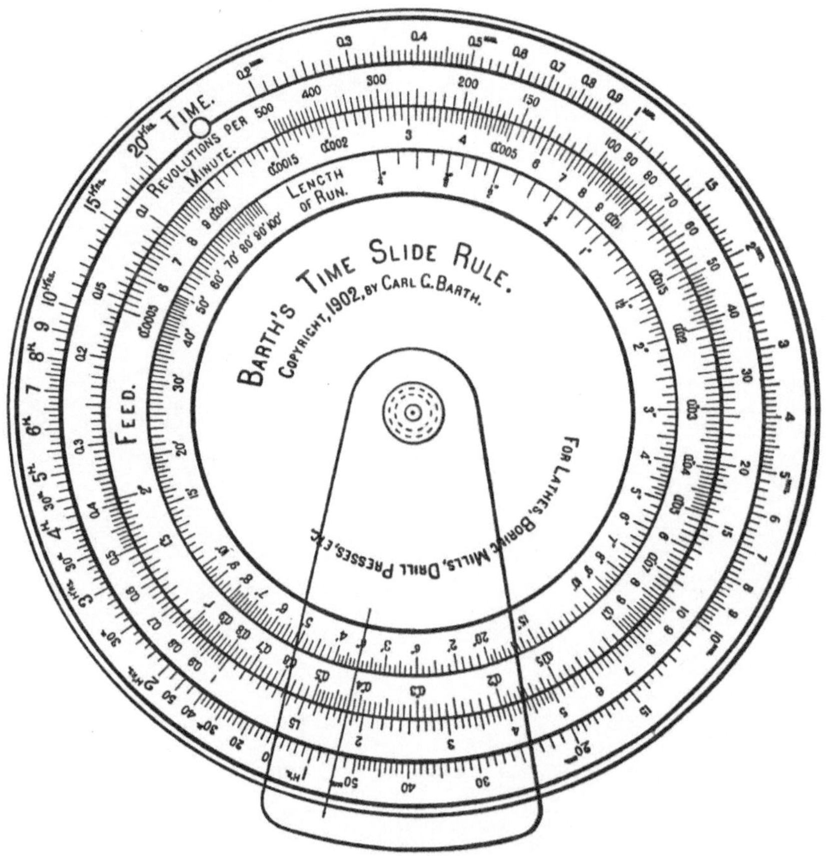

Fig. 119.

Zukünftige Versuche und Forschungen.

§ 425. (1198.) Es fehlte uns leider die Zeit, eine Übersicht derjenigen
Fragen zu geben, welche in Ergänzung unserer Ergebnisse noch durch
weitere Versuche und Forschungen gelöst werden müssen. Doch erinnern
wir daran, daß an den einzelnen Stellen die Wege angedeutet sind, auf
welchen wir weitere Versuche für erfolgreich halten.